全国高职高专教育规划教材

通信教指委优秀课程配套教材

通信工程设计及概预算（上册）
Tongxin Gongcheng Sheji ji Gaiyusuan（Shangce）

——通信工程设计及概预算基础
Tongxin Gongcheng Sheji ji Gaiyusuan Jichu

主编　孙青华
副主编　张志平　硕长青　曲文敬　刘博光
参编　广州中望龙腾软件股份有限公司

高等教育出版社·北京
HIGHER EDUCATION PRESS　BEIJING

内容提要

本书共分上、下两册，全面地介绍了通信工程设计及概预算的理论及实务。上册作为基础篇，系统介绍通信工程设计、概预算的编制及CAD制图方法；下册作为实务篇，从通信工程设计的专业岗位出发，以典型工作任务为主线，系统介绍动力系统、传输、交换、数据、移动、管道、线路、小区接入、室分系统的设计及概预算编制方法。

上册共5章。第1章介绍了通信工程的分类及建设程序与可行性研究；第2章从通信工程设计的专业划分入手，介绍了通信工程设计工作的流程及内容；第3章在通信工程概预算的理论基础之上，重点介绍了概预算编制方法；第4章和第5章详细介绍了CAD制图的基础及操作实务；附录1为通信建设工程定额及相关费用，附录2依据通信工程设计的图符规范，介绍了通信工程常用图例。

本书包括了大量情境教学实例，可作为通信工程、移动通信、数据通信、光纤通信等专业高职高专或本科教材，也可作为通信类核心专业能力课程的配套教材，还可供通信系统、网络工程、通信工程设计与监理的工程技术人员参考。

图书在版编目(CIP)数据

通信工程设计及概预算. 上册，通信工程设计及概预算基础 / 孙青华主编. --北京：高等教育出版社，2011.12（2018.1重印）

ISBN 978-7-04-033243-8

Ⅰ.①通… Ⅱ.①孙… Ⅲ.①通信工程-设计-高等职业教育-教材②通信工程-概算编制-高等职业教育-教材③通信工程-预算编制-高等职业教育-教材 Ⅳ.①TN91

中国版本图书馆 CIP 数据核字(2011)第 217500 号

策划编辑	牛旭东	责任编辑	王莉莉	封面设计	杨立新	版式设计	余 杨
插图绘制	尹 莉	责任校对	张小镝	责任印制	田 甜		

出版发行	高等教育出版社	咨询电话	400-810-0598
社　　址	北京市西城区德外大街4号	网　　址	http://www.hep.edu.cn
邮政编码	100120		http://www.hep.com.cn
印　　刷	北京宏信印刷厂	网上订购	http://www.landraco.com
开　　本	787mm×1092mm 1/16		http://www.landraco.com.cn
印　　张	17.75	版　　次	2011年12月第1版
字　　数	430 千字	印　　次	2018年1月第4次印刷
购书热线	010-58581118	定　　价	28.00 元

本书如有缺页、倒页、脱页等质量问题，请到所购图书销售部门联系调换
版权所有　侵权必究
物　料　号　33243-00

编者的话

随着社会信息化进程的推进,新的通信技术和方式不断地被开发、创新和完善。通信技术的革命将改变人们的生活、工作和相互交往的方式。伴随着通信技术的发展,信息产业已成为信息化社会的基础。特别是光通信、移动通信突飞猛进,使通信技术日新月异,作为社会基础设施的通信技术革新正向数字化、宽带化、综合化、智能化和个人化方向发展。通信工程建设项目日益增加,急需既懂通信专业理论又懂工程设计的复合型人才。

本书从认识通信工程、认识电信网入手,首先为读者建立起通信工程设计与概预算的整体工作流程,然后分别介绍通信工程概预算基础及文档编制方法,配合施工图设计介绍 CAD 制图的相关知识及通信工程图例。在此基础上,以通信设计专业岗位为基础,以典型工作任务为主线,系统地介绍了电源、交换、传输、数据、移动、管道、线路、小区接入、室分系统的工程勘察、设计及概预算编制方法。由于通信工程发展很快,本书在内容广泛、实用和讲解通俗的基础上,尽量选用最新的资料。

学习本书所需要的准备

学习本书需要具备现代通信技术的基础知识。对各类通信网络有一定了解的读者都会在本书中得到有益的知识。

本书的风格

作为通信工程专业核心技能培养的配套教材,本书选取了大量的情境教学实例,以期达到理论与实践一体化教学效果。本书上册基础篇力图编排成一本通信工程设计及概预算的学习指南,内容包括了通信工程设计、概预算的编制及 CAD 制图的基本方法。下册为实务篇,从通信工程设计的专业岗位出发,以典型工作任务为主线,系统介绍设备工程、线务工程以及其他典型工程的勘察、设计及概预算编制方法与实务。

本书有大量的图表、数据、案例和插图,以达到深入浅出的教学效果。通信工程设计及概预算涉及内容比较复杂,而且与现代通信技术有前后的关联性,本书尽可能用形象的图表及实例来解释和描述,为读者建立清晰而完整的体系框架(见下图)。

在每章的开始明确本章的学习重点、难点及学习方法建议,引导读者深入学习。

为配合教学做一体的教学形式,本书结合每章教学内容,设计了教学情境,使教学与实践有机地结合在一起。

电信技术是当前最有活力的领域之一,书中的内容紧跟当前发展的脚步。

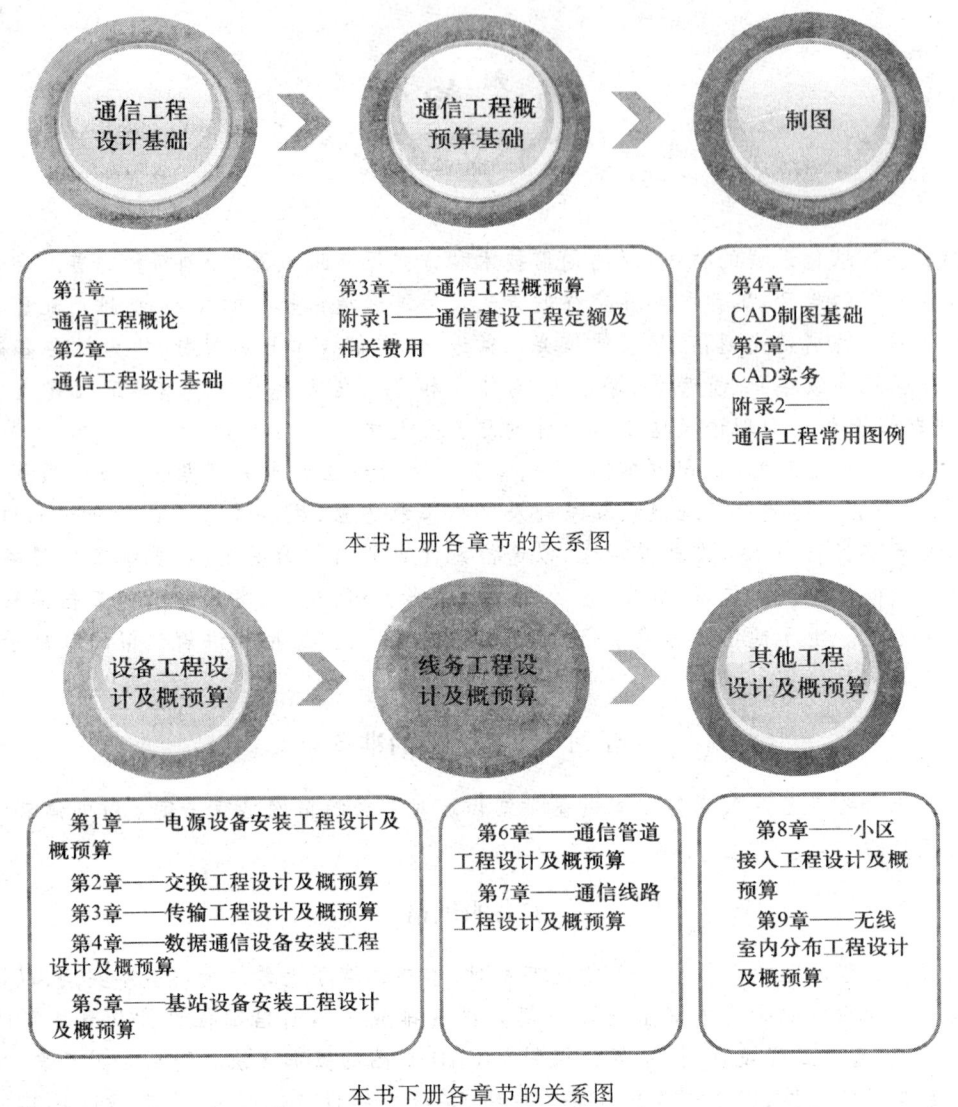

本书上册各章节的关系图

本书下册各章节的关系图

本书上册的结构

第 1 章从通信工程分类开始,概括地介绍了通信工程建设流程及可行性研究。

第 2 章介绍了通信网络构成及设计专业划分、设计工作流程、勘察及设计文档编制等,旨在为读者建立较完整的通信工程设计的整体架构。

第 3 章重点介绍了通信工程概预算的基本理论。

第 4 章介绍了 CAD 制图的基本方法及操作。

第 5 章依据通信工程制图规范,利用 CAD 软件,进行通信工程制图。

附录 1 从工程量的计算规则入手,介绍了概预算定额及相关费用。

附录 2 依据通信工程设计的图符规范,介绍了通信工程常用图例。

本书下册的结构

第 1 章以典型的电源设备安装工程设计为主线，介绍了电源及机房环境的工程勘察、方案设计、设备选型、设计文档编制及概预算文档编制等。

第 2 章以典型的交换设备工程设计为主线，介绍了交换工程勘察、方案设计、设备选型、设计文档编制及概预算文档编制等。

第 3 章以典型的传输设备工程设计为主线，介绍了传输工程勘察、方案设计、设备选型、设计文档编制及概预算文档编制等。

第 4 章以典型的数据通信设备工程设计为主线，介绍了数据通信工程勘察、方案设计、设备选型、设计文档编制及概预算文档编制等。

第 5 章以典型的基站设备工程设计为主线，介绍了基站设备工程勘察、方案设计、设备选型、设计文档编制及概预算文档编制等。

第 6 章以典型的通信管道工程设计为主线，介绍了通信管道工程勘察、方案设计、设计文档编制及概预算文档编制等。

第 7 章以典型的线路工程设计为主线，介绍了线路工程勘察、方案设计、设计文档编制及概预算文档编制等。

第 8 章以典型的小区接入工程设计为主线，介绍了小区接入工程勘察、方案设计、设计文档编制及概预算文档编制等。

第 9 章以典型的无线室内分布系统设计为主线，介绍了室分系统的工程勘察、方案设计、设备选型、设计文档编制及概预算文档编制等。

在本书的编制过程中，我要感谢我的同事和朋友给我的影响和帮助。特别感谢石家庄邮电职业技术学院杨延广、赵亮、杨斐、李辉、李丽勇的支持与建议、河北邮政银行侯蒙工程师大量的前期工作以及石家庄惠远邮电设计咨询有限公司魏金生、康昱、杨晓萍、朱凯飞、马晓峰、王岩峰设计师提供的宝贵建议，更要特别感谢本书的合作企业广州中望龙腾软件股份有限公司的各位专家有力支撑。

本书上册第 1 章至第 2 章由石家庄邮电职业技术学院孙青华编写；第 3 章由石家庄邮电职业技术学院张志平编写；第 4 章由石家庄邮电职业技术学院刘博光编写；第 5 章及附录 2 由石家庄邮电职业技术学院曲文敬编写；第 4 章与第 5 章以广州中望龙腾软件股份有限公司提供的软件及参考资料为基础编制；附录 1 由石家庄惠远邮电设计咨询有限公司顾长青编写。本书下册第 1 章和第 5 章由石家庄邮电职业技术学院刘博光编写；第 2 章和第 3 章由石家庄惠远邮电设计咨询有限公司张建军编写；第 4 章和第 9 章由石家庄邮电职业技术学院曲文敬编写；第 6 章和第 8 章由石家庄惠远邮电设计咨询有限公司牛建彬编写；第 7 章由石家庄邮电职业技术学院张志平编写。全书由孙青华任主编并统稿。本书在编写过程中，各位作者合作愉快。由于编者水平有限，书中难免存在一些缺点和欠妥之处，恳切希望广大读者批评指正。

编著者　孙青华
2011 年 7 月

目 录

第1章 通信工程概论 1
1.1 建设项目 1
- 1.1.1 建设项目的基本概念 1
- 1.1.2 建设项目的特征 2
- 1.1.3 建设项目的分类 2

1.2 建设程序 6
1.3 立项阶段 7
- 1.3.1 项目建议书 7
- 1.3.2 可行性研究 7
- 1.3.3 专家评估 9

1.4 实施阶段 10
- 1.4.1 初步设计及技术设计 10
- 1.4.2 年度计划安排 10
- 1.4.3 建设单位施工准备 10
- 1.4.4 施工图设计 11
- 1.4.5 施工招标 11
- 1.4.6 开工报告 11
- 1.4.7 施工 12

1.5 验收投产阶段 15
1.6 通信工程监理 16
- 1.6.1 设计阶段监理 16
- 1.6.2 施工及验收阶段监理 16

1.7 实做项目及教学情境 16
本章小结 16
复习思考题 17

第2章 通信工程设计基础 18
2.1 概述 19
- 2.1.1 工程勘察、设计单位的质量责任和义务 19
- 2.1.2 设计的作用 19
- 2.1.3 对设计的要求 19
- 2.1.4 通信工程设计的发展 21

2.2 通信网络构成及设计专业划分 23
- 2.2.1 通信网络构成 23
- 2.2.2 通信工程设计专业划分 25

2.3 通信工程设计的内容及流程 26
- 2.3.1 初步设计 27
- 2.3.2 施工图设计 27
- 2.3.3 不同规模的通信工程设计 28
- 2.3.4 通信工程设计工作流程 28
- 2.3.5 通信工程设计项目管理 32

2.4 工程勘察 42
- 2.4.1 勘察目的 42
- 2.4.2 勘察前的准备 42
- 2.4.3 勘察流程 43
- 2.4.4 勘察内容 43
- 2.4.5 勘察记录 44
- 2.4.6 资料整理 44

2.5 通信工程设计及概预算依据 44
- 2.5.1 通信工程设计依据 44
- 2.5.2 概预算编制的依据 46

2.6 通信工程设计文件的编制 47
- 2.6.1 通信工程设计文件的组成 47
- 2.6.2 通信建设工程设计文件的编制和审批 49
- 2.6.3 初步设计内容应达到的深度 53
- 2.6.4 施工图设计内容应达到的深度 57

2.7 实做项目及教学情境 58
本章小结 59
复习思考题 59

第3章 通信工程概预算 60
3.1 定额概述 60
- 3.1.1 定额的概念 60
- 3.1.2 定额的特点 61
- 3.1.3 定额的分类 62
- 3.1.4 预算定额和概算定额 63
- 3.1.5 通信建设工程预算定额使用方法 64

3.2 通信工程工程量的计算规则 …… 66
　3.2.1 工程量统计的基本原则 …… 66
　3.2.2 通信设备安装工程的工程量
　　　 计算规则 …… 67
　3.2.3 通信线路及管道工程的工程量
　　　 计算规则 …… 69
3.3 通信工程概预算编制 …… 78
　3.3.1 通信工程概预算编制概述 …… 78
　3.3.2 通信工程预算编制注意事项 …… 79
　3.3.3 通信工程概预算编制方法 …… 80
3.4 通信工程概预算编制实例 …… 90
　3.4.1 ××线路整改单项工程一阶段设
　　　 计施工图预算 …… 90
　3.4.2 ××机要局接入工程施工图
　　　 预算 …… 104
3.5 实做项目及教学情境 …… 116
本章小结 …… 120
复习思考题 …… 120

第4章 CAD制图基础 …… 121

4.1 CAD软件的使用环境及基本
　　操作 …… 121
　4.1.1 CAD软件用户界面及接口 …… 122
　4.1.2 CAD坐标系 …… 124
4.2 CAD基本图形绘制 …… 126
　4.2.1 绘制直线 …… 126
　4.2.2 绘制圆 …… 127
　4.2.3 绘制圆弧 …… 129
　4.2.4 绘制点 …… 132
　4.2.5 绘制矩形 …… 134
　4.2.6 绘制正多边形 …… 136
　4.2.7 绘制构造线 …… 137
　4.2.8 创建块 …… 138
　4.2.9 插入块 …… 141
　4.2.10 图案填充 …… 143
　4.2.11 面域的创建 …… 145
　4.2.12 面域的并集运算 …… 146
　4.2.13 面域的差集运算 …… 147
　4.2.14 面域的交集运算 …… 148
　4.2.15 绘制多线 …… 148
4.3 CAD基本对象编辑 …… 152
　4.3.1 删除 …… 152
　4.3.2 移动 …… 153
　4.3.3 旋转 …… 154
　4.3.4 复制 …… 155
　4.3.5 镜像 …… 156
　4.3.6 阵列 …… 157
　4.3.7 偏移 …… 160
　4.3.8 缩放 …… 161
　4.3.9 打断 …… 162
　4.3.10 倒角 …… 163
　4.3.11 圆角 …… 165
　4.3.12 修剪 …… 166
　4.3.13 延伸 …… 167
　4.3.14 分解 …… 169
4.4 CAD文本编辑 …… 170
　4.4.1 单行文本输入 …… 170
　4.4.2 多行文本输入 …… 172
4.5 CAD尺寸标注 …… 173
　4.5.1 尺寸标注的组成 …… 173
　4.5.2 尺寸标注的设置 …… 173
　4.5.3 线性标注 …… 178
　4.5.4 对齐标注 …… 179
　4.5.5 基线标注 …… 179
　4.5.6 连续标注 …… 181
4.6 实做项目及教学情境 …… 182
本章小结 …… 182
复习思考题 …… 182

第5章 CAD实务 …… 183

5.1 通信工程图纸基础知识 …… 183
　5.1.1 通信工程图纸 …… 183
　5.1.2 通信工程识图 …… 192
　5.1.3 通信工程制图基础 …… 196
5.2 通信线路图纸绘制 …… 206
　5.2.1 绘制前的准备 …… 206
　5.2.2 绘制图纸 …… 209
5.3 通信管道图纸绘制 …… 213
　5.3.1 绘制图纸前的准备 …… 213
　5.3.2 绘制图纸 …… 213
5.4 通信设备机房图纸绘制 …… 218
　5.4.1 绘制前的准备 …… 218
　5.4.2 绘制图纸 …… 219
5.5 实做项目及教学情境 …… 226

本章小结 ································· 226
复习思考题 ······························ 227

附录1 通信建设工程定额及相关费用 ······························ 228

附录1.1 通信建设工程费用定额 ··· 228
附录1.1.1 建筑安装工程费 ········· 228
附录1.1.2 设备、工器具购置费 ········ 239
附录1.1.3 施工机械台班费用定额 ··· 240
附录1.1.4 仪表台班费用定额 ········ 241

附录1.2 通信工程建设其他相关费用 ······························ 242
附录1.2.1 工程建设其他费 ········· 242
附录1.2.2 预备费 ····················· 247
附录1.2.3 建设期利息 ·············· 247

附录1.3 通信建设工程预算定额 ··· 247
附录1.3.1 总说明 ····················· 247
附录1.3.2 册说明 ····················· 249
附录1.3.3 章节说明 ················· 253

附录2 通信工程常用图例 ············ 254
附录2.1 光缆常用图 ··················· 254
附录2.2 通信线路常用图例 ············ 254
附录2.3 线路设施与分线设备常用图例 ······························ 255
附录2.4 通信杆路常用图例 ············ 258
附录2.5 通信管道常用图例 ············ 260
附录2.6 机房建筑及设施常用图例 ······························ 261
附录2.7 地形图常用符号常用图例 ······························ 263

参考文献 ······································· 272

第 1 章 通信工程概论

本章内容
- 建设工程的基本概念
- 建设程序及相关工作

本章重点
- 通信工程的分类
- 通信工程建设程序

本章难点
- 单项工程、单位工程
- 通信工程建设程序

本章学习目的和要求
- 理解建设项目概念
- 熟悉通信工程的分类
- 掌握通信工程建设程序

本章学时数
- 建议 2 学时

1.1 建设项目

1.1.1 建设项目的基本概念

 探讨

- 什么是建设项目？
- 建设项目与工程有何区别？

建设项目是指按一个总体设计进行建设,经济上实行统一核算,行政上有独立的组织形式,并实行统一管理的建设单位。凡属于一个总体设计中分期分批进行建设的主体工程和附属配套工程、综合利用工程都应作为一个建设项目,不能把不属于一个总体设计的工程,按各种方式归算为一个建设项目;也不能把同一个总体设计内的工程,按地区或施工单位分为几个建设项目。

一个建设项目一般可以包括一个或若干个单项工程。

单项工程是指具有单独的设计文件,建成后能够独立发挥生产能力或效益的工程。单项工程是建设项目的组成部分。工业建设项目的单项工程一般是指能够生产出符合设计规定的主要产品的车间或生产线;非工业建设项目的单项工程一般是指能够发挥设计规定的主要效益的各个独立工程,如教学楼、图书馆、通信大楼的建设等。

单位工程是指具有独立的设计,可以独立组织施工的工程。单位工程是单项工程的组成部分。一个单位工程包含若干个分部、分项工程。

通信建设项目的工程设计可按不同通信系统或专业,划分为若干个单项工程进行设计。对于内容复杂的单项工程,或同一单项工程中分由几个单位设计、施工时,还可分为若干个单位工程。单位工程根据具体情况由设计单位自行划分。

1.1.2 建设项目的特征

(1) 有特定的对象

任何建设项目都有具体的对象,是建设项目的基本特征。根据建设项目的概念,一个建设项目要有一个总体的设计,否则不能称为一个建设项目。

(2) 可进行统一的、独立的项目管理

由于建设项目是一次性的特定任务,是在固定的建设地点、经过专门的设计并应根据实际条件建立一次性组织,进行施工生产活动,因此建设项目一般在行政上实行统一管理,在经济上实行统一核算,由一次性的组织机构实行独立的项目管理。

(3) 建设过程具有程序性

一个建设项目从决策开始到项目投入使用,取得投资效益,要遵循必要的建设程序和经历特定的建设过程。

(4) 项目的组织和法律条件

建设项目的组织是一次性的,随项目开始而产生,随项目的结束而消亡;项目参加单位之间主要以合同作为纽带而相互联系,同时以合同作为分配工作、划分权利和责任关系的依据。建设项目的建设和运行要遵循相关法律,如:建筑法、合同法、招标投标法等。

1.1.3 建设项目的分类

为了加强建设项目管理,正确反映建设项目的内容及规模,建设项目可按不同标准、原则或方法进行分类。

1. 按投资用途划分

按投资的用途不同,建设项目可以分为生产性建设和非生产性建设两大类。

(1) 生产性建设

生产性建设是指直接用于物质生产或为满足物质生产需要的建设,包括工业建设、建筑业建设、农林水利气象建设、运输邮电建设、商业物资供应建设和地址资源勘探建设。

上述运输邮电建设和商业物资供应建设两项也可以称为流通建设。因为流通过程是生产过程的继续,所以"流通过程"列入生产建设中。

（2）非生产性建设

非生产性建设一般是指用于满足人民物质生活和文化生活需要的建设,包括住宅建设、文教卫生建设、科学实验研究建设、公用事业建设和其他建设等。

2. 按投资性质划分

按照投资性质的不同,建设项目可以划分为基本建设项目和技术改造项目两大类。

（1）基本建设项目

基本建设是指利用国家预算内基建拨款投资、国内外基本建设贷款、自筹资金以及其他专项资金进行的,以扩大生产能力为主要目的的新建、扩建等工程的经济活动。长途传输、卫星通信、移动通信及电信机房等的建设属于基本建设项目。具体包括以下5个方面：

① 新建项目：是指从无到有,"平地起家",新开始建设项目。有的建设项目原有基础很小,重新进行总体设计,经扩大建设规模后,其新增加的固定资产价值超过原有的固定资产价值3倍以上的,也属于新建项目。

② 扩建项目：是指原有企业和事业单位为扩大原有产品的生产能力和效益,或增加新产品的生产能力和效益,而新建的主要电信机房或工程等。

③ 改建项目：是指原有企业和事业单位为提高生产效率,改进产品质量,或调整产品方向,对原有设备、工艺流程进行技术改造的项目。有些企业和事业单位为了提高综合生产能力,增加一些附属和辅助设施或非生产性工程,以及企业为改变产品方案而改装设备的项目,也属于改建项目。

④ 恢复项目：是指企业和事业单位的固定资产因自然灾害、战争或人为的灾害等原因已全部或部分报废,而后又投资恢复建设的项目。无论是按原来规模恢复建设,还是在恢复同时进行扩建的都属于恢复项目。

⑤ 迁建项目：是指原有企业和事业单位由于各种原因迁到另外的地方建设的项目,搬迁到另外地方建设,不论其他建设规模是否维持原来规模,都是迁建项目。

（2）技术改造项目

技术改造是指利用自有资金、国内外贷款、专项基金和其他资金,通过采用新技术、新工艺、新设备和新材料对现有固定资产进行更新、技术改造及其相关的经济活动。通信技术改造项目的主要范围如下：

① 现有通信企业增装和扩大数据通信、多媒体通信、软交换、移动通信、宽带接入等设备以及营业服务的各项业务的自动化、智能化处理设备,或采用新技术、新设备的更新换代及相应的补缺配套工程。

② 原有电缆、光缆、微波传输系统、卫星通信系统和其他无线通信系统的技术改造、更新换代和扩容工程。

③ 原有本地网的扩建增容、补缺配套,以及采用新技术、新设备的更新和改造工程。

④ 电信机房或其他建筑物推倒重建或移地重建。

⑤ 增建、改建的职工住宅以及其他列入改造计划的工程。

3. 按建设阶段划分

按建设阶段不同，建设项目可划分为筹建项目、本年正式施工项目、本年收尾项目、竣工项目、停缓建项目五大类。

（1）筹建项目

筹建项目是指尚未正式开工，只是进行勘察设计、征地拆迁、场地平整等为建设做准备工作的项目。

（2）本年正式施工项目

本年正式施工项目是指本年正式进行建筑安装施工活动的建设项目。包括本年新开工的项目、以前年度开工跨入本年继续施工的续建项目、本年建成投产项目和以前年度全部停缓建在本年恢复施工的项目。

① 本年新开工项目：是指报告期内新开工的建设项目。

② 本年续建项目：是指本年以前已经正式开工，跨入本年继续进行建筑安装和购置活动的建设项目。以前年度全部停缓建，在本年恢复施工的项目也属于续建项目。

③ 建成投产项目：是指报告期内按设计文件规定建成主体工程和相应配套的辅助设施，形成生产能力（或工程效益），经过验收合格，并且已正式投入生产或交付使用的建设项目。

（3）本年收尾项目

本年收尾项目是指以前年度已经全部建成投产，但尚有少量不影响正常生产或使用的辅助工程或非生产性工程在报告期继续施工的项目。

（4）竣工项目

竣工项目是指整个建设项目按设计文件规定的主体工程和辅助、附属工程全部建成，并已正式验收移交生产或使用部门的项目。建设项目的全部竣工是建设项目建设过程全部结束的标志。

（5）停缓建项目

停缓建项目是指经有关部门批准停止建设或近期内不再建设的项目。停缓建项目分为全部停缓建项目和部分停缓建项目。

4. 按建设规模划分

按建设规模不同，建设项目可划分为大中型和小型两类。

建设项目大中小型是按项目的建设总规划或总投资确定的。生产单一产品的工业企业，按产品的设计能力划分；生产多种产品的工业企业，按其主要产品的设计能力划分；产品种类繁多，难以按生产能力划分的，按全部投资额划分。新建项目按整个项目的全部设计能力所需要的全部投资划分，改、扩建项目按新增加的设计能力或改、扩建所需要全部投资划分。对国民经济具有特殊意义的某些项目，如产品为全国服务，或者生产新产品，采用新技术的重大项目，以及对发展边远地区和少数民族地区经济有重大作用，虽然设计能力或全部投资不够大中型标准，经国家批准、指定，列入大中型项目计划的，也要按照大中型项目管理。

根据原邮电部（1987）251号《关于发布邮电固定资产投资计划管理的暂行规定的通知》，通信固定资产投资计划项目的划分标准分为基建大中型项目和技改限上项目以及基建小型项目和技改限下项目两类。

（1）基建大中型项目和技改限上项目

基建大中型项目是指长度在 500 km 以上的跨省、区长途通信电缆、光缆，长度在 1 000 km 以上的跨省、区长途通信微波，以及总投资在 5 000 万元以上的其他基本建设项目。

技术改造限上项目是指限额在 5 000 万元以上的技术改造项目。

（2）基建小型项目和技改限下项目（即统计中的技改其他项目）

基建小型项目是指建设规模或计划总投资在大中型以下的基本建设项目。技术改造限下项目是指计划投资在限额以下的技术改造项目。

5. 通信建设工程按单项工程划分

通信建设工程按单项工程划分如表 1-1 所示。

表 1-1 通信建设单项工程项目划分

专业类别	单项工程名称	备注
通信线路工程	1．××光、电缆线路工程 2．××水底光、电缆工程（包括水线房建筑及设备安装） 3．××用户线路工程（包括主干及配线光、电缆、交接及配线设备、集线器、杆路等） 4．××综合布线系统工程	进局及中继光（电）缆工程可按每个城市作为一个单项工程
通信管道建设工程	通信管道建设工程	
通信传输设备安装工程	1．××数字复用设备及光、电设备安装工程 2．××中继设备、光放设备安装工程	
微波通信设备安装工程	××微波通信设备安装工程（包括天线、馈线）	
卫星通信设备安装工程	××地球站通信设备安装工程（包括天线、馈线）	
移动通信设备安装工程	1．××移动控制中心设备安装工程 2．基站设备安装工程（包括天线、馈线） 3．分布系统设备安装工程	
通信交换设备安装工程	××通信交换设备安装工程	
数据通信设备安装工程	××数据通信设备安装工程	
供电设备安装工程	××电源设备安装工程（包括专用高压供电线路工程）	

6. 通信建设工程按类别划分

重点掌握

通信建设工程按建设项目的规模可划分为：
- 一类工程
- 二类工程
- 三类工程
- 四类工程

（1）符合下列条件之一者为一类工程：
① 大中型项目或投资在 5 000 万元以上的通信工程项目。
② 省际通信工程项目。
③ 投资在 2 000 万元以上的部定通信工程项目。
（2）符合下列条件之一者为二类工程：
① 投资在 2 000 万元以下的部定通信工程项目。
② 省内通信干线工程项目。
③ 投资在 2 000 万元以上的省定通信工程项目。
（3）符合下列条件之一者为三类工程：
① 投资在 2 000 万元以下的省定通信工程项目。
② 投资在 500 万元以上的通信工程项目。
③ 地市局工程项目。
（4）符合下列条件之一者为四类工程：
① 县局工程项目。
② 其他小型项目。

1.2 建设程序

重点掌握

通信工程建设项目一般分为以下几个阶段：
- 立项
- 实施
- 验收投产

　　工程项目的建设程序是指一个工程项目从策划、选择、评估、决策、设计、施工到竣工验收、投入生产或交付使用的整个建设过程中，各项工作必须遵循的先后顺序和相互关系。建设程序是工程建设项目的技术经济规律的要求，也是由工程项目的特点决定的，是工程建设过程客观规律的反映，是工程项目科学决策和顺利进行的重要保证，是多年来从事建设管理经验总结的高度概括，也是取得较好投资效益必须遵循的工程建设管理方法。按照建设项目进展的内在联系和过程，建设程序分为若干阶段。这些进展阶段有严格的先后顺序，不能任意颠倒，违反它的规律就会使建设工作出现严重失误，甚至造成建设资金的重大损失。

　　通信工程的大中型和限额以上的建设项目从建设前期工作到建设、投产，要经过立项、实施和验收投产三个阶段，如图 1-1 所示。

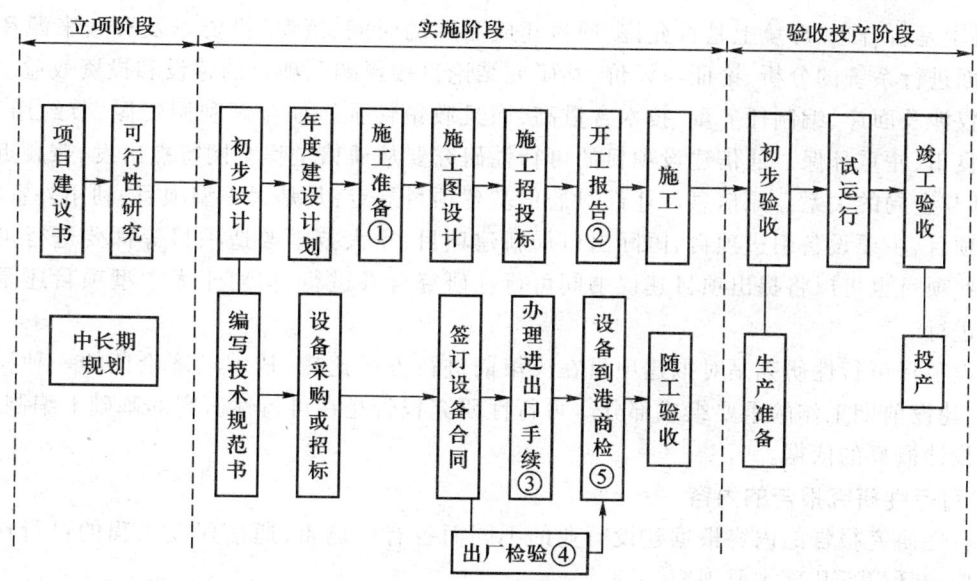

注：① 施工准备包括：征地、拆迁、三通一平、地质勘察等；② 开工报告：属于引进项目或设备安装项目(没有新建机房)，设备发运后，即可写出开工报告；③ 办理进口手续：引进项目按国家有关规定办理报批及进口手续；④ 出厂检验：对复杂设备(无论购置国内、国外的)都要进行出厂检验工作；⑤ 非引进项目为设备到货检查。

图 1-1 基本建设程序图

1.3 立项阶段

立项阶段是通信工程建设的第一阶段，包括项目建议书、可行性研究和专家评估等内容。

1.3.1 项目建议书

项目建议书是工程建设程序中最初阶段的工作，是投资决策前拟定该工程项目的轮廓设想，主要内容如下：项目提出的背景、建设的必要性和主要依据，介绍国内外主要产品的对比情况和引进理由，以及几个国家同类产品的技术、经济分析；建设规模、地点等初步设想；工程投资估算和资金来源；工程进度、经济及社会效益估计。

项目建议书提出后，可根据项目的规模、性质报送相关主管部门审批，批准后即可进行可行性研究工作。

1.3.2 可行性研究

- 建设项目可行性研究是对拟建项目在决策前进行方案比较、技术经济论证的一种科学分析方法，是建设前期工作的重要组成部分。

可行性研究是根据国民经济长期规划和地区、行业规划的要求，对拟建项目在技术上是否可行、经济上是否合理、环境上是否允许,项目建成需要的时间、资源、投资以及资金来源和偿还能力等方面进行系统的分析、论证与评价,其研究结论直接影响到项目的建设和投资效益。可行性研究不仅涉及面广、编制任务重、技术含量高,而且政策性强。如合理利用资源、节约用地、不占或少占良田、注重环保。通信建设项目的可行性研究要从通信全程全网特点出发,兼顾近期与远期、局部与全局的关系。原信息产业部对通信基建项目规定:凡是大中型项目、利用外资项目、技术引进项目、主要设备引进项目、国际出口局新建项目、重大技术改造项目等都要进行可行性研究。有些项目也可以将提出项目建议书同可行性研究合并进行,但对于大中型项目还是应分两个阶段进行。

建设项目可行性研究是对拟建项目在决策前进行方案比较、技术经济论证的一种科学分析方法,是建设前期工作的重要组成部分。可行性研究报告是在可行性研究的基础上编制的,是编制初步设计概算的依据。

1. 可行性研究报告的内容

可行性研究报告的内容根据建设行业的不同而各有所侧重,通信建设工程的可行性研究报告一般应包括以下几项主要内容。

(1) 总论

包括项目提出的背景,建设的必要性和投资效益,可行性研究的依据及简要结论等。

(2) 需求预测与拟建规模

包括业务流量、流向预测,通信设施现状,国家从战略、边海防等需要出发对通信特殊要求的考虑,拟建项目的构成范围及工程拟建规模容量等。

(3) 建设与技术方案论证

包括组网方案,传输线路建设方案,局站建设方案,通路组织方案,设备选型方案,原有设施利用、挖潜和技术改造方案以及主要建设标准的考虑等。

(4) 建设可行性条件

包括资金来源,设备供应,建设与安装条件,外部协作条件以及环境保护与节能等。

(5) 配套及协调建设项目的建议

如进城通信管道,机房土建,市电引入,空调以及配套工程项目的提出等。

(6) 建设进度安排的建议

(7) 维护组织、劳动定员与人员培训

(8) 主要工程量与投资估算

包括主要工程量,投资估算,配套工程投资估算,单位造价指标分析等。

(9) 经济评价

包括财务评价和国民经济评价。

财务评价是从通信企业或通信行业的角度考察项目的财务可行性,计算的财务评价指标主要有财务内部收益率和静态投资回收期等。

国民经济评价是从国家角度考察项目对整个国民经济的净效益,论证建设项目的经济合理性,计算的主要指标是经济内部收益率等。

当财务评价和国民经济评价的结论发生矛盾时,项目的取舍取决于国民经济评价。

(10) 需要说明的有关问题

2. 可行性研究报告的编制程序

在项目建议书被批准后,就要进行可行性研究,编写可行性研究报告,一般可分为以下几个步骤进行:

(1) 筹划、准备及材料搜集

主要内容包括技术策划、人员组织与分工;征询工程主管或建设单位对本项目的建设意图和设想,了解项目产生的背景及建设的紧迫性;研究项目建议书,搜集项目其他相关文件、资料和图纸研究分析本项目与已建项目及近、远期规划的关系,初拟建设方案;落实本项目的资金筹措方式,贷款利率等问题。

(2) 现场条件调研与勘察

① 调研项目所在地区现有通信业务需求及设备状况。

② 建设和资源条件调查,如能源、地址、气象、防洪、考古以及水、电、路、矿等。

③ 市场条件调查,如工、料、机械价格及现场费用,运输、劳动力市场及物价指数等。

④ 施工及维护条件调查,如地形、土质、场地、环保等。

⑤ 机房装机条件及配套项目调查,如土建、电源、空调、管道等。

⑥ 经济分析资料调查,如企业损益表、收入、支出明细表,主要指标表及资产负债表。

⑦ 实地进行勘察,掌握现场情况,补充及修改初拟方案并进行排序。

(3) 确立技术方案

对初步确立的各种方案从技术、经济等各方面作全面、系统的比较之后,确定出2~3个技术方案,并整理出详细的资料和数据,供上级工程主管、建设单位及相关专家进行审定,最终确定一个最佳方案。

(4) 投资估算和经济评价分析

在方案确定之后,下面就要对如何实现设计目标做更详细地分析、研究和测算,通过对设备的选型和配置,确定本项目的主要工程量,进行项目的投资估算和经济评价。

经过分析研究应表明所选方案在设计和施工方面是可以顺利实现的,在经济上、财务上是值得投资建设的。为了检验建设项目的效果,还要进行敏感性分析,表明成本、价格、销售量等不确定因素变化时对企业收益率所产生的影响。

(5) 编写报告书

主要内容是编写说明、绘制图纸、各级校审和文件印刷等。可行性研究报告书中对一些特殊要求(如国际贷款机构要求等)要单独说明。

(6) 项目审查

项目审查一般由该项目的上级主管单位负责组织,由建设、设计部门的有关专家参加,以对建设项目各建设方案技术上的可行性、经济上的合理性和主要建设标准等进行全面的审查。

1.3.3 专家评估

专家评估是由项目主要负责部门组织行业领域内的相关专家,对可行性研究报告所作结论的真实性和可靠性进行评价,并提出具体的意见和建议。专家评估报告是主管领导决策的依据之一,对于重点工程、技术引进等项目进行专家评估是十分必要的。

1.4 实施阶段

通信建设程序的实施阶段由初步设计、年度计划安排、施工准备、施工图设计、施工招投标、开工报告、施工等七个步骤组成。

实施阶段的主要任务就是工程设计和施工,这是建设程序最关键的阶段。

根据通信工程建设特点及工程建设管理需要,一般通信建设项目设计按初步设计和施工图设计两个阶段进行;对于通信技术上复杂的,采用新通信设备和新技术项目,可增加技术设计阶段,按初步设计、技术设计、施工图设计三个阶段进行;对于规模较小,技术成熟,或套用标准的通信工程项目,可直接做施工图设计,称为"一阶段设计",例如设计施工比较成熟的市内光缆通信工程项目等。

1.4.1 初步设计及技术设计

初步设计是根据批准的可行性研究报告,以及有关的设计标准、规范,并通过现场勘察工作取得的设计基础资料后进行编制的。初步设计的主要任务是确定项目的建设方案、进行设备选型、编制工程项目的总概算。其中,初步设计中的主要设计方案及重大技术措施等应通过技术经济分析,进行多方案比较论证,未采用方案的扼要情况及采用方案的选定理由均写入设计文件。

技术设计是根据已批准的初步设计,对设计中比较复杂的项目、遗留问题或特殊需要,通过更详细的设计和计算,进一步研究和阐明其可靠性和合理性,准确地解决各个主要技术问题。技术设计深度和范围,基本上与初步设计一致,应编制修正概算。

归纳思考

- 为什么有些项目不需要技术设计?哪些项目需要技术设计?
- 初步设计与技术设计的重点有何不同?

1.4.2 年度计划安排

建设单位根据批准的初步设计和投资概算,经过资金、物资、设计、施工能力等的综合平衡后,做出年度计划安排。年度计划中包括通信基本建设拨款计划、设备和主要材料(采购)储备贷款计划、工期组织配合计划等内容。年度计划中应包括整个工程项目和年度的投资进度计划。

经批准的年度建设项目计划是进行基本建设拨款或贷款的主要依据,是编制保证工程项目总进度要求的重要文件。

1.4.3 建设单位施工准备

施工准备是通信基本建设程序中的重要环节,主要内容包括:征地、拆迁、三通一平、地质勘察等,此阶段以建设单位为主进行。

为保证建设工程的顺利实施,建设单位应根据建设项目或单项工程的技术特点,适时组成建设工程的管理机构,做好以下具体工作:

(1) 制定本单位的各项管理制度和标准,落实项目管理人员。
(2) 根据批准的初步设计文件汇总拟采购的设备和专用主要材料的技术资料。
(3) 落实项目施工所需的各项报批手续。
(4) 落实施工现场环境的准备工作(完成机房建设,包括水、电、暖等)。
(5) 落实特殊工程验收指标审定工作。

特殊工程验收指标包括:新技术、新设备被应用在工程项目中的(没有技术标准的);由于工程项目的地理环境、设备状况的不同,要对工程的验收指标进行讨论和审定的;由于工程项目的特殊要求,需要重新审定验收标准的;由于建设单位或设计单位对工程提出的特殊的技术要求,或高于规范标准要求的工程项目,需要重新审定验收标准的。

1.4.4 施工图设计

建设单位委托设计单位根据批准的初步设计文件和主要通信设备订货合同进行施工图设计。设计人员在对现场进行详细勘察的基础上,对初步设计做必要的修正;绘制施工详图,标明通信线路和通信设备的结构尺寸、安装设备的配置关系和布线;明确施工工艺要求;编制施工图预算;以必要的文字说明表达意图,指导施工。

各个阶段的设计文件编制出版后,根据项目的规模和重要性组织主管部门、设计、施工建设单位、物资、银行等单位的人员进行会审,然后上报批准。工程设计文件一经批准,执行中不得任意修改变更。施工图设计文件是承担工程实施部门(即具有施工执照的线路、机械设备施工队)完成项目建设的主要依据。

同时,施工图设计文件是控制建筑安装工程造价的重要文件,是办理价款结算和考核工程成本的依据。

1.4.5 施工招标

施工招标是建设单位将建设工程发包,鼓励施工企业投标竞争,从中评定出技术、管理水平高、信誉可靠且报价合理、具有相应通信工程施工等级资质的通信工程施工企业中标。推行施工招标对于择优选择施工企业,确保工程质量和工期具有重要意义。

建设工程招标依据《中华人民共和国招标投标法》和《通信建设项目招标投标管理暂行规定》的规定,可采用公开招标和邀请招标两种形式。由建设单位编制标书,公开向社会招标,预先明确在拟建工程的技术、质量和工期要求的基础上,建设单位与施工企业各自应承担的责任与义务,依法组成合作关系。

1.4.6 开工报告

经施工招标,签订承包合同后,建设单位在落实了年度资金拨款、设备和主材供货及工程管理组织,并于开工前一个月由建设单位会同施工单位向主管部门提出建设项目开工报告。在项目开工报批前,应有审计部门对项目的有关费用计取标准及资金渠道进行审计后,方可正式开工。

1.4.7 施工

施工承包单位应根据施工合同条款、批准的施工图设计文件和施工组织设计文件进行施工准备和施工实施,在确保通信工程施工质量、工期、成本、安全等目标的前提下,满足通信施工项目竣工验收规范和设计文件的要求。

1. 施工单位现场准备工作主要内容

施工的现场准备工作,主要是为了给施工项目创造有利的施工条件和物资保证。因项目类型不同准备工作内容也不尽相同,此处按光(电)缆线路工程、光(电)缆管道工程、设备安装工程和其他准备工作分类叙述。

(1) 光(电)缆线路工程

① 现场考察:熟悉现场情况,考察实施项目所在位置及影响项目实施的环境因素;确定临时设施建立地点,电力、水源给取地,材料、设备临时存储地;了解地理和人文情况对施工的影响因素。

② 地质条件考察及路由复测:考察线路的地质情况与设计是否相符,确定施工的关键部位(障碍点),制定关键点的施工措施及质量保证措施。对施工路由进行复测,如与原设计不符应提出设计变更请求,复测结果要作详细的记录备案。

③ 建立临时设施:包括项目经理部办公场地、财务办公场地、材料、设备存放地、宿舍、食堂设施的建立,安全设施、防火、防水设施的设置,保安防护设施的设立。建立临时设施的原则是:距离施工现场就近;运输材料、设备、机具便利;通信、信息传递方便;人身及物资安全。

④ 建立分屯点:在施工前应对主要材料和设备进行分屯,建立分屯点的目的是便于施工、便于运输,还应建立必要的安全防护设施。

⑤ 材料与设备进场检测:按照质量标准和设计要求(没有质量标准的按出厂检验标准),对所有进场的材料和设备进行检验。材料与设备进场检验应有建设单位和监理在场,并由建设单位和监理确认,将测试记录备案。

⑥ 安装、调试施工机具:做好施工机具和施工设备的安装、调试工作,避免施工时设备和机具发生故障,造成窝工,影响施工进度。

(2) 光(电)缆管道工程

① 管道线路实地考察:熟悉现场情况,考察临时设施建立地点,电力、水源给取地,做好建筑构(配)件、制品和材料的储存和堆放计划,了解地理和其他管线情况对施工的影响。

② 考察其他管线情况及路由复测:路由的地质情况与设计是否相符,确定路由上其他管线的情况,制定交叉、重合部分的施工方案,明确施工的关键部位,制定关键点的施工措施及质量保证措施。对施工路由进行复测,如与原设计不符应提出设计变更请求,复测结果要作详细的记录备案。

③ 建立临时设施:应包括项目经理部办公场地、建筑构(配)件、制品和材料的储存和堆放场地、宿舍、食堂设施,安全设施、防火、防水设施,保安防护设施,施工现场围挡与警示标志的设置,施工现场环境保护设施。

建立临时设施的原则:距离施工现场就近;运输材料、设备、机具便利;通信、信息传递方便;人身及物资安全。

④ 材料与设备进场检测：按照质量标准和设计要求（没有质量标准的按出场检验标准），对所有进场的材料和设备进行检验。材料与设备进场检验应有建设单位和监理在场，并由建设单位和监理确认。将测试记录备案。

⑤ 光（电）缆和塑料子管配盘：根据复测结果、设计资料和材料订货情况，进行光、电缆配盘及接头点的规划。

⑥ 安装、调试施工机具：做好施工机具和施工设备的安装、调试工作，避免施工时设备和机具发生故障，造成窝工，影响施工进度。

（3）设备安装工程

① 施工机房的现场考察：了解现场、机房内的特殊要求，考察电力配电系统、机房走线系统、机房接地系统、施工用电和空调设施。

② 办理施工准入证件：了解现场、机房的管理制度，服从管理人员的安排；提前办理必要的准入手续。

③ 设计图纸现场复核：依据设计图纸进行现场复核，复核的内容包括：需要安装的设备位置、数量是否准确有效；线缆走向、距离是否准确可行；电源电压、熔断器容量是否满足设计要求；保护接地的位置是否有冗余；防静电地板的高度是否和抗震机座的高度相符。

④ 安排设备、仪表的存放地：落实施工现场的设备、材料存放地，是否需要防护（防潮、防水、防暴晒），配备必要的消防设备，仪器仪表的存放地要求安全可靠。

⑤ 在用设备的安全防护措施：了解机房内在用设备的情况，严禁乱动内部与工程无关的设施、设备，制定相应的安全防范措施。

⑥ 机房环境卫生的保障措施：了解现场的卫生环境，制定保洁及防尘措施，配备必要的设施。

（4）其他准备工作

① 做好冬雨期施工准备工作：包括施工人员的防护措施；施工设备运输及搬运的防护措施；施工机具、仪表安全使用措施。

② 特殊地区施工准备：高原、高寒地区、沼泽地区等地区的特殊准备工作。

2. 施工单位技术准备工作主要内容

施工前的技术准备工作是认真审阅施工图设计，了解设计意图，做好设计交底、技术示范，统一操作要求，使参加施工的每个人都明确施工任务及技术标准，严格按施工图设计施工。

（1）施工图设计审核

在工程开工前，使参与施工的工程管理及技术人员充分地了解和掌握设计图纸的设计意图、工程特点和技术要求；通过审核，发现施工图设计中存在的问题和错误，在施工图设计会审会议上提出，为施工项目实施提供一份准确、齐全的施工图纸。审查施工图设计的程序通常分为自审、会审两个阶段。

① 施工图的自审

施工单位收到施工项目的有关技术文件后，应尽快地组织有关的工程技术人员对施工图设计进行熟悉，写出自审的记录。自审施工图设计的记录应包括对设计图纸的疑问和对设计图纸的有关建议等。

施工图设计审核的内容：施工图设计是否完整、齐全，以及施工图纸和设计资料是否符合国家有关工程建设的法律法规和强制性标准;施工图设计是否有误,各组成部分之间有无矛盾;工程项目的施工工艺流程和技术要求是否合理;对施工图设计中的工程复杂、施工难度大和技术要求高的施工部分或应用新技术、新材料、新工艺部分,现有施工技术水平和管理水平能否满足工期和质量要求;明确施工项目所需主要材料、设备的数量、规格、供货情况;施工图中穿越铁路、公路、桥梁、河流等技术方案的可行性;找出施工图上标注不明确的问题并记录。工程预算是否合理。

② 施工图设计会审

一般由建设单位主持,由设计单位、施工单位和监理单位参加,四方共同进行施工图设计的会审。由设计单位的工程主设计人向与会者说明拟建工程的设计依据、意图和功能要求,并对特殊结构、新材料、新工艺和新技术提出设计要求。施工单位根据自审记录以及对设计意图的了解,提出对施工图设计的疑问和建议;在统一认识的基础上,对所探讨的问题逐一地做好记录,形成"施工图设计会审纪要",由建设单位正式行文,作为与设计文件同时使用的技术文件和指导施工的依据,以及建设单位与施工单位进行工程结算的依据。

审定后的施工图设计与施工图设计会审纪要,都是指导施工的法定性文件;在施工中既要满足规范、规程,又要满足施工图设计和会审纪要的要求。

(2) 技术交底

为确保所承担的工程项目满足合同规定的质量要求,保证项目的顺利实施,应使所有参与施工的人员熟悉并了解项目的概况、设计要求、技术要求、工艺要求。技术交底是确保工程项目质量的关键环节,是质量要求、技术标准得以全面认真执行的保证。

① 技术交底的依据:技术交底应在合同交底的基础上进行,主要依据有施工合同、施工图设计、工程摸底报告、设计会审纪要、施工规范、各项技术指标、管理体系要求、作业指导书、建设单位或监理工程师的其他书面要求等。

② 技术交底的内容:工程概况、施工方案、质量策划、安全措施、"三新"(新技术、新工艺、新材料)技术、关键工序、特殊工序(如果有的话)和质量控制点、施工工艺(遇有特殊工艺要求时要统一标准)、法律、法规、对成品和半成品的保护,制定保护措施、质量通病预防及注意事项。

③ 技术交底的要求:施工前项目负责人对分项、分部负责人进行技术交底,施工中对建设单位或监理提出的有关施工方案、技术措施及设计变更的要求在执行前进行技术交底,技术交底要做到逐级交底,随接受交底人员岗位的不同交底的内容有所不同。

(3) 制定技术措施

技术措施是为了克服生产中的薄弱环节,挖掘生产潜力,保证完成生产任务,获得良好的经济效果,在提高技术水平方面采取的各种手段或方法。它不同于技术革新,技术革新强调一个新字,而技术措施则是综合已有的先进经验或措施,如加快施工进度方面的技术措施,保证和提高工程质量的技术措施,节约劳动力、原材料、动力、燃料的措施,推广新技术、新工艺、新结构、新材料的措施,提高机械化水平、改进机械设备的管理以提高完好率和利用率的措施,改进施工工艺和操作技术以提高劳动生产率的措施,保证安全施工的措施。

(4) 新技术的培训

随着信息产业的飞速发展,新技术、新设备的不断推出,新技术的培训是通信工程实施的重要技术准备,是保证工程顺利实施的前提。

由于新技术是动态的、不断更新的，因此需要对参与工程施工的工作人员不断进行培训，以保证受培训人员具备工程施工的相应技术能力。

培训的人员包括参与工程项目中含有新技术内容的工程技术人员，有新上岗、转岗、变岗人员。

3．施工实施

在施工过程中，对隐蔽工程在每一道工序完成后应由建设单位委派的监理工程师或随工代表进行随工验收，验收合格后才能进行下一道工序。完工并自验合格后方可提交"交（完）工报告"。

1.5 验收投产阶段

为了充分保证通信系统工程的施工质量，工程结束后，必须经过验收才能投产使用。这个阶段的主要内容包括初步验收、生产准备、试运行和竣工验收等几个方面。

（1）初步验收

初步验收一般由施工企业完成承包合同规定的工程量后，依据合同条款向建设单位申请项目完工验收。初步验收由建设单位（或委托监理公司）组织，相关设计、施工、维护、档案及质量管理等部门参加。除小型建设项目外，其他所有新建、扩建、改建等基本建设项目以及属于基本建设性质的技术改造项目，都应在完成施工调测之后进行初步验收。初步验收的时间应在原定计划工期内进行，初步验收工作包括检查工程质量、审查交工资料、分析投资效益、对发现的问题提出处理意见，并组织相关责任单位落实解决。

（2）生产准备

生产准备是指工程项目交付使用前必须进行的生产、技术和生活等方面的必要准备。包括：

① 培训生产人员。一般在施工前配齐人员，并可直接参加施工、验收等工作，使之熟悉工艺过程、方法，为今后独立维护打下坚实的基础。

② 按设计文件配置好工具、器材及备用维护材料。

③ 组织完善管理机构、制定规章制度以及配备办公、生活等设施。

（3）试运行

试运行是指工程初验后到正式验收、移交之间的设备运行。由建设单位负责组织，供货厂商、设计、施工和维护部门参加，对设备、系统功能等各项技术指标以及设计和施工质量进行全面考核。经过试运行，如果发现有质量问题，由相关责任单位负责免费返修。一般试运行期为3个月，大型或引进的重点工程项目试运行期可适当延长。试运行期内，应按维护规程要求检查证明系统已达到设计文件规定的生产能力和传输指标。试运行期满后应写出系统使用的情况报告，提交给工程竣工验收会议。

（4）竣工验收

竣工验收是通信工程的最后一项任务，当系统的试运行完毕并具备了验收交付使用的条件后，由相关部门组织对工程进行系统验收。竣工验收是全面考核建设成果、检验设计和工程质量是否符合要求，审查投资使用是否合理的重要步骤，是对整个通信系统进行全面检查和指标抽测，对保证工程质量、促进建设项目及时投产、发挥投资效益、总结经验教训有重要作用。

竣工项目验收后,建设单位应向主管部门提出竣工验收报告,编制项目工程总决算(小型项目工程在竣工验收后的一个月内将决算报上级主管部门;大中型项目工程在竣工验收后的三个月内将决算报上级主管部门),并系统整理出相关技术资料(包括竣工图纸、测试资料、重大障碍和事故处理记录),以及清理所有财产和物资等,报上级主管部门审查。竣工项目经验收交接后,应迅速办理固定资产交付使用的转账手续(竣工验收后的三个月内应办理完毕固定资产交付使用的转账手续),技术档案移交维护单位统一保管。

1.6 通信工程监理

通信工程监理包括设计、施工、保修阶段全过程,也可根据委托监理合同约定,对其中某个阶段实施监理。

1.6.1 设计阶段监理

设计阶段监理内容主要包括:
(1) 协助建设单位选定设计单位,商签设计合同并监督管理设计合同的实施。
(2) 协助建设单位提出设计要求,参与设计方案的选定。
(3) 协助建设单位审查设计和概(预)算,参与施工图设计阶段的会审。
(4) 协助建设单位组织设备、材料的招标和订货。

1.6.2 施工及验收阶段监理

在通信工程建设过程中,施工单位应按批准的施工图设计进行施工,在施工过程中,由建设单位委派的通信工程监理人员对建设项目进行施工监理,以降低工程建设风险,控制建设成本,保证工程进度、质量和安全。

从目前实际情况看,国内通信工程监理主要是施工和验收阶段的监理。

1.7 实做项目及教学情境

实做项目一:通过调研,了解本地运营商的建设项目情况,并进行分类。
目的要求:了解通信工程项目的分类,初步认识通信工程项目。
实做项目二:结合具体项目编制可行性研究报告。
目的要求:了解可行性研究报告的编制方法及内容。

 本章小结

本章主要介绍通信工程建设项目的概念、分类、程序,重点包括:
1. 建设项目是指按一个总体设计进行建设,经济上实行统一核算,行政上有独立的组织形式并实行统一管理的建设单位。

2. 按投资的用途不同,建设项目可以分为生产性建设和非生产性建设两大类。

3. 按照投资性质的不同,建设项目可以划分为基本建设项目和技术改造项目两大类。

4. 通信工程的大中型和限额以上的建设项目从建设前期工作到建设、投产、要经过立项、实施和验收投产三个阶段。

5. 通信建设程序的实施阶段由初步设计、年度计划安排、施工准备、施工图设计、施工招投标、开工报告、施工等七个步骤组成。

6. 可行性研究报告的内容根据建设行业的不同而各有所侧重,通信建设工程的可行性研究报告一般应包括总论、需求预测与拟建规模、建设与技术方案论证、建设可行性条件、配套设施及协调建设项目的建议、主要工程量与投资估算、经济评价等。

 复习思考题

1-1　简述建设项目的概念及其特点。

1-2　简述通信工程建设程序。

1-3　简述可行性研究报告的内容。

第 2 章 通信工程设计基础

本章内容

- 概述
- 通信网络构成及设计专业划分
- 通信工程设计的内容及流程
- 工程勘察
- 通信工程设计依据
- 通信工程设计文件的编制

本章重点

- 通信工程设计专业划分
- 通信工程设计的内容及流程
- 工程勘察
- 通信工程设计文件的编制

本章难点

- 通信工程设计依据
- 通信工程设计文件的编制

本章学习目的和要求

- 熟悉通信工程设计的工作流程
- 掌握通信工程勘察的方法
- 理解通信工程设计文件的编制

本章学时数

- 建议 6 学时

2.1 概述

2.1.1 工程勘察、设计单位的质量责任和义务

在《建设工程质量管理条例》中明确规定了工程勘察、设计单位的质量责任和义务：

（1）勘察、设计单位需取得资质证书，并在其资质等级许可范围内承揽工程。

（2）勘察、设计单位需按照工程建设强制性标准进行勘察、设计，并对勘察、设计的质量负责，设计人员应对签名的设计文件负责。

（3）勘察单位提供的地质、测量、水文等勘察结果必须真实、准确。

（4）建设工程设计文件应当符合国家规定的设计深度要求，注明工程合理使用年限。

（5）设计单位在设计文件中选用的建筑材料、建筑构配件和设备，应当注明规格、型号、性能等技术指标，其质量要求必须符合国家规定的标准；除有特殊要求的建筑材料、专用设备、工艺生产线等外，设计单位不得指定生产厂、供应商。

（6）设计单位应当就审查合格的施工图设计文件向施工单位作出详细说明。

（7）设计单位应当参与建设工程质量事故分析，并对因设计造成的质量事故，提出相应的技术处理方案。

2.1.2 设计的作用

通信工程设计是以通信网络规划为基础的，它是工程建设的灵魂。通信工程采用的技术是否先进，方案是否最佳，对工程建设是否经济合理起着决定性的作用。

通信工程设计咨询的作用是为建设单位、维护单位把好工程的四关：

（1）网络技术关

（2）工程质量关

（3）投资经济关

（4）设备（线路）维护关

2.1.3 对设计的要求

通信工程设计作为通信工程建设的依据，需要满足建设单位、施工单位、维护单位和管理单位的不同层面的要求。

1. 建设单位对设计的要求

建设单位从技术先进、经济合理、安全适用、全程全网的角度进行通信工程项目设计，对设计方案的要求是：

（1）勘察准确，设计方案详细、全面。

（2）设计方案应有多种方案比较和选择。

（3）正确处理好局部与整体、近期与远期、采用新技术与挖潜的关系。

对设计人员的要求是：

（1）熟悉工程建设规范、标准。

（2）了解设计合同的要求。
（3）理解建设单位的意图。
（4）掌握相关专业工程现状。

2．施工单位对设计的要求

设计方案作为通信工程施工的指导及依据，必须能准确无误地指导施工。施工单位对设计的要求是：

（1）设计的各种方法、方式在施工中的可实施性。
（2）图纸设计尺寸规范、准确无误。
（3）明确原有、本期、今后扩容各阶段工程的关系。
（4）预算的器材、主要材料不缺不漏。
（5）定额计算准确。

对设计人员的要求是：

（1）熟悉工程建设规范、标准。
（2）掌握相关专业工程现状。
（3）认真勘察。
（4）掌握一定的工程经验。

3．维护单位对设计的要求

从维护单位的角度，主要考虑安全性、维护便利性、机房安排合理性、布线合理性、维护仪表及工具配备的合理性，尽量考虑到维护工作的自动化，可实现无人值守。维护单位对设计的要求是：

（1）设计方案应征求维护单位的意见。
（2）处理好相关专业及原有、本期、扩容工程之间关系。

对设计人员的要求是：

（1）熟悉各类工程对机房的工艺要求。
（2）了解相关配套专业的需求。
（3）具有一定工程及维护经验。

4．管理部门对设计的要求

从通信工程管理及监理部门的角度，要求要有明确的工程质量验收标准作为工程竣工依据，工程原始资料可供查阅。管理部门对设计的要求是：

（1）严肃认真。
（2）设计方案符合相关规范。
（3）预算准确。

5．通信工程设计人员的素质要求

由上可知，通信工程设计的优劣与通信工程设计人员的素质密切相关。通信工程设计行业的发展最终要以人为本。通信工程设计所涉及的知识面的广度和深度，通信工程设计文件的严谨性和重要性决定了从业人员必须具有较高的基本素质。

（1）过硬的专业技能

作为一个通信工程设计人员，需要具备通信各专业理论知识和概预算方法。通信系统的复杂性及关联性决定了通信系统设计各专业需相互配合,所以无论是设备专业设计人员还是线路专业设计人员都必须了解对方专业的相关理论知识。作为一个设计人员还要了解勘察、施工、测试和验收等一系列的工作内容和流程。针对不同的通信系统,一个设计人员要熟练掌握各厂家设备的外观尺寸、设备功能、设备技术指标和报价等。

(2)强烈的责任心

设计工作是关系一项工程成败和质量好坏的关键步骤之一,没有一个好的设计,就不可能做出优质工程,甚至会出现事故,给建设单位和国家造成巨大的损失。所以,设计人员必须具有强烈的责任心,对待设计工作必须做到一丝不苟,要对设计文件中每一句话、每一条线负责。

(3)吃苦耐劳的精神

通信建设工程的特点是责任大、任务重,设计工作常常需要夜以继日的观察、思考。现场勘测经常需要克服各种各样艰苦的条件,所以具备吃苦耐劳的精神才有可能成为一名优秀的设计师。

(4)勤学好问,善于观察和总结

通信工程设计是一项实践性、专业性很强的工作,涉及的知识领域很广,一名合格的设计师必须具备渊博的专业知识和丰富的实践经验。只有不断地学习新技术、新知识,才能跟上通信技术的飞速发展。所有不懂的地方,一定要弄懂,要善于勤学好问。只有学会观察和总结,才能积累丰富的实践经验。通过两条腿走路,将理论和实践紧密结合是设计师成长的必由之路。

(5)具备良好的沟通能力

现代社会随着社会分工的细化,沟通协调作为社会生存的重要性已经得到充分的重视。而通信工程项目实施过程更是多部门、多单位共同参与、协作的过程,每一位设计人员都需要直接或间接与客户打交道。设计人员要牢固树立用户至上的观念,不仅要有强烈的服务意识,还要具有良好的交流和沟通能力。通信工程设计人员需要与建设单位、施工单位、设备制造商和运营维护单位的人员进行沟通,协调各方面的关系和利益。

(6)稳定的心理素质

遇事沉着冷静,处理问题灵活,是一名设计人员应当具备的素质。在通信工程设计过程中,一般会遇到一些急难险重的情况,能否根据施工工艺要求和规范要求灵活处理问题是关系到工程进度和质量的关键。

(7)先进的设计手段和创新精神

作为智力型的人员,有计划地按照国际通行的模式和市场运作的要求,在外语能力、工程建设经验、项目管理和评估、计算机应用、法律知识、市场开拓、职业道德及国际惯例基本知识等方面加以培训,在实践中锻炼,提高竞争力,加快融入国际工程咨询市场的进程。

2.1.4 通信工程设计的发展

加入 WTO 对我国的工程咨询业的发展有双重影响,利益与风险并存,机遇与挑战同在。但从总的来看,尤其是从长远的、全局和发展的观点出发,权衡之下还是利大于弊。

我国设计咨询行业经过近 30 年的发展,现在已经拥有几千家工程咨询单位。我国目前实行分段管理模式,前期咨询业务归口国家发展和改革委员会,成立中国工程咨询协会;设计、监理、招投标代理归口国家住房和城乡建设部,设有勘察设计协会、建设监理协会;涉外工程咨询单位归口商务部,设有国际工程咨询协会。多个工程咨询协会并存,不利于我国工程咨询业的发展和与国际工程咨询组织的对接,因此急需对目前的"三驾马车"进行整合,与国际接轨。

1. 企业资质

从市场准入的情况来看,目前我国工程咨询业市场的准入是以公司资质认证为主,以个人执业资格认证为辅,工商行政部门注册登记。公司资质多以资历信誉、技术力量、专业配置、技术装备及管理水平为标准,发给相应的资质认证书;个人执业资格认证1996年开始推行,目前有建筑师、结构师、咨询工程师、监理工程师等注册制度。

2. 企业现状

国内现在电信设计院分为三类:原邮电部直属、原电信运营商直属和非传统设计院(通信相关行业转来)。

(1) 原邮电部直属设计院原来其实只有一家,就是现在位于郑州的中讯邮电咨询设计院(以下简称郑州院)。郑州院于1952年成立,分别隶属邮电部、信息产业部、国务院大型国有企业工作委员会,中央企业工委,国资委,后与中国联通合并,成为中国联通集团设计研究院——中讯邮电咨询设计院有限公司。

(2) 原电信运营商直属设计院主要是分布在各省的某某省邮电设计院,无论是中国电信还是中国联通的设计院其实都是原来电信总公司各省公司的直属企业。

(3) 第三类非传统设计院全国这类设计院大大小小有上千家,以区域为核心,业务范围各有不同。

3. 国内与国外设计行业的主要差距

国内与国外设计行业的主要差距有:

(1) 营销能力的差距

国外的工程公司有很强的营销能力。他们善于开拓市场,对市场十分熟悉,对设备生产商的产品了如指掌,而且有密切的联系,信息比较畅通。他们还有较强的融资能力,有充足的人力、物力和财力作为招标、投标和工程总承包的后盾,抗风险能力强。

(2) 功能的差距

过去我国设计单位功能单一,近年来逐步拓展了服务范围,但与国外相比还有差距。国外的设计企业,不论哪种模式,都可以不同程度地为业主提供工程建设全过程的服务,使工程设计在工程建设中的主导作用得到充分的发挥。目前,建设单位提出"交钥匙"工程,对通信设计及施工企业提出了更高的要求。

(3) 技术的差距

国外设计企业大多掌握世界先进技术,有的设有自己的技术开发中心,拥有自己的专利或与专利商有密切的联系,形成自己的技术优势。他们熟悉国际标准,普遍拥有公司成套先进的技术标准和管理标准。而国内通信企业无论是从规范的制订和设备技术等方面都处在下风。

(4) 管理的差距

国外工程咨询公司和工程公司普遍采取矩阵式管理,实行以项目经理负责制为主的目标管理。项目经理有较大的权力,负责质量、进度、费用三项控制,进行动态管理。项目管理是一门综合性的软科学,集现代工程技术、管理理论和项目建设实践于一体。项目管理有一套科学的方法,对保证质量、提高效率、降低成本有显著的作用。我国设计单位缺乏这方面的经验和合格的项目经理人才。

(5) 设计程序的差距

国外设计程序与我国现行的两阶段设计(初步设计及施工图设计)有所差距,尤其是实行工程总承包的项目。例如,由工程公司总承包的项目,经过可行性研究和评估即可实现投资决策。工程公司经过投标竞争,签订承包合同后,即可按合理要求全面地、自主地进行项目实施。设备采购是设计程序中不可分割的环节。基础设计一开始就正式询价,落实设备订货。制造厂返回的设备图纸经过认可,可作为详细设计的依据。费用估算经过多次编制,设计经过多版次出图,使设计逐步深化,可以保证设计质量和投资估算的准确性。我国目前仍采用阶段性的设计程序,与国外多版次设计口径不一。

对照国际先进水平,我国设计行业在体制、程序、方法和技术标准、规范上,与国际通行模式不接轨。功能不全、资源配置不合理,工程总承包能力较差,缺乏现代化的设计管理工具和软件。缺乏信息来源,国际合作能力较差,缺乏创新的技术和自有的专利、专有技术,在国际项目竞争中处于不利地位。

2.2 通信网络构成及设计专业划分

2.2.1 通信网络构成

所谓通信,就是信息的传递与交换。狭义的通信网一般是指电信网,广义的通信网还包括完成实物(包含信息)传递与交换的邮政网。在不明确说明的情况下本书所提到的通信网即指电信网。

1. 电信网的定义

电信网是由电信终端、交换节(结)点和传输链路相互有机地连接起来,以实现在两个或更多的电信端点之间提供连接或非连接传输的通信系统。它从概念上可以分为基础网、业务网和支撑网。

(1) 基础网

基础网是业务网的承载者,一般由终端设备、传输设备和交换设备等组成。

(2) 业务网

承载各种业务(话音、数据、图像、广播电视等)中的一种或几种的电信网。一般由移动网、固定网、数据网等组成,网内各个同类终端之间可根据需要接通,有时也可固定连接。

(3) 支撑网

为保证业务网正常运行,增强网络功能,提高全网服务质量而形成的传递控制监测和信令等信号的网络。按功能分为信令网、同步网和通信管理网。

2. 电信网的组成

一个完整的电信网由硬件和软件组成。电信网的硬件即构成电信网的设备及线路,一般由终端设备、传输设备、交换设备以及相关的通信线路组成。仅有这些设备还不能很好地完成信息的传递和交换,还需要在网的软件系统即一整套网路技术,才能使由设备组成的静态网变成一个运转良好的动态体系。

3. 电信网的结构

从水平的观点看,电信网网络结构可划分为:用户驻地网、接入网、城域网、核心网等,如图2-1所示。

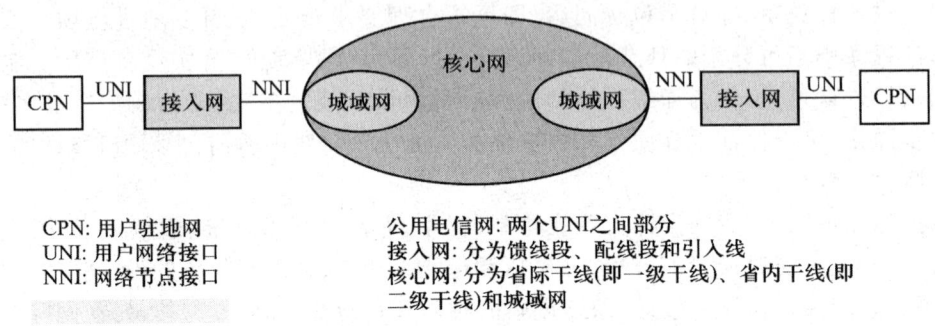

图 2-1 电信网的结构(从水平观点看)

从垂直的观点分析,电信网网络可分为支撑网、传送网、业务网和应用层,如图2-2所示。

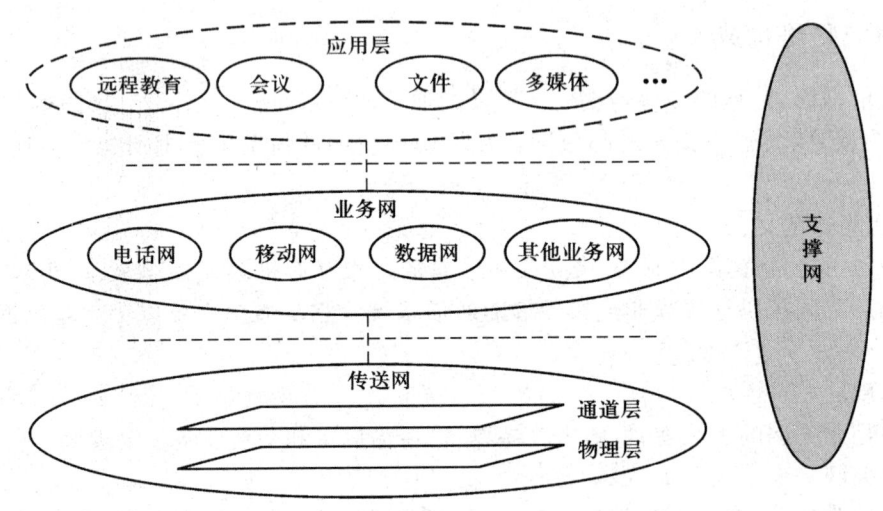

图 2-2 电信网结构(从垂直观点看)

4. 电信网的分类

电信通信就是利用电信系统来进行信息的传递。电信系统则是各种协调工作的电信装备集合的整体。最简单的电信系统是只在两个用户间建立的专线系统,而较复杂的系统则是由多级交换的电信网提供信道,完成一次呼叫所需的全部设施构成的系统。整个电信网是一个复杂体系,表征电信网的特点很多,目前可以从下面几个方面的特征来区分电信网的种类。

按业务性质分:固定电话网、移动网、数据通信网、图像通信网、多媒体通信网、电视传输网等。

按服务区域分:国际通信网、长途通信网、本地通信网;局域网(LAN)、城域网(MAN)、广域网(WAN)等。

按主要传输介质分:电缆通信网、光缆通信网、卫星通信网、无线通信网等。

2.2.2 通信工程设计专业划分

由于电信网络的复杂性,从网络建设、运行维护管理方便的角度出发,电信网络运营商通常根据业务和技术的相近性划分部门进行管理。

重点掌握

通信建设项目通常可按专业划分为:
- 供电设备安装工程
- 有线通信设备安装工程(包括:通信交换设备安装工程、数据通信设备安装工程、通信传输设备安装工程)
- 无线通信设备安装工程(包括:微波通信设备安装工程、卫星通信设备安装工程、移动通信设备安装工程)
- 通信线路工程
- 通信管道建设工程

通信设计院(公司)服务的主要客户为各电信网络运营商,承担的主要业务范围包括电信工程的勘察、设计,通信网的规划,技术支持服务,咨询服务以及信息服务等。为适应工作需要,通常划分为以下设计专业。

1. 动力(通信电源)设计专业

该专业主要承担通信电源系统工程的规划、勘察、设计工作,并提供相应的技术咨询服务。范围包括通信局(站)的高、低压供电系统、柴油发电机交流电源系统、交流不间断供电(UPS)系统、直流供电系统、动力及环境监控系统、雷电防护及接地系统等。

2. 交换通信设计专业

该专业主要承担核心网及相关支撑网络和计算机系统的工程规划、设计、优化和技术咨询业务。范围包括长途、市话、移动电话网、NGN以及关口局工程、七号信令网、智能网、网管和计费系统、短消息中心等。

3. 传输通信设计专业

该专业主要从事传输设备安装工程以及管道、线路的规划、设计和技术咨询工作,提供从接入层网络到核心层网络,从前期技术咨询、规划,到中期方案设计、施工图设计,最后到现有传输网络分析和优化一整套的解决方案。承担SDH、DWDM传输系统、智能光网的方案和工程设计。

4. 数据通信设计专业

主要承担各基础数据通信网、宽带 IP 网络、运营支撑系统等项目的方案设计、工程设计、系统咨询、网络优化等业务，为客户提供全面的解决方案。主要包括分组交换网、EPON、GPON、DDN、IP 宽带城域网、ATM 宽带数据网、ADSL 宽带接入网、移动互联网、电信计费账务系统、电信资源管理系统、客户服务系统等。

5. 无线通信设计专业

该专业业务范围涵盖全方位的无线网络咨询规划设计，承担 GSM、CDMA、3G 移动通信、大灵通、室分系统、无线局域网、无线接入网、集群通信、微波通信等系统的网络规划、工程设计和网络优化服务以及相关的技术咨询服务。

6. 线路及管道工程设计专业

该专业业务范围涵盖了架空、直埋、管道线路、综合布线等工程的咨询规划设计，承担管道及通信线路等物理网络的规划、工程设计和网络优化服务以及相关的技术咨询服务。

7. 小区接入设计专业

随着宽带用户的迅速增加、"光进铜退"进程的加快，小区接入业务不断增加，小区接入逐渐成为相对独立的设计专业。该专业业务范围涵盖全方位的小区接入网络咨询规划设计，承担 FTTx、xDSL、电力线上网、HFC 等系统的网络规划、工程设计和网络优化服务以及相关的技术咨询服务。

8. 无线室内分布系统接入设计专业

随着移动网络的建设，室内的无线环境急待改善，无线室内分布设计项目不断增加，无线室内分布设计逐渐成为相对独立的设计专业。该专业业务范围涵盖 2G、3G、WLAN 等室内分布系统的咨询规划设计，承担住宅、企业、办公大楼等室内覆盖的规划、工程设计和网络优化服务以及相关的技术咨询服务。

9. 网络规划与研究专业

该专业立足于信息通信业，为各级政府、行业管理机构、通信运营商、设备制造商以及信息通信相关企业等提供综合咨询服务。研究队伍涵盖管理、经济、财务、无线、传输、交换、数据、情报等各专业，为客户提供高价值的综合解决方案。服务范围涉及通信产业发展规划、通信行业研究、通信运营企业综合规划及管理咨询、电信业务市场研究、电信网络与资源规划、通信新技术新业务的应用与评估、通信工程的项目建议书、招投标、可行性研究、工程设计和项目后评估等。

10. 建筑设计专业

该专业主要承担各行业综合类建筑设计，包括综合大楼、通信机房、通信铁塔、通信辅助设施以及各种民用建筑等的设计；该专业设有建筑、结构、给排水、电气、照明、暖通空调、自动消防、综合布线、概预算（土建工程有专业概预算人员）等细化专业。

2.3 通信工程设计的内容及流程

完整的通信工程设计分为可行性研究、方案设计、初步设计、施工图设计等阶段。其中：可行性研究是建设前进行的预研工作，初步设计（含方案设计）和施工图设计是通信工程建设期间进行的工作。

2.3.1 初步设计

初步设计的内容是按照设计合同、委托书规定的工程内容和规模确定建设方案;对建设方案进行多方案比选;论述主要设计方案,对主要设备进行选型;采取重大技术措施时要进行详细的方案设计;编制工程技术规范书;对推荐采用的方案进行工程投资概算,编制工程投资总概算。

初步设计审核的重点有以下几个方面:

(1) 总体要求是否符合批准的设计合同、委托书的要求。
(2) 设计指导思想和设计方案是否能体现国家的有关方针及通信技术政策。
(3) 设计方案的可行性、正确性及经济性。
(4) 核定方案技术标准和建筑标准。
(5) 工程建设规模。
(6) 单位工程造价、各项技术经济指标、建设工期等。
(7) 新技术、新设备、新工艺、新材料的采用等。
(8) 设备利旧、挖潜及与原有设备的配合方案。
(9) 设备、光电缆的制式、型号、规格及数量。
(10) 机房总平面布置和后期发展预留安排等。
(11) 工程总概算和单项工程概算。

设计单位作为初步设计的责任实体,应在初步设计文件中明确:工程的来源、设计依据、技术方案、规模、工程概算等。

初步设计作为工程项目技术上的总体规划,是进行施工准备,确定投资额的主要依据。

2.3.2 施工图设计

施工图设计文件应根据批准的初步设计文件和主要设备订货合同进行编制,并绘制施工详图,标明房屋、建筑物、设备的结构尺寸、安装设备的配置关系和布线,施工工艺和提供设备、材料明细表,并编制施工图预算。

施工图设计的内容应包括:

(1) 提出实现工程设计方案的具体措施以及新旧系统交替时的割接方案。
(2) 绘制施工图纸。
(3) 编制工程预算。

施工图设计文件一般由文字说明、图纸和预算三部分组成。各单项工程施工图设计说明应简要说明批准的本单项工程部分初步设计方案的主要内容,并对修改部分进行论述,注明有关批准文件的日期、文号及文件标题;提出详细的工程量表;测绘出完整的线路(建筑安装)施工图纸、设备安装施工图纸,包括建设项目的各部分工程的详图和零部件明细表等。它是初步设计(或技术设计)的完善和补充,是施工的依据。施工图设计的深度应满足设备、材料的订货、施工图预算的编制、设备安装工艺及其他施工技术要求等。施工图设计可不编总体部分的综合文件。

施工图设计审核的重点有以下几个方面：
(1) 内容是否与批准的初步设计文件相符。
(2) 施工图设计的深度能否达到指导施工的要求。
(3) 新采用或特殊要求的施工方法及施工技术标准是否可行,有无论证依据。
(4) 具体的工程量。
(5) 设备材料的品种、型号、数量。
(6) 施工图预算。

设计单位作为施工图设计的责任实体,提出的施工图设计应能够指导施工,便于工程竣工和决算。施工图设计文件的重点应包括：工程施工中应注意的事项；相关专业配合工程；设备、材料型号、规格、数量、工程量、工程预算等。

2.3.3　不同规模的通信工程设计

通信工程设计可以视工程规模、技术成熟度等情况不同而进行适当的简化。
(1) 通信工程建设设计一般要求采用二阶段设计,即初步设计和施工图设计。
(2) 对于规模较大、技术成熟、建设周期短的项目,可采用方案设计和一阶段设计。其中：方案设计重点在于方案论述,技术经济分析、设备选型、编制工程投资估算。
(3) 对于规模小、技术成熟或套用标准设计的工程,可采用一阶段设计。

通信工程设计的核心思想是坚持按基建程序办事,具体事项如下：
(1) 初步设计应根据上级主管部门批准的可行性研究报告、设计合同或设计委托书和可靠的设计基础资料进行编制。
(2) 初步设计批准后,才能进行施工图设计；没有经审查的施工图设计,不得施工。
(3) 经上级基建主管部门批准的设计文件具有法律性和严肃性,任何人不得随意修改,如因情况和条件变化必须改变时,应按规定手续办理。
(4) 设计单位要对设计文件的科学性、功能性、可靠性、安全性负责。
(5) 基建主管部门应组织有关单位对设计文件进行审议,并对审议结果负责。

通信工程建设中设计文件的编制和审批要按照相关规定进行。

2.3.4　通信工程设计工作流程

设计是基本建设程序中必不可少的一个重要组成部分。在规划和可行性研究已定的情况下,它是建设项目能否实现多快好省的一个关键性环节。

一个建设项目在资源利用上是否合理,场区布置是否紧凑、适度,设备选型是否妥当,技术、工艺、流程是否先进合理,生产组织是否科学、严谨,是否能以较少的投资取得产量多、质量好、效益高、消耗少、成本低、利润大的综合效果等,在很大程度上取决于设计质量好坏和水平的高低,所以它对建设项目在建设过程中的经济性和建成后的使用能否充分发挥生产能力和效益,起着举足轻重的作用。

探讨

- 如何建立合理的通信工程设计流程？
- 如何进行设计工作的流程管理？

一般的通信工程设计单位的设计工作流程如图 2-3 所示。

进入设计阶段后，通信工程设计工作的主要步骤如下。

1．制订设计计划

根据设计委托书（函）的要求，确定项目组成员（即确定负责工程设计的人员，进行粗分工），分派设计任务，制订工作计划。

2．勘察设计前的准备工作

（1）文件的准备

① 理解设计任务书（可行性研究报告）的精神、原则和要求，明确工程任务及建设规模。

② 查找相应的技术规范，了解建设单位与厂家签订的设备合同及所有设备的技术资料。

③ 分析可能存在的问题，根据工程情况列出勘察提纲和工作计划。

④ 搜集、准备前期相关工程的文件资料和图纸。

（2）行程的准备

提前与建设单位联系商定勘察工作日程安排。

（3）工具的准备

准备好勘察所用的仪器、仪表、测量工具、勘测报告、铅笔、橡皮及其他必备用具。

（4）车辆的准备

根据工作需要填写用车申请表，请车辆管理部门统筹安排。

3．勘察工作

（1）商定勘察计划，安排配合人员

应提前与建设单位相关人员联系接洽，商讨勘察计划，确定详细的勘察方案、日程安排以及局方配合人员安排。

（2）现场勘察

根据各专业勘测细则的要求深入进行现场勘察，做好记录。

（3）向建设单位汇报勘察情况

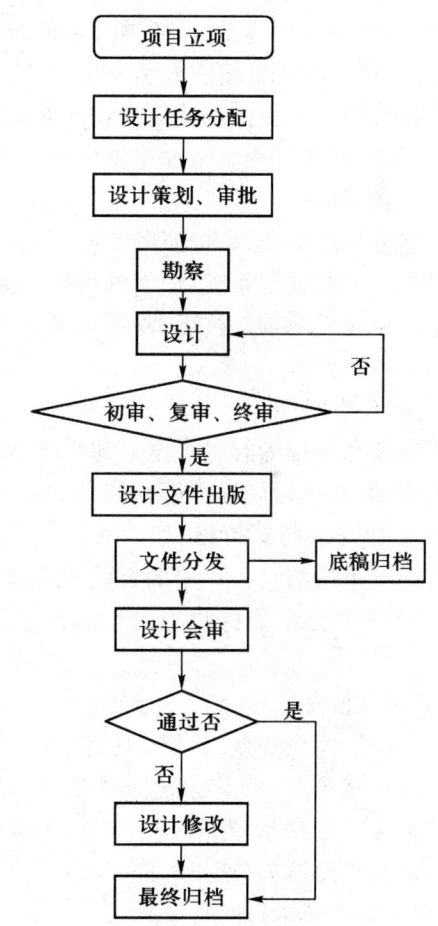

图 2-3 通信工程设计单位的设计工作流程

整理勘察记录,向建设单位负责人汇报勘察结果,征求建设单位负责人对设计方案的想法和意见。

确定初步设计方案,如有当时不能确定的问题,应详细记录,回单位后向项目负责人反映落实。

勘察资料和确定的方案应由建设单位签字认可。

(4) 回单位汇报勘察情况

向项目负责人、部门主任及有关部门领导汇报勘察结果,取得指导性意见。

对勘察时未能确定的问题,落实解决方案后及时与建设单位协商确定最终设计方案。

4. 设计工作

(1) 拟定设计编写计划

根据工程情况以及设计任务书规定的设计完成时间拟定设计编制时间安排,需要多人合作完成的设计项目,应做出相应人员分工安排(细分工)。

设计时出现方案变化或其他特殊问题,要及时与设计负责人及建设单位工程主管协商,并做好记录,以备会审和工程实施过程中使用。

(2) 绘制图纸

根据整理的勘察资料,按照各专业不同设计阶段的要求绘制工程图纸,图纸完成后,设计人员应对照有关资料进行系统、全面的检查。发现问题应及时更正,确保图纸质量。

设计人员完成图纸复核后,将图纸及相关资料交单项负责人或项目负责人审核。

(3) 编制概预算

① 确定取费项目。

根据概预算编制的有关规定及建设单位确定各项费率、费用。多人参与同一项目时,务必加强协调工作,取费项目和标准必须统一。

② 确定设备和材料价格。

根据建设单位与设备厂家的合同或协议确定主设备价格,与建设单位商定配套设备和材料的价格。建设单位不能提供时,应采用相关的指导价格或向相关厂家询价,并征得建设单位同意。

③ 编制概预算。

根据图纸统计工程量,按照《通信建设工程概算、预算编制办法及费用定额》相关规定,使用通信工程专用概预算编制软件进行概预算编制。设计概预算主要包括五类表格,预算总表(表一)、建筑安装工程费用预算表(表二)、建筑安装工程量预算表(表三)、器材预算表(表四)和工程建设其他费用预算表(表五)。

④ 编写概预算编制说明

将所做出的概预算表格系统地检查无误后,编写概预算说明。

(4) 编写设计说明,形成设计文件

将设计说明、设计方案、施工图纸、概预算表格及概预算说明合在一起,形成完整的设计文件。设计说明可根据不同的专业选取相应的说明样本,并根据工程状况修改相应的部分,设计说明与图纸、概预算保持一致,特殊情况应在设计中说明。

(5) 完稿成册

制作封面、扉页、目录,根据建设单位的要求做出设计文件分发表。按照要求将设计文件完稿成册,将成册设计及相关资料交审核人员。

5．设计内审、修改、出版、复查

（1）一次审核（初审）

由审核人员参照审核规程进行初审（不能自编自审）,用铅笔标明所发现问题,填写审核意见表及设计流程表。

（2）二次审核（复审）

由项目负责人参照审核规程进行复审,用铅笔标明所发现问题,填写审核意见表及设计流程表。

（3）设计修改

设计师根据审核意见进行修改,更换有问题的文稿;再次送审核人员复核时,应将修改好的文稿和替换下来的问题页一并送达,以备查阅。

（4）设计终审及批准

由指定的终审负责部门或负责人对设计进行终审,修改后的设计经检查无误后送出版部门。

（5）出版装订

出版人员检查文稿的完整性和连续性,然后进行出版、装订。出版完毕后通知设计人员进行复查。

（6）设计复查

设计人员对装订成册的设计进行最终检查,检查无误后交技术市场部或直接送达建设单位。

6．设计会审

（1）审查形式

① 会审（联审）

会审,即由建设单位或其主管部门牵头,邀请设计、施工等有关单位,共同组成会审小组,对项目文件进行审查。

其优点是由于有多方代表参加,技术力量强,审查中可以展开充分讨论,因此审查进度较快,质量较高,便于定案,效果较好。其缺点是牵涉单位多,在一定时间内集中各有关单位的技术人员比较困难,且受时间限制。

② 单审（分头审）

单审,即由建设单位、设计部门、施工企业等主管概预算工作的部门分别单独进行审查,然后再与编制预算的单位进行协商,实事求是地修改预算文件后定案。

③ 委托中介机构审查

委托中介机构审查是建设单位委托具有相关资质的中介机构,根据工程项目的大小、难易程度和时间要求的缓急,统一调配,合理安排审查。

（2）会审流程

① 确定参加会审人员名单

设计会审一般由建设单位确定施工单位、设计单位参加设计会审的人员数量。各单位的参会人员由项目负责人确定。

② 准备会审资料

参加会审的设计人员除携带设计文本外,还应携带相关设计规范、概预算定额及相关资料(勘测记录、建设单位提出的指导性意见和建议、建设单位和厂家签订的合同复印件等)。

③ 设计会审

二阶段设计会审分两步进行:第一步是初步设计会审,第二步为施工图交底(含施工图会审)。如果是一阶段设计,即只有施工图会审阶段。

初步设计会审通常是由建设单位组织专家对初步设计文件进行会审,由设计人员介绍设计方案,参会人员对设计方案进行审查,提出修改意见,进一步明确要求,并提供详细资料,为施工图设计提供依据。

施工图交底通常由建设单位组织,设计、施工、监理单位参加,由设计人员向施工单位就设计意图、图纸要求、技术性能、施工注意事项及关键部位的特殊要求等进行技术交底。参会人员可进一步向设计人员提出施工图的修改意见。

④ 做好会审记录

设计人员对会审情况应充分做好记录,写明出现的问题和最终的处理意见等。

7. 设计修改、设计归档

(1) 设计修改

会审完毕后,设计人员要根据会审纪要的要求,对设计文件进行修改完善,必要时重编设计文件,在会审记录表上填写处理记录。

(2) 设计归档

将设计文本、勘测记录及相关资料、会审记录等存档。将设计文件的电子版归档。

8. 施工指导、设计变更、设计回访

(1) 施工指导

设计人员应对建设全过程中遇到的设计质量问题负责解决,必须到现场才能解决的设计问题,设计人员应到现场落实解决。

(2) 设计变更

由于各种原因造成施工图设计修改后,修改者应向有关部门出具变更记录。

(3) 设计回访

设计回访是设计全过程的延续和扩展,在项目施工和运行过程中进行设计回访,可以总结设计经验,同时解决工程施工中出现的实际问题。

2.3.5 通信工程设计项目管理

通信设计单位对设计工作有一整套完整的质量管理及控制办法。表 2-1 ~ 表 2-11 是某设计院对设计工作进行管理的相关表格,它们分别是工程项目策划书、工程项目设计管理卡、工程项目设计进度变更申请表、互提资料卡、工程项目备忘录、设计更改通知(联系)单、工程设计质量评审卡(通信)、工程/项目设计进度表(横道图)、工程设计统计表、出版统计表、归档材料移交清单。设计单位通过各环节的管理与监控以保证设计的质量与水平。

表 2-1　工程项目策划书

市场部策划	工程名称						
	建设单位			设计依据	□合同　　□任务书 □委托书　□洽谈记录		
	任务要求	质量要求： 设计时限要求： 文件分发要求： 其他要求： 　　　　　　　　　　　　　　市场部/日期：					
事前指导		项目负责人： 其他要求： （特殊工程院总工填，一般工程室主管填）签名/日期：					
		专业					
		设计/ 勘察人员					
项目负责人策划		编制进度表：		□是		□否	
	进度计划	专业	勘察	交审核	交室审	交院审	交出版
		设计内容格式：□套用＿＿＿＿＿＿＿＿＿＿＿＿＿＿＿＿＿＿＿，□新编 计划书编制要求： 设计评审、验证要求： 设计要点： 　　　　　　　　　　　　　　　　签名/日期：					

注：此表由有关责任人填写，并发放至专业设计人员，由设计室负责保管。

表 2-2　工程项目设计管理卡

任务计划书	工程项目						
	工程单项						
	设计编号			设计阶段		合同状态	
	承接科室			交出版时间		审　批	
	备注						
过程跟踪	阶段	流程	实施时间	责任人	监督人	备　注	
	任务下达	1. 任务下达					
		2. 任务接收					
	勘察设计	1. 勘　察					
		2. 设　计					
		3. 校　对					
		4. 评审/验证					
		5. 审　核					
		6. 室　审					
		7. 审　定					
		8. 批　准					
	出版	1. 交出版					
		2. 复　印					
		3. 晒　图					
		4. 订前检查					
		5. 装订出版					
		6. 交档案室					
		7. 分发文件					
	信息反馈： 　　　　　　　　　　　　　　　　　　　　　　　　　　反馈人：						

注：此表由有关责任人填写，由市场部负责保管。

表 2-3 工程项目设计进度变更申请表

科　　室		申请人	
工程项目名称			
原计划出版时间		要求更改时间	
申请更改理由： 申请日期：			
室主管意见： 室主管/日期：			
审批意见： 市场部/日期：			

注：此表随工程项目设计管理卡交市场部，由市场部负责保管。

表 2-4 互提资料卡

工程项目名称			
资料名称			
委托单位 建设单位		设计编号	
		设计阶段	
提供内容:(含电子媒介文件)			
提供专业:	提供人/日期:		审核人/日期:
索取内容:			
索取专业:	索取人/日期:		审核人/日期:

注:此表由相关责任人负责填写,由索取设计室保管。

表 2-5 工程项目备忘录

工程项目名称			
委托单位 建设单位		设计编号	
		设计阶段	
工程地点		规　模	
编制人/日期		监督人	
备注			

工程项目备忘录：

跟踪：

注：在备注栏注明本备忘录的目的，本表由责任部门保管。

表 2-6 设计更改通知(联系)单

工程名称	
建设单位	

设计编号		提出部门		设计部门	

更改文件图纸名称	

更改原因、内容:(必须说明是否涉及其他专业、其他文件、图纸、数据的修改)

更改申请人/日期:

室主管意见:

室主管/日期:

注:更改设计文件审核级别按原文件的审核级别执行。此表原件随更改设计由院档案室负责保管,复印件随设计文件分发至以下分发单位和院市场部。

分发单位:

经手人: 电话(传真): 本通知于 发出。

表 2-7　工程设计质量评审卡(通信)

工程名称：		设计编号：	设计人：	交审日期：

校审级别	(一)审核	(二)室审	(三)审定	(四)批准
校审人校审意见				□ 重新设计 □ 修改 □ 批准出版
责任人	年　月　日	年　月　日	年　月　日	
结论	□ 重新设计 □ 修改 □ 通过	□ 重新设计 □ 修改 □ 通过	□ 重新设计 □ 修改 □ 通过	年　月　日
设计人员意见				

注：此表由设计室负责保管。

表 2-8　工程/项目设计进度表(横道图)

项目/过程＼时间(/)										

注:此表由相关部门负责填写、保管。　　　编制人/日期:
审核人/日期:

表 2-9　工程设计统计表

(无线单项)

综合栏	工程名称					
	单项名称					
	设计编号		承接科室		设计人	
	工程投资(元)		设计费(元)		交出版日期	
工程量	扩容基站	个	新增用户	户	新增端口	个
	新建站数	个	总用户数	户	新增节点	注
	载波数	个			电源	安培
工作量	设计说明书页数	张	A1 图纸	张	A3 图纸	张
	概预算页数	张	A2 图纸	张	A4 图纸	张
	A0 图纸	张				

填表人:　　　　　填表日期:　　年　月　日

表 2-10　出版统计表

工程名称						
	承接科室		设计人		交出版日期	
打字复印	复印说明	张	打字(16开)	张	复印图纸(A3)	张
	复印概预算	张	打表格(16开)	张	复印图纸(A4)	张
	复印员		打字员		实际完成日期	
	备注					
复(晒)图和装订	复(晒)图 A0	张	份	合计张	装订全套文件	本
	复(晒)图 A1	张	份	合计张	装订概预算表	本
	复(晒)图 A2	张	份	合计张	装订器材表	本
	晒图 A3	张	份	合计张	装施工图及说明	本
	晒图 A4	张	份	合计张	交晒、装日期	
	备注				实际完成日期	
	晒图员		装订员		核对员	

填表人：　　填表日期：　　年　月　日

表 2-11 归档材料移交清单

工程名称：
单项名称：   设计编号

序号	归档材料名称	份数	页数	备注
1	文字（含封面、目录、附表）			
2	概预算表			
3	图纸			

移交日期：　　　　年　　月　　日

移交人：　　　　　　　　　　　　　　　　　　　　　　　　　　　　　　　　接收人：

2.4 工程勘察

2.4.1 勘察目的

勘测的目的是搜集与本工程相关的资料，为设计与施工提供必要的原始资料。没有实地勘测的资料，就不可能编制出正确的设计文件，更不可能指导施工，因此勘测是设计与施工的基础。一般情况下，勘测工作都要经过勘察、测量两个阶段。

以通信线路工程为例，对新建线路来说，勘察的主要任务是初步选定路由，估算全线距离，了解沿途情况；对改建工程主要是了解原有线路设备的利用情况，初步选定改建路线；而对于大修和加挂工程，则主要调查原有线路设备情况，登记有关资料。

勘察过程中，路由选择是关键。一般将线路所通过的路径称为路由。线路建设是否安全稳固，能否保证通信质量，建设投资和业务费用是否经济合理，维护是否便利，都和路由选择有密切关系。

通过与建设方交流，加深对工程任务的理解，对工程项目的主要任务、建设规模、投资规模、建设环境、中远期规划等具体内容进行调研，然后与建设方一起，针对可研方案共同讨论，决定最终建设方案。

2.4.2 勘察前的准备

（1）详细解读工程任务书，分析工程目的及任务，理解本工程的意义所在。

（2）准备与本工程相关的资料，包括：可研报告、地图、光缆路由图、网络示意图、传输设备网络拓扑图等资料。

（3）准备测量工具（测距仪、指南针、望远镜、皮尺等）。

(4) 准备记录工具(记录板、卷纸或 A4 纸、铅笔、橡皮、彩笔)。

(5) 根据自己对工程项目的理解,制定出详细的任务计划书,建立与建设单位联系表(见表 2-12)。

表 2-12 建设单位联系表

序号	地区	姓名	联系电话	邮箱地址	备注
1					
2					
3					

2.4.3 勘察流程

具体勘察流程如图 2-4 所示。

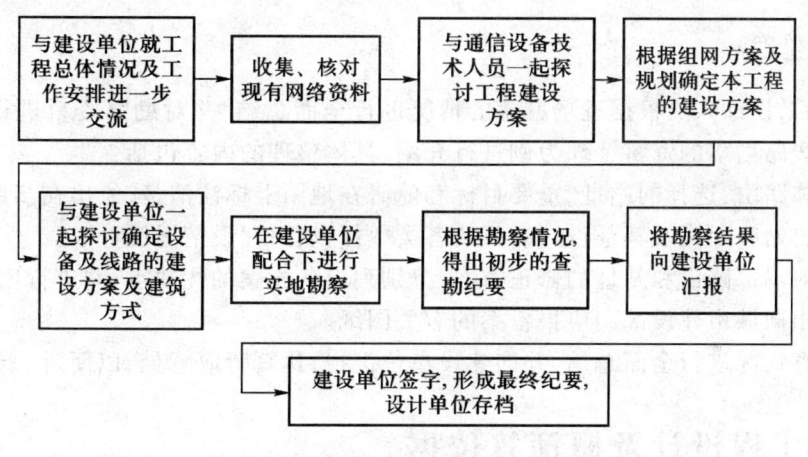

图 2-4 勘察流程

2.4.4 勘察内容

在建设单位的配合下,以可研方案为依据进行核对,了解建设方案变化情况。与建设单位进一步确认建设方案。下面以光缆线路工程为例,介绍建设方案及勘察内容。

光缆线路工程的建设方案具体内容应包括:

(1) 网络结构。

(2) 建设段落,连接机房或基站数。

(3) 建筑方式选择原则。

(4) 光缆芯数的选择。

(5) 大路由。

(6) 主要障碍的处理方式。

(7) 工程类别及各项费率的取定。

在光缆线路工程具体勘察过程中,应详尽地了解工程沿线各种规划,即在建设单位的配合下,了解工程沿线的市政、各相关村、镇、公路、铁路等方面的规划情况,选择安全可靠的路由。线路专业的设计还应充分考虑到与其他专业的配合情况。例如,接入节点的设置应以相关专业负责人提供的资料为依据,并根据实际情况进行调整,变动的情况应与该专业负责人确认;网络调整方案应与传输设备专业共同确认等。

2.4.5 勘察记录

勘察记录中应对相关信息进行详细记录,以光缆线路工程为例,勘察记录的具体内容应包括:

(1) 记录路由方向、道路路名、段落长度,并在路由图上进行标示。
(2) 跨越的主要河流桥梁名称、地名等信息。
(3) 途经村、镇名称及位置。
(4) 主要障碍点及其位置。

2.4.6 资料整理

勘察完成后,设计人员根据现场勘察的情况进行全面总结,并对勘察资料进行整理和检查。下面仍以光缆线路勘察的资料整理为例进行介绍,具体整理的内容包括:

(1) 将主体路由、选择的站址、重要目标和障碍在地图上标注清楚,绘出初步路由图。
(2) 整理出站间距离及其他设计需要的各类数据,填写建设情况统计表。
(3) 提出对局部路由和站址的修正方案,分别列出各方案的优缺点,并进行比较。
(4) 绘制出向城市建设部门申报备案的有关图纸。
(5) 将勘察情况进行全面总结,并向建设单位汇报,认真听取意见,以便进一步完善方案。

2.5 通信工程设计及概预算依据

2.5.1 通信工程设计依据

现行的通信工程设计的参考依据见表2-13。

表2-13 通信工程设计的参考依据

序号	标准号	中文名称	发布日期	实施日期
1	YD/T5076—2005	固定电话交换设备安装工程设计规范	2005-10-8	2006-1-1
2	YD/T5053—2005	电话网网管系统工程设计规范	2005-10-8	2006-1-1
3	YD/T5094—2005	No.7信令网工程设计规范	2005-10-8	2006-1-1
4	YD/T5036—2005	固定智能网工程设计规范	2005-10-8	2006-1-1
5	YD/T5089—2005	数字同步网工程设计规范	2005-10-8	2006-1-1
6	YD/T5037—2005	公用计算机互联网工程设计规范	2005-10-8	2006-1-1

续表

序号	标准号	中文名称	发布日期	实施日期
7	YD/T5117—2005	宽带IP城域网工程设计暂行规定	2005-10-8	2006-1-1
8	YD/T5032—2005	会议电视系统工程设计规范	2005-10-8	2006-1-1
9	YD/T5135—2005	IP视讯会议系统工程设计暂行规定	2005-10-8	2006-1-1
10	YD/T5118—2005	ATM工程设计规范	2005-10-8	2006-1-1
11	YD/T5095—2005	SDH长途光缆传输系统工程设计规范	2006-2-28	2006-6-1
12	YD/T5080—2005	SDH光缆通信工程网管系统设计规范	2006-2-28	2006-6-1
13	YD5018—2005	海底光缆数字传输系统工程设计规范	2006-2-28	2006-6-1
14	YD/T5092—2005	长途光缆波分复用(WDM)传输系统工程设计规范	2006-2-28	2006-6-1
15	YD/T5113—2005	WDM光缆通信工程网管系统设计规范	2006-2-28	2006-6-1
16	YD/T5066—2005	光缆线路自动监测系统工程设计规范	2006-2-28	2006-6-1
17	YD/T5024—2005	SDH本地网光缆传输工程设计规范	2006-2-28	2006-6-1
18	YD/T5119—2005	基于SDH的多业务传送节点(MSTP)本地网光缆传输工程设计规范	2006-2-28	2006-6-1
19	YD/T5139—2005	有线接入网设备安装工程设计规范	2006-2-28	2006-6-1
20	YD/T5088—2005	SDH微波接力通信系统工程设计规范	2006-7-25	2006-10-1
21	YD5050—2005	国内卫星通信地球站工程设计规范	2006-7-25	2006-10-1
22	YD/T5028—2005	国内卫星通信小型地球站(VSAT)通信系统工程设计规范	2006-7-25	2006-10-1
23	YD/T5003—2005	电信专用房屋设计规范	2006-7-25	2006-10-1
24	YD/T5047—2005	综合电信营业厅设计标准	2006-7-25	2006-10-1
25	YD/T5104—2005	900/1800 MHz TDMA数字蜂窝移动通信网工程设计规范	2006-7-25	2006-10-1
26	YD/T5142—2005	移动智能网工程设计规范	2006-7-25	2006-10-1
27	YD/T5034—2005	数字集群通信工程设计暂行规定	2006-7-25	2006-10-1
28	YD/T5097—2005	3.5 GHz固定无线接入工程设计规范	2006-7-25	2006-10-1
29	YD/T5143—2005	26 GHz本地多点分配系统(LMDS)工程设计规范	2006-7-25	2006-10-1
30	YD/T5120—2005	无线通信系统室内覆盖工程设计规范	2006-7-25	2006-10-1
31	YD/T5114—2005	移动通信应急车载系统工程设计规范	2006-7-25	2006-10-1
32	YD/T5115—2005	移动通信直放站工程设计规范	2006-7-25	2006-10-1
33	YD/T5116—2005	移动短消息中心工程设计规范	2006-7-25	2006-10-1
34	YD/T5131—2005	移动通信工程钢塔桅结构设计规范	2006-7-25	2006-10-1
35	YD5059—2005	电信设备安装抗震设计规范	2006-7-25	2006-10-1

续表

序号	标准号	中文名称	发布日期	实施日期
36	YD/T5026—2005	电信机房铁架安装设计标准	2006-7-25	2006-10-1
37	YD/T5040—2005	通信电源设备安装工程设计规范	2006-7-25	2006-10-1
38	YD/T5027—2005	通信电源集中监控系统工程设计规范	2006-7-25	2006-10-1
39	YD5098—2005	通信局(站)防雷与接地工程设计规范	2006-7-25	2006-10-1
40	YD/T5144—2007	自动交换光网络(ASON)工程设计暂行规定	2007-10-25	2007-12-1
41	YD5153—2007	固定软交换工程设计暂行规定	2007-10-25	2007-12-1
42	YD5148—2007	架空光(电)缆通信杆路工程设计规范	2007-10-25	2007-12-1
43	YD/T5151—2007	光缆进线室设计规定	2007-10-25	2007-12-1
44	YD/T5155—2007	固定电话网智能化工程设计规范	2007-10-25	2007-12-1
45	YD5158—2007	移动多媒体消息中心工程设计暂行规定	2007-10-25	2007-12-1
46	YD/T5161—2007	移动通信边际网设计规定	2007-10-25	2007-12-1
47	YD5112—2008	2 GHz TD-SCDMA 数字蜂窝移动通信网工程设计暂行规定	2008-12-6	2009-1-1
48	YD5110—2009	800 MHz/2 GHz CDMA2000 数字蜂窝移动通信网工程设计暂行规定	2009-1-8	2009-2-1
49	YD5111—2009	2 GHz WCDMA 数字蜂窝移动通信网工程设计暂行规定	2009-1-8	2009-2-1
50	YD/T5163—2009	电信客服呼叫中心工程设计规范	2009-2-26	2009-5-1
51	YD/T5166—2009	城域波分系统工程设计规范	2009-2-26	2009-5-1
52	YD5167—2009	通信用柴油发电机组消噪音工程设计暂行规定	2009-2-26	2009-5-1
53	YD/T5168—2009	移动 WAP 网关工程设计规范	2009-2-26	2009-5-1
54	YD/T5170—2009	电话个性化回铃音工程设计暂行规定	2009-2-26	2009-5-1
55	YD5177—2009	互联网网络安全设计暂行规定	2009-2-26	2009-5-1
56	YD/T5182—2009	移动通信基站设计标准	2009-2-26	2009-5-1
57	YD5184—2009	通信局(站)节能设计规范	2009-7-18	2009-10-1
58	YD5060—2010	通信设备安装抗震设计图集	2010-5-11	2010-10-1
59	YD/T5186—2010	通信系统用室外机柜安装设计规定	2010-5-11	2010-10-1
60	YD5102—2010	通信线路工程设计规范	2010-5-11	2010-10-1
61	YD/T5185—2010	IP多媒体子系统(IMS)核心网工程设计暂行规定	2010-5-11	2010-10-1

2.5.2 概预算编制的依据

主管部门对通信工程概算、预算编制方法有明确的规定,编制依据经历了几个阶段的调整:

（1）第一阶段：《关于调整建筑安装工程费用项目组成的若干规定》（建标［1993］894号）等文件。

（2）第二阶段：《通信建设工程概算、预算编制办法及费用定额》（邮部［1995］626号）。

（3）第三阶段：工业和信息化部颁布了新版《通信建设工程概算、预算编制办法》及通信建设工程费用定额等标准（工信部规［2008］75号），自2008年7月1日起实施。

2008年5月，工信部为适应通信建设工程发展需要，根据《建筑安装工程费用项目组成》（建标［2003］206号）等有关文件，对原邮电部《通信建设工程概算、预算编制办法及费用定额》（邮部［1995］626号）中的概算、预算编制办法进行修订，颁布了新版《通信建设工程概算、预算编制办法》及相关定额等标准（工信部规［2008］75号）。

通信工程设计概算的编制依据应包括：

（1）批准的可行性研究报告。

（2）初步设计图纸及有关资料。

（3）国家相关管理部门发布的有关法律、法规、标准规范。

（4）《通信建设工程预算定额》（目前通信工程用预算定额代替概算定额编制概算）、《通信建设工程费用定额》、《通信建设工程施工机械、仪表台班费用定额》及其有关文件。

（5）建设项目所在地政府发布的土地征用和赔补费等有关规定。

（6）有关合同、协议及其他有关规定等。

施工图预算的编制依据应包括：

（1）批准的初步设计概算及有关文件。

（2）施工图、标准图、通用图及其编制说明。

（3）国家相关管理部门发布的有关法律、法规、标准规范。

（4）《通信建设工程预算定额》、《通信建设工程费用定额》、《通信建设工程施工机械、仪表台班费用定额》及其有关文件。

（5）建设项目所在地政府发布的土地征用和赔补费用等有关规定。

（6）有关合同、协议及其他有关规定等。

2.6 通信工程设计文件的编制

设计文件是设计任务的具体实现，是勘察、测量所获得资料的有机组合，也是设计规范、标准和技术的综合运用。设计文件能够充分体现设计者的指导思想和设计意图，并为工程建设安排、指导施工提供准确而可靠的依据。

2.6.1 通信工程设计文件的组成

- 通信工程设计文件的主要内容一般由文字说明、概预算和设计图纸三部分组成。
- 设计文档的具体内容依据各专业的特点而定。

1. 设计说明和概预算编制说明

设计说明应通过简练、准确的文字全面、准确地反映该工程的总体概况。主要内容应包括：工程规模，设计依据，主要工程量，投资情况，对各种可供选用方案的比较及结论，本工程与全程全网的关系，系统配置和主要设备的选型情况等。对应不同的设计阶段，设计说明内容及侧重点要求不同。

设计说明中应具体描述设计依据，内容包括：运营商下达的设计任务书、工程可行性研究报告、设备供货合同、设计规范、运营商提供相关资料、设备生产商提供设备相关信息和勘察资料。

概预算编制说明一般包括工程概况、编制依据、投资分析、其他需要说明的问题等。

2. 概预算表格

预算是控制和确定固定资产投资规模、安排投资计划、确定工程造价的主要依据，也是签订承包合同、实行投资包干、核定贷款额度、工程价款结算的主要依据，同时又是筹备材料、签订订货合同、考核工程技术经济性及工程造价的主要依据。

通信建设工程概预算表的编制应按相应的设计阶段进行。当建设项目采用两阶段设计时，应编制初步设计阶段概算和施工图设计阶段预算。采用三阶段设计时，在技术阶段应编制修正概算。采用一阶段设计时，只编制施工图预算。

概预算的编制应根据各项工程的具体情况，详细计算工程量（填写表三甲：建筑安装工程量表）、工程机械的使用（填写表三乙：建筑安装工程机械使用表）以及主要材料使用（填写表四：国内主要材料表）情况，根据工程类别和施工单位资质确定相关单价、费率及费用，进而给出工程费（填写表二：建筑安装工程费用表）和其他费（填写表五：工程建设其他费），最终给出整个工程项目的概预算（填写表一：工程概预算总表）。

3. 设计图纸

设计文件中的图纸是通过图形符号、文字符号、标注和文字说明来表达设计方案的文件。不同的工程项目，图纸的内容及数量不尽相同，因此要根据具体工程项目的实际情况，准确绘制相应的设计图纸。

4. 设计文件的编排顺序

设计文件除了上述主要内容外，还应有封面、扉页、设计单位资质证明、设计文件分发表、目录等内容。

（1）封面：写明项目名称、设计编号、建设单位、设计单位（公章）、编制年月。

（2）扉页：写明编制单位法定代表人、设计总负责人、单项设计负责人的姓名，概预算编制人，审核人的姓名及证书号，并经上述人员签署或授权盖章。

（3）承担该设计任务的设计单位资质证明。

（4）设计文件分发表。

（5）设计文件目录。

（6）设计说明书。

（7）概预算书（可另单独成册）。

（8）设计图纸（可另单独成册）。

对于规模较大、设计文件较多的项目，设计说明书和设计图纸可按专业成册。

2.6.2 通信建设工程设计文件的编制和审批

通信建设工程设计文件的编制应根据国家相关部门规定、各种设计规范和技术标准进行。

1. 总则

（1）工程设计必须贯彻国家的基本建设方针和通信技术经济政策，合理利用资源，重视环境保护，促进可持续发展。

（2）工程设计应做到技术先进，经济合理，安全适用，适应施工、生产和使用的要求。工程设计应根据全程全网的特点处理好局部与整体、近期与远期、新技术与利旧挖潜、主体工程与配套工程、本工程与其他工程的关系。

（3）工程设计应进行多方案比选和技术经济分析，以保证建设项目的设计质量与经济效益。

（4）工程设计应广泛采用适合我国国情的国内外成熟的先进技术。同类国内产品与国外产品的性能及品质基本相同时，原则上应采用国内产品。

（5）对于新技术的采用必须坚持一切经过实验的原则，未经上级技术鉴定或鉴定不合格的技术，不得在工程中采用。有的单项设备虽经鉴定合格，也应经过工程的系统考验并经建设主管部门组织系统鉴定合格后才能采用。

（6）应积极推行标准化、系列化、通用化设计。设计方案应认真执行有关设计规范和技术标准；设计文件使用的文字、名词、图形符号、计量单位等，都应采用现行国家标准及行业标准；应选用优质的定型设备器材并充分注意制式的一致性。选用标准设计及通用图纸时，应做到切合实际。

2. 设计文件的编制及相关单位的分工

（1）设计文件必须由具有工程勘察设计证书和相应资格等级的设计单位编制。

（2）通信工程设计可按不同通信系统或专业，划分为若干个单项工程进行设计。对于内容复杂的单项工程，或同一单项工程中分由几个单位设计、施工时，还可分为若干个单位工程。

（3）凡同时含有工艺安装设计和房屋建设设计的建设项目由若干个设计单位共同承担设计时，原则上应由担任工艺安装设计的单位作为主体设计单位。如工艺安装部分由几个设计单位承担设计时，由基建主管部门指定其中一个主要工艺安装设计的单位为主体设计单位。几个设计单位之间的工作关系、责任和分工内容等具体问题，应在协商一致的基础上以签订协议书的方式予以确定。

（4）主体设计单位的主要任务和责任

① 主体设计单位作为协同设计单位的牵头单位，负责同建设单位和各协同设计单位做好有关设计方面的各项协调工作。

② 组织总体设计方案的讨论，协调各方面的意见，负责提出和商定总体方案，包括建设地址、建设场地总平面布置图、主楼各层平面图、施工工艺要求、设计进度要求、网点布局、网路组织及主要通信组织等。

③ 主持研究各单项设计之间的技术接口与配合等问题，负责商定方案。

④ 参加审查各协同设计单位编制的初步设计是否符合总体设计和设计任务书的要求。

⑤ 编写建设项目设计总说明文件，汇编工程建设项目总概预算。

（5）协同设计单位的主要任务和责任

① 保证所承担的设计文件的质量及实现总体设计方案的要求。

② 做好协作配合工作，对主体设计单位提出的要求及时提出书面反馈意见，并主动向主体设计单位和其他有关单项工程设计单位提供情况和资料。对已商定内容必须作变更时，应及时向主体设计单位和其他有关单项工程设计单位提出，经协商并取得一致意见后才能变更设计。

③ 按时提交设计文件（包括工程概预算）。

④ 参加有关部分设计文件的会审。

（6）在设计单位密切配合下，建设单位应做好以下各项工作：

① 提供原有设备、建筑物和构筑物等的原始资料、鉴定资料和设计所需的业务资料。

② 提供概预算中"工程建设其他费"有关地方规定的建设项目价格和费用等资料。

③ 对设计中与外部单位发生有关建设方面的下列问题，负责与相关单位联系和签订协议文件：

- 与当地规划主管部门的有关配合问题。
- 根据设计单位的要求，积极提供有可能影响本工程通信质量的有关情况，例如，通信线路或传输通道是否受其他单位已有设施的电磁干扰等。
- 涉及外部单位主管范围的问题。例如：建筑地址、场地、线路路由；线路及管道建筑在城市街道、公路、厂矿区、桥梁、堤坝等地段内的平面断面位置及建筑方式；水线位置及埋深；线路管道穿越铁道、高压线路或其他障碍物的位置、断面及建筑措施；建设工程涉及房地产权、拆迁、安全、卫生、环境保护、园林绿化、文化古迹、农田水利、航空、河港、防洪、抗震、消防、人防、地下工程、测量标志等问题。

3. 设计阶段及要求

（1）通信工程设计一般按两阶段进行，即初步设计和施工图设计。有些技术复杂的工程可增加技术设计阶段。对于规模较小、技术成熟，或套用标准设计的工程，可按一阶段设计。

（2）初步设计应根据批准的可行性研究报告或设计任务书，以及有关的设计标准、规范，并通过现场勘察工作取得可靠的设计基础资料后进行编制。初步设计的主要作用是按照设计任务规定的工程内容和规模确定建设方案，对主要设备进行选型，编制本期工程投资总概算。

初步设计阶段如发现建设条件已有变化，经论证如果认为有必要修正设计任务书的主要内容和要求时，应通过建设单位向下达设计任务的主管部门提出书面报告，经批复后，设计单位才能按修正设计任务书的要求，进一步编制初步设计。

初步设计的内容应达到规定的深度要求。初步设计中的主要设计方案及重大技术措施等应通过技术经济分析，进行多方案比选。对未采用方案的扼要情况，采用方案的选定理由均应写入设计文件。

（3）引进工程在编制初步设计前要另册提出技术规范书、分交方案。技术规范书应说明工程要求的技术条件及有关数据等，并用中、外文编写，在提供初步设计前出版。

（4）施工图设计应根据批准的初步设计编制。施工图设计提出施工技术要求及图纸，并应达到能指导设备安装、光（电）缆敷设及建筑物施工的要求。施工图预算是确定工程预算造价、签订建筑安装合同、实行建设单位和施工单位间投资包干和办理工程结算的依据。

施工图设计不得随意改变已批准的初步设计方案及规定，如因条件变化必须改变时，重大问题应由建设单位征得初步设计编制单位的意见，并报原审批单位批准后方可改变。在未得到批准之前,仍应按原批准的文件办理。施工图设计由编制施工图设计的单位负责修改,其他任何单位未经编制施工图设计单位的同意,不得修改施工图。施工图设计经修改后,修改单位应向有关单位出具变更记录。施工图设计内容应达到规定的深度要求。

(5)施工图文件可根据工程进度的安排,按单项工程或单位工程分期交付。房屋建筑工程以幢为单位一次交付全套施工图。当采用通用设计图时,应将图纸编入全套施工图内。原有图号不得改变。成册出版的通用图也可以另附。房屋建筑工程设计采用国家标准或省标准的通用图可不附,但应列出采用的标准编号及图纸编号。

(6)综合工程一阶段设计文件应达到上述初步设计及施工图设计有关部分的内容和深度要求,每个建设项目也应编制总体部分的综合册。

4. 概预算编制要求

(1)概算是初步设计文件的重要组成部分。每个建设项目都应编制总概算,单项工程也应单独编制概算。修改初步设计时,应同时修改概算,并抄送主体设计单位。

初步设计总概算如突破设计任务书规定的投资控制额 10% 以上时,应在设计文件综合册的概述部分说明理由。建设单位应按国家规定程序申报设计任务书,原审批主管部门重新核批。

(2)施工图预算是施工图设计文件的重要组成部分。每个建设项目的单项工程及有关设计单位编制的单位工程都应分别编制预算文件。预算应控制在批准的概算内。预算如超出总概算 10% 以上,应由建设单位提出上报原概算审批单位审批,并抄送主体设计单位。施工图预算经审定后,可作为工程造价、施工招标标底、签订施工承发包合同、工程结算等的依据。

(3)概预算的编制,应按部颁《通信工程建设概算预算编制办法》及费用定额的规定办理。通信工程概预算编制人员必须持有通信主管部门颁发的通信工程概预算人员资格证书。建筑工程概预算应按当地有关规定编制。概预算编制人及审核人的姓名及证书号应在设计文件的扉页上写入。

5. 设计文件的编印

(1)每个建设项目的综合册及所有单项工程都应分别编印全套设计文件。全套设计文件应包括设计说明及附录、概预算编制说明及概预算表、设计图纸等内容。

(2)初步设计文件的编印应符合规范化、标准化的要求,包括:设计说明书页张篇幅及各号图纸大小篇幅应符合国家标准规定尺寸;设计文件册的封面必须能表示出工程设计项目的全名、分册编号及工程名称;设计文件册的首页、扉页均应按规定的统一格式办理,扉页之后一页应编写本册文件分发表。

(3)设计文件编印分册的规定如下:

初步设计文件应装订成册出版,分册按每个建设单位及按单项工程(或单位工程)分别由设计单位编印出版。每个工程项目的初步设计应单独编制出版总体部分的综合册,并编为一册。其余各单项工程的全套设计文件可编单册或分册出版;也可两个以上单项工程合册出版。合册出版时各单项工程的设计说明应章节分明,概算表则必须分编,图纸按单项顺序排列编号。出版分册情况必须在相关各册的概述中表明。

施工图设计文件应装订成册,给施工用的施工图可以简装。施工图设计文件分册视需要可按单位工程编订出版。例如:有线、无线传输线路工程有人站、分路站、端站、转接站等应分别分册出版;电信生产房屋的主楼及附属生产房屋的建筑、结构、电气、暖通、给水排水等专业可按图纸多少分册或合册出版。

按设计文件分发份数的规定,分发给有关单位的局部设计文件应分别单独装订出版。

引进设备工程的技术规范书属初步设计阶段工作,其中外文版文件应分别装订成册交付。工艺设计单位提出的房屋建筑设计要求分属初步设计及施工图设计阶段的工作,其文件可作为发送给建筑设计单位的文稿附件发送。这两项文件的发送时间应视需要确定。

初步设计全套文件一般应同时交付。施工图设计文件可结合各单项工程的施工进度需要分期交付。

(4)设计文件的文字要简明扼要,文字说明及图纸必须使用国家或部颁标准及专业标准规定的名词术语、计量单位、图形符号。没有标准规定者,宜采用目前通用的,并应在图纸上加注释。

(5)工程设计文件的出版分发份数,应按国家通信主管部门相关规定办理,生产房屋建筑设计文件的分发份数按当地规定办理。

根据原邮电部对通信工程设计保密范围和密级划分的规定,对有密级要求的设计文件或图纸,应按规定的发送单位及份数办理,不应随意增加发送单位及份数。必须增加时,应由建设单位按照有关保密规定负责办理。

(6)所有设计文件应由有关设计人、审核人、负责人逐级审查后在相应的文件图纸上签字,并在文件的首页上加盖公章后方能生效。

6. 设计文件的审批

(1)设计文件的审批权限应按国家及相关部门规定执行。

(2)设计文件的审查工作,一般采取会审形式,由设计文件的审批部门邀请与建设项目有关的单位参加会审。参加会审的人员应认真分析设计文件,向会审组织者提出审查意见。主管部门审批设计文件时,应考虑会审意见,承担决策责任。

(3)初步设计文件审查的重点如下:

① 是否符合批准的设计任务书的要求。

② 设计指导思想和设计方案是否体现国家的有关方针政策及电信技术政策。

③ 设计方案的可行性、正确性及经济性;核定方案的技术标准和建筑标准。

④ 工程建设规模。

⑤ 单位工程造价、各项技术经济指标、建设工期及增员计划。

⑥ 设计采用的新技术、新设备、新工艺、新材料等的可靠性。

⑦ 设备利旧、挖潜及与原有设备的配合方案。

⑧ 工程采用的设备、电缆等主要器材的制式、型号、规格及数量。对引进工程,应着重检查各项引进设备器材等,有无国内产品可使用。

⑨ 电信专用房屋工程设计的总平面布置和后期发展预留安排、房屋的立面及各屋平面设计方案、建筑结构及用材标准是否符合规范及电信专业的技术要求。

⑩ 工程总概算和单项工程概算,其内容及所采用的计费标准是否符合规定。

(4)施工图设计文件审查的重点如下:

① 内容是否与批准的初步设计文件相符。

② 施工图设计深度能否达到指导施工的要求。

③ 新采用或特殊要求的施工方法及施工技术标准是否可行,有无论证依据。
④ 工程量统计是否合理。
⑤ 设备材料的品种、型号、数量。
⑥ 施工图预算。

2.6.3 初步设计内容应达到的深度

1. 建设项目总体设计（综合册）

每个建设项目都应该编制总体设计部分的总设计文件(即综合册),其内容包括设计总说明及附录、各项设计总图、总概算编制说明及概算总表。

总说明的概述一节,应扼要说明设计的依据(例如设计任务书、可行性研究报告等主要内容)及其结论意见、叙述本工程设计文件应包括的各单项工程编册及其设计范围分工(引进设备工程要说明与外商的设计分工)、建设地点现有通信情况及社会需要概况,设计利用原有设备及局所房屋的鉴定意见,本工程需要配合及注意解决的问题(例如地震设防、人防、环保等要求,后期发展与影响经济效益的主要因素,本工程的网点布局、网络组织、主要的通信组织等)、表列本期各单项工程规模及可提供因素的新增生产能力,并附工程量表、增员人数表、工程总投资及新增固定资产值、新增单位生产能力、综合造价、传输质量指标及分析、本期工程的建设工期安排意见,以及其他必要的说明等。

设计总说明的具体内容可参考下列各项工程设计内容摘要编写。

2. 有线通信线路工程

(1) 概述。

参照综合册概述部分内容结合本单项工程内容编写,说明内容应全面。

(2) 传输设计方案论述及通路组织设计方案简述。

长途光缆线路工程说明应包括全线通路组织设计原则;电路安排及各站终端电路分配数;传输系统配置(包括线路系统、监控、业务通信、备用转换等辅助信号传输系统);中继段长度计算;中继段的划分、光功率计算等。附传输系统配置图。

市话线路工程说明应包括:远、近期业务预测结论,交接区划分及变动情况;交接区及配线区划分;本期局所建设方案;用户线路配线制式;主干电缆及中继电缆设计及相关设备选型等。附全网局所位置图(标明交换区界线)、交接区划分图。

(3) 线路路由方案比选及结论,并论述选定方案及根据。

长途光缆工程应包括全线各种站的配置及地址;各站间段长;沿线自然条件及地形地貌土质等情况;各城市进局路由方案。附全线路由图(标在比例为五万分之一的国家测绘总局绘制的地形图上)。对特殊障碍点应加说明并分别绘制示意图。

市话线路工程应包括新建、扩建路由及电缆建设方式、电缆程式及型号;交接箱、用户环路技术设备等配置方案;光缆线路的光缆芯数、光端机及光中继器配置等设计方案;地下进线室设计方案;附在城市街道图上绘制的主干电缆中继电缆设计图(标明交接箱安装位置)、进线室平面布置图及成端电缆图。

(4) 通信管道工程应包括路由比选方案;管道及人孔的建筑材料及建筑程式;附标明街道名称、管道埋设位置及人孔、手孔位置、过街引上管位置、各段管孔组合及管道埋深断面等内容的管道设计图,并在图上标明有关的地下已有管线位置。管道工程及交接箱安装位置与建筑方式的设计方案应征得城市建设主管部门的同意。

(5) 论述电缆、光缆穿越主要河流的设计方案。

水底电缆、光缆选定方案应取得历年河床断面变化资料、河床地质、最大水流及水位等资料,据以确定埋深要求及方案,并应征得有关航运、河道、堤岸等管理单位同意,同时应提出电缆敷设方式、保证电缆安全的措施、水线房设置等方案,采用电缆的程式及型号等。通过桥梁的电缆应提出敷设方法及位置,并应事先征得桥梁管理单位的同意。

(6) 说明主要的设计标准和电缆、光缆各种防护措施。

长途光缆、市话埋式电缆等工程的各地段埋深及防护措施(防蚀、防雷、防强电干扰及影响、防冻、防广播干扰、防地电位升影响、防机械损伤、防潮湿等);无人站建筑标准;维护段划分及巡房、线务段的配置;各有人站进线路由设计方案并附平面图;线路穿越铁路、公路、高压电力线等特殊地段所采用的建筑方式及防护技术措施。电缆线路还应提出充气维护方案。测定强电路由与通信线缆路由的相对位置及隔距,并核算强电影响值。

(7) 长、市话线路工程如有割接问题应说明割接方案的原则。

(8) 线路工程采用新技术、新设备、新结构、新材料、非标准设备等的论述,包括技术性能及经济效果分析。附必要的非标准设备的原理图及大样图。

(9) 有关协议文件的摘要。

3. 通信设备安装工程

包括各种制式、程式的长话、市话交换设备、微波设备、光缆各种站的数字复用设备及光设备、移动通信设备、通信卫星地球站设备、一点多址无线通信设备、通信电源设备等安装工程。

(1) 概述。

参照综合册概述部分内容结合本单项工程内容编写。说明内容应全面。

(2) 业务预测及设备选型。

本期工程通信业务量、话务量、电路数、信道数等的预测,计算及取定。设备的配置、选型及容量。数字交换设备应说明中央处理器的处理能力、设备内部端口、与其他设备的中继接口及型号、数量,操作维护系统的配置,数字配线架数量等。

(3) 新建局、站选址比较方案论证。

说明网点布局组织和规划;说明建设场地的建设面积、工程地质、水文地质、供电方案、交通、环境条件、社会情况等;说明主楼建筑及附属生产房屋建筑的总面积,各机房面积及终期最大可装设备容量或数量。附建设场地总平面布置图,机房的各层平面的布置图(图上标明本期设备布置方案及后期设备扩建计划布置)。

(4) 说明近期通信网络和通路组织方案及其根据,远期网路组织方案规划等。附网路组织图。

(5) 各种内部系统设计方案的说明并附系统图。

包括:接地装置系统、各种有线、无线高频及低频或高次群及低次群通信系统、监控系统、天线及馈线系统等。

(6) 不同专业设备安装工程特有的设计内容:

① 长话交换工程应包括:远、近期业务预测结论,通路组织设计长话各种业务处理(包括国

内及国际电话及非话业务、查询、查号等业务处理);号码计划;长市话中继方式及中继线计算及取定数量;长市话容量配合方案;长途信号接口配合方式(包括国内、国际通信的国内段、长市话段等);计费方式。数字程控交换局还应包括含传输系统在内的长市话通信网的网同步设计方案。附现有及本期工程长市话网路组织示意图、长市中继方式及中继传输系统组织图。

② 市话交换工程设计应包括:市话网中继方式及中继线计算(包括各市话分局间、长市话局间、特种服务业务、重点用户小交换机等);号码计划;局间信号及接口配合,计费方式;对原有设备处理的论述;对原有电话局的配套工程及改造工程的设计方案。数字程控交换工程还应包括含传输系统在内的全网的网同步设计(局数据表)等。应附市话中继方式图、市话网中继系统图。

③ 微波工程设计应包括:全线路由及微波进城(包括干线及本期工程建设项目内的支线)方案比选及选定方案;站址设置及选定,系统组织设计,波道和频率极化配置(包括传输容量、中心频率、带宽、波道频率分配等),设备主要参数,通信系统及各站接收方式的说明;电路通路组织设计(说明主、备用波道及路边业务开口地点等);公务系统的制式选择与电路分配,监控系统设计制式及系统组成,天线、馈线系统设计中还应包括天线选型、天线高度、馈线选型、天线馈线接口等,电路质量指标估算(包括电路指标要求,各种干扰计算等),微波通道的说明。工程如采用天线铁塔时应提出技术要求。附全线路由图、频率极化配置图、通路组织图、天线高度示意图、监控系统图、各种站的系统图及天线位置示意图、站间断面图。

④ 干线线路各种站的数字复用设备、波分复用设备等光设备安装工程设计应包括:设备的主要技术要求、设备配置、机房列架安装方式、布线电缆的选用、通信系统的设备组成及电路的调度转接方案。辅助系统及业务通路、设备电源系统等设计方案。附传输系统配置图,远期及近期通路组织图,光缆终点站数字设备通信系统图。

⑤ 移动通信工程。移动交换局设备安装单项工程设计应包括:在网络组织设计中应说明本业务区内交换中心地点设置及无线基站局号、用户间各种呼叫方式等;话务量预测计算及中继线数量取定,中继线 PCM 系统数;号码计划(拨号方式及移动用户识别号码);信号方式;传输方式(包括各种中继线的传输手段、数字交换点相对电平要求等);计费方式;网同步方式及时钟基准的接口;移动交换局的主要业务性能。附全网网路示意图、本业务区网络组织图、移动交换局中继方式图等。

基站工程设计应包括:网络结构(包括结构方案、基站无线覆盖范围、基站的海拔高度,天线离地面高度、可容纳移动用户数、传输方向方位角、传输方向断面、通信距离等);频率选择及频率计划;话路质量指标及估算。附全网网路结构示意图,本基站无线覆盖示意图及信道频率分配图、各基站无线覆盖范围图本、本业务区通信网路系统图、本站上下行传输损耗示意方框图、天线馈线走向示意图,天线铁塔示意图、基站至各方向断面图。

⑥ 地球站工程。地球站微波单项工程应包括:天线直径、付数、品质因数要求;通信系统的组成和设备配置;协调区计算;微波辐射影响计算;上行电路传输质量预测。附对卫星位置的本站协调区图、地球站上下行线路电平图、主机房与天线相对位置图、地球站与各有关微波站干扰断面图等。

地球站数字复用终端设备安装单项工程设计应包括:本站对各站电路数及上下行频谱安排;中继方式设计说明传输手段、系统及设备、需要时说明数模转换方式及网同步的安排;业务系统说明所用电路及设备。附上行基带频谱电路安排图、卫星通信组织图、地球站至城内中继方式图等。

⑦ 一点多址无线通信工程设计应包括：中心站及外围站设置地点选择，并附站址路由技术情况表（其内容标明各站坐标位置、标高、线路余隙、天线离地面高度、各站距中心站的距离、障碍点及反射电位置、通信方位角及俯仰角等）；通路组织方案，并说明各外围站的业务种类、业务预测及用户数、中继线数；工作频率及多址方式选择；设备选型及功能要求；天线杆、塔设计要求。附一点多址无线通信网路由图、各比选方案的网路图。

⑧ 短波无线电台工程应包括：初步拟定天线及馈线的程式、数量，提出机线配合一览表及通信地点方位图；机房高频系统及天线交换方式；音频、直流及监控等系统设计；信号传送方式设计方案等。

⑨ 通信电源工程设计应包括：确定市电类别；设备配置供电方式图及供电系统图；电源线的布线方式；接地系统设计方案；远期及近期耗电量估算；交直流负荷分路设计及分路图。对新建高压供电专用线路应说明对接地装置的要求及设计部门、线路规格及长度要求。

（7）各种通信系统的割接方案原则。

（8）各种通信设备安装的抗震加固设计要求。

（9）重要技术措施的论述。

（10）为配合房屋建筑设计提出设备对各机房环境温度、湿度、空调、通风、采暖等要求；楼面荷载及用材料要求；设备及走线架安装的净高、机房内走道净宽、人工照明方式及照度、顶棚、墙壁、噪声、防尘、抗震、防火、防雷、接地、天线高度、面积较大的孔洞、室内地下槽道、电梯等要求（本项要求如工艺设计单位在初步设计文件出版前已有正式文件通知建筑设计单位时，工艺初步设计文件可不重复编入）。

（11）有关环境保护（例如：防噪声、蓄电池室防酸及防氢、微波辐射范围等）的防治要求。

4．电信专用房屋建筑工程

（1）概述。

参照综合册该书部分内容结合本单项工程内容编写，说明内容应全面。

（2）建筑设计应提出建设场地总平面布置方案及总平面图；说明近期及远期发展规划方案及场地占地面积，工程地质、水文地质情况；分别说明主楼建筑及附属生产房屋的总面积及各层建筑面积、层数、柱网及梁板布置、层高、消防、地震基本烈度、人防等设计标准。外墙、门窗、屋面、室内装修（包括地面、墙面、顶棚等）设计标准；特殊要求设计方案；绿化、环境保护设计方案。附主楼平面、剖面图及四面立面图、总平面图及管网总图。

（3）主楼及附属生产房屋的基础形式、上部结构楼面荷载等设计；微波天线基础设计方案；天线铁塔结构设计方案；抗震设计的标准及人防设计的说明。

（4）供热、空调、通风设计应说明设计依据、基础数据及设计计算标准；供热热源、室外热力管道、室内采暖设计；空调机通风系统设计方案（含近远期通信设备增加过程中满足空调通风要求的方案）的说明（包括蓄电池的通风系统及设置空调的机房空气流向的说明）；锅炉及空调设备选型。附供热、空调、通风系统图及平面图。

（5）给水、排水及消防设计方案应说明水源、用水量计算；开水供应方案；消防管道系统及重要机房的消防装置及系统设计；排水系统设计方案及排水量估算，蓄电池室的排水方案。附各系统的系统图。

（6）电气设计应说明电源情况、近期及远期负荷的计算及其设计标准，人工照明及动力用电系统设计方案；火灾报警系统设计；防雷及接地系统设计方案（此项方案应与通信电源设计单位配合取得一致）。附高、低压供电系统图、变配电室设备平面布置图。

（7）电梯选型及内部通信、弱电设计方案。

（8）营业厅平面及立面设计方案，内部装饰标准等说明。

（9）其他特殊情况说明。

根据建设部颁布的《建筑工程设计文件编制深度的规定》的要求进行编制。

2.6.4 施工图设计内容应达到的深度

各单项工程施工图设计说明应简要说明批准的本单项工程部分初步设计方案主要内容并对修改部分进行论述，注明有关批准文件的日期、文号及文件标题；提出详细的工程量表。施工图设计可不编总体部分的综合册文件。

简要说明批准的本单项工程部分初步设计方案主要内容并对修改部分进行论述，注明有关批准文件的日期、文号及文件标题；提出详细的工程量表。各单项工程施工图设计具体内容如下。

1．有线通信线路工程

（1）批准的初步设计的线路路由总图。

（2）长途通信线路敷设定位方案的说明，并附在比例为二千分之一的测绘地形图上绘制线路位置图；标明施工要求如埋深、保护段落及措施、必须注意施工安全的地段及措施等。并附地下无人站内设备安装及地面建筑的安装建筑施工图。

（3）线路穿越各种障碍的施工要求及具体措施。每个较复杂的障碍点应单独绘制施工图。

（4）水线敷设、岸滩工程、水线房等施工图纸及施工方法说明。水线敷设位置及埋深应有河床断面测量资料为根据。

（5）通信管道、人孔、手孔、电缆引上管等的具体定位位置及建筑形式，孔内有关设备的安装施工图及施工要求；管道、人孔、手孔结构及建筑施工采用定型图纸，非定型设计应附结构及建筑施工图；当有其他地下管线或障碍物的地段，应绘制剖面设计图，标明其交点位置、埋深及管线外径等。

（6）长途线路的维护区段划分、巡房设置地点及施工图（巡房建筑施工图另由建筑设计单位编发）。

（7）市话线路工程还应包括配线区划分、配线电缆线路路由及建筑方式、配线区设备配置地点位置设计图、杆路施工图；用户线路的割接设计和施工要求的说明。施工图应附中继电缆、主干电缆、管道等分布总图可复用批准的初步设计图纸。

（8）枢纽工程或综合工程中有关设备安装工程进线室铁架安装图、电缆充气设备室平面布置图、进局电缆及成端电缆施工图。

2．通信设备安装工程

包括各种制式的电话交换设备、微波设备、光缆各种站的数字复用设备及光设备、移动通信设备、通信卫星地球站设备、一点多址无线通信设备、通信电源设备等安装工程。

(1) 简要说明批准的本单项工程部分初步设计方案主要内容并对修改部分进行论述,注明有关批准文件的日期、文号及文件标题;提出详细的工程量表。

(2) 机房各层平面图及各机房设备平面布置图、通路组织图、中继方式图(均可复用批准的初步设计图纸)。

(3) 机房各种线路系统图、走线路由图、安装图、布线图、线缆计划表、走道布线剖面图。

(4) 列架平面图、安装加固示意图;设备安装图及加固图;抗震加固图。自行加工的构件及装置,还提供结构示意图、电路图、布线图和工料估算表。

(5) 设备的端子板接线图或跳线表。

(6) 交流、直流供电系统图,负荷分路图、直流压降分配图、电源控制信号系统图及布线图、电源线路路由图、母线安装加固图、电源各种设备安装图、继电保护装置图。

(7) 局、站及内部接地装置系统图、安装图及施工图;天线避雷装置安装图。

(8) 程控交换工程中继线调配图。

(9) 工程割接开通计划及施工要求。

(10) 无线电天线及馈线施工图、避雷装置安装图。并附天线场地布置图、通信地点的方位及距离表(均可复用初步设计批准的图纸)。

(11) 各种在杆、塔上安装的设备(例如无人中继器、太阳能电池等)的安装图。

(12) 通信工艺对生产房屋建筑施工图设计的要求:包括楼面及墙壁上预留孔洞尺寸及位置图;地面楼面下沟槽尺寸、位置与构造要求;预埋管线位置图;楼板、屋面、地面、墙面、梁、柱上的预埋件位置图(本项要求文件及图纸应配合房屋建筑施工图设计的需要提前单独出版,并用正式文件发交建筑设计单位)。

(13) 设计采用的新技术、新设备、新结构、新材料应说明其技术性能,提出施工图纸和要求。

3. 电信专用房屋建筑工程

(1) 简要说明初步设计的主要内容,附批准的初步设计有关文件摘要并对设计修改部分进行论述。

(2) 初步设计总平面图,各层平面图,四面立面图,剖面图(可复用初步设计批准的图纸),空调设备平面布置图。

(3) 根据建设部颁布的《建筑工程设计文件编制深度的规定》的有关要求编制各专业的各种施工图。此外,还应对电信专用房屋及通信工程的特有要求编制必要的施工图,例如:各层工艺沟槽孔洞位置图及结构图、穿过各层的壁柜位置及结构图;房屋墙面顶棚施工详图;装有各种天馈线的屋面做法图;蓄电池室地面、排酸气道、洗涤池等施工图;各类机房的地面及空调系统管道剖面图、施工图及设备安装图;地下进线室防水措施等。

2.7 实做项目及教学情境

实做项目一:进行通信线路勘察。

目的要求:了解通信线路工程勘察的过程,掌握通信工程勘察工具的使用方法,了解相关注意事项。

实做项目二:查阅相关的设计规范。

目的要求：了解通信工程设计的规范及相关规定，理解概预算文档的编制流程。

 本章小结

1. 通信工程设计咨询的作用是为建设单位、维护单位把好工程的四关：
（1）网络技术关
（2）工程质量关
（3）投资经济关
（4）设备（线路）维护关

2. 通信工程设计作为通信工程建设的依据，需要满足建设单位、施工单位、维护单位和管理单位的不同层面的要求。

3. 从网络建设、运行维护管理方便的角度出发，电信网络运营商通常根据业务和技术的相近性划分部门进行管理。通信建设项目通常分为：供电设备安装工程、有线通信设备安装工程（包括：通信交换设备安装工程、数据通信设备安装工程、通信传输设备安装工程）、无线通信设备安装工程（包括：微波通信设备安装工程、卫星通信设备安装工程、移动通信设备安装工程）、通信线路工程、通信管道建设工程等。

4. 通信工程设计分为可行性研究、方案设计、初步设计、施工图设计等阶段。其中，可行性研究是建设前进行的预研工作，初步设计（含方案设计）和施工图设计是通信工程建设期间进行的工作。

5. 勘测的目的是搜集与本工程相关的资料，为设计与施工提供必要的原始资料，它是设计与施工的基础。一般情况下，勘测工作都要经过勘察、测量两个阶段。

6. 目前通信工程概预算的编制采用的是 2008 年工业和信息化部颁布的新版《通信建设工程概算、预算编制办法》及相关定额等标准（工信部规[2008]75号）。

7. 通信工程设计文件的主要内容一般由文字说明、概预算和设计图纸三部分组成。具体内容依据各专业的特点而定。

复习思考题

2-1 试述通信工程设计的流程。
2-2 建设单位和维护单位对通信工程设计的要求有何异同？
2-3 通信工程设计人员应当具备的素质是什么？
2-4 简述通信工程设计的作用。
2-5 2008年工业和信息化部颁布的新版定额共有多少分册？
2-6 简述通信工程勘察的流程。
2-7 通信工程设计文件包括哪些部分？
2-8 初步设计的内容应达到什么样的深度？
2-9 施工图设计的内容应达到什么样的深度？

第3章 通信工程概预算

本章内容

- 定额概述
- 通信工程工程量的计算规则
- 通信工程概预算编制及审核
- 通信工程概预算编制实例
- 通信工程概预算配套文件

本章重点

- 通信工程工程量的计算规则
- 通信工程概预算的编制
- 通信工程概预算编制实例

本章难点

- 通信工程工程量的计算规则
- 通信工程概预算的编制

本章学习目的和要求

- 掌握通信工程工程量的计算规则
- 掌握通信工程概预算的编制

本章学时数

- 建议 12 学时

3.1 定额概述

3.1.1 定额的概念

为了预计某一工程所花费的全部费用,需要引入工程造价的概念。工程造价是指进行某项工程建设所花费的全部费用。工程造价是一个广义概念,在不同的场合,工程造价含义不同。由于研究对象不同,工程造价有建设工程造价、单项工程造价、单位工程造价以及建筑安装工程造价等。

通信工程概预算是在工程实施阶段工程造价的基础,而通信工程概预算是以定额为计价依据的。

所谓定额,就是在一定的生产技术和劳动组织条件下,完成单位合格产品在人力、物力、财力的利用和消耗方面应当遵守的标准。

重点掌握

- 通信工程概预算是对通信工程建设所需要全部费用的概要计算,通信工程建设费用为:
  $\sum($工程量×单价$)+\sum$设备材料费用+相关费用
- 工程量及单价的计算依据国家颁布相关的定额

在生产过程中,为了完成某一单位合格产品,就要消耗一定的人工、材料、机具设备和资金。由于这些消耗受技术水平、组织管理水平及其他客观条件的影响,所以其消耗水平是不相同的。因此,为了统一考核其消耗水平,便于经营管理和经济核算,就需要有一个统一的平均消耗标准,这个标准就是定额。

定额反映了行业在一定时期内的生产技术和管理水平,是企业搞好经营管理的前提,也是企业组织生产、引入竞争机制的手段,是进行经济核算和贯彻按劳分配原则的依据。它是管理科学中的一门重要学科,属于技术经济范畴,是实行科学管理的基础工作之一。

探讨

- 试述定额与工程造价的关系。
- 试举一个通信工程中定额的例子来说明。

定额成为企业管理的一门独立科学,开始于 19 世纪末至 20 世纪初,特别是美国工程师弗·温·泰罗的现代科学管理,即"泰罗制",其核心观念包括制定科学的工时定额、实行标准的操作方法、强化和协调职能管理及有差别的计件工资。在当时的背景条件下,推动企业管理的发展,也使资本家获得了巨额利润。

我国建设工程定额管理,经历了一个从无到有、从建立发展到被削弱破坏,又从整顿发展到改革完善的曲折道路。特别是到了 20 世纪 90 年代以后,工程建设定额管理逐步改革完善。2008 年,工信部规[2008]75 号文件,颁布了新编的《通信建设工程概算、预算编制办法》及相关定额,这是目前通信工程概预算的主要依据。

3.1.2 定额的特点

1. 科学性

科学性是由现代社会化大生产的客观要求所决定的,包含两方面含义:

(1) 建设工程定额必须和生产力发展水平相适应,反映出工程建设中生产消费的客观规律。

(2) 建设工程定额管理在理论、方法和手段上必须科学化,以适应现代科学技术和信息社会发展的需要。

2. 系统性

工程建设本身是一个实体系统,包括了农林水利、轻纺、机械、煤炭、电力、石油、冶金、交通运输、科学教育文化、通信工程等20几个,而工程定额就是为这个实体系统服务的,因而工程建设本身的多种类、多层次决定了以它为服务对象的建设工程定额的多种类、多层次。这种多种定额结合而成的有机的整体,构成了定额的系统性。

3. 统一性

建设工程定额的统一性由国家经济发展的有计划的宏观调控职能决定。为了使国民经济按照既定的目标发展,就需要借助于某些标准、定额、参数等,对工程建设进行规划、组织、调节、控制。这些标准、定额、参数在一定范围内必须具有统一的尺度,这样才能实现上述职能,才能利用它对项目的决策、设计方案、投标报价、成本控制进行比较、选择和评价。

4. 权威性和强制性

建设工程定额的权威性表现在其具有经济法规性质和执行的强制性。强制性反应刚性约束,意味着在规定范围内,对于定额的使用者和执行者来说,不论主观上愿意不愿意,都必须按定额的规定执行。

5. 稳定性和时效性

建设工程定额的任何一种都是一定时期技术发展和管理的反映,因而在一段时期内都表现出稳定的状态,根据具体情况不同,稳定的时间有长有短,保持建设工程定额的稳定性是维护建设工程定额的权威性所必需的,更是有效贯彻建设工程定额所必须的。

稳定性是相对的,生产力向前发展了,建设工程定额就会与已经发展了的生产力不相适应。其原有作用就会逐步减弱乃至消失,甚至产生负效应。因此,建设工程定额在具有稳定性的同时,也具有时效性。当定额不再起到促进生产力发展的作用时,就需要重新编制或修订。

3.1.3 定额的分类

1. 按建设工程定额反映的物质消耗内容分类

(1) 劳动消耗定额,简称劳动定额,完成单位合格产品规定活劳动消耗的数量标准,仅指活劳动的消耗,不是活劳动和物化劳动的全部消耗。由于劳动定额大多采用工作时间消耗量来计算劳动消耗的数量,所以劳动定额主要表现形式是时间定额,但同时也表现为产量定额。

(2) 材料消耗定额,简称材料定额,完成单位合格产品所消耗材料的数量标准。材料是指工程建设中使用的原材料、成品、半成品、构配件等。

(3) 机械消耗定额,简称机械定额,完成单位合格产品所规定的施工机械的数量标准。机械消耗定额的主要表现形式是机械时间定额,但同时也以产量定额表现。我国机械消耗定额主要是以一台机械工作一个工作班(8 h)为计量单位,所以又称为机械台班定额。

(4) 仪表消耗定额,完成单位合格产品所规定的仪表的数量标准。仪表消耗定额主要是以一台仪表工作一个工作班(8 h)为计量单位,所以又称为仪表台班定额。

> **重点掌握**
>
> 建设工程定额按物质消耗内容分类:
> - 劳动消耗定额
> - 材料消耗定额
> - 机械消耗定额
> - 仪表消耗定额

2. 按主编单位和管理权限分类

(1) 行业定额,是各行业主管部门根据其行业工程技术特点,以及施工生产和管理水平编制的,在本行业范围内使用的定额。如:《通信建设工程施工机械、仪表台班费用定额》等。

(2) 地区性定额,包括省、自治区、直辖市定额,是各地区主管部门考虑本地区特点而编制的,在本地区范围内使用的定额。如:《北京市建设工程预算定额》。

(3) 企业定额,施工企业考虑本企业具体情况,参照行业或地区性定额的水平编制的定额,企业定额只在本企业内部使用,是企业素质的一个标志。如:《××公司生产工时费用定额》。

(4) 临时定额,是指随着设计、施工技术的发展,在现行各种定额不能满足需要的情况下,为了补充缺项由设计单位会同建设单位所编制的定额。如:《中国电信集团 FTTx 等三类工程项目补充施工定额》。

3.1.4 预算定额和概算定额

1. 预算定额

预算定额是编制预算时使用的定额,是确定一定计量单位的分部分项工程或结构构件的人工(工日)、机械(台班)、仪表(台班)和材料的消耗数量标准。

(1) 预算定额的作用

① 是编制施工图预算、确定和控制建筑安装工程造价的计价基础。

② 是落实和调整年度建设计划,对设计方案进行技术经济分析比较的依据。

③ 是施工企业进行经济活动分析的依据。

④ 是编制标底、投标报价的基础。

⑤ 是编制概算定额和概算指标的基础。

(2) 现行通信建设工程预算定额编制原则

① 控制量:指预算定额中的人工、主材、机械台班、仪表台班消耗量是法定的,任何单位和个人不得擅自调整。

② 量价分离:预算定额只反映人工、主材、机械台班、仪表台班消耗量,而不反映其单价。单价由主管部门或造价管理归口单位另行发布。

③ 技普分开:凡是由技工操作的工序内容均按技工计取工日,凡是由非技工操作的工序内容均按普工计取工日。

2. 概算定额

概算定额是编制概算时使用的定额。概算定额是在初步设计阶段确定建筑(构筑物)概略价值、编制概算、进行设计方案经济比较的依据。

与预算定额相比,概算定额的项目划分比较粗,例如挖土方的概算只综合成一个项目,不再划分一、二、三、四类土,而预算定额却要按分类计算,因此,根据概算定额计算出的概算费用要比预算定额计算出的费用有所扩大。

概算定额是编制初步设计概算时,计算和确定扩大分项工程的人工、材料、机械、仪表台班耗用量(或货币量)的数量标准。它是预算定额的综合扩大,因此,概算定额又称扩大结构定额。

概算定额的作用包括:
(1) 是初步设计阶段编制建设项目概算和技术设计阶段编制修正概算的依据。
(2) 是设计方案比较的依据。
(3) 是编制主要材料需要量的计算基础。
(4) 是工程招标和投资估算指标的依据。
(5) 是工程招标承包制中,对已完工工程进行价款结算的主要依据。

3.1.5　通信建设工程预算定额使用方法

现行通信建设工程预算定额按通信专业工程分册,包括五册:第一册为通信电源设备安装工程(册名代号 TSD),第二册为有线通信设备安装工程(册名代号 TSY),第三册为无线通信设备安装工程(册名代号 TSW),第四册为通信线路工程(册名代号 TXL),第五册为通信管道工程(册名代号 TGD)。通信建设工程预算定额由总说明、册说明、章节说明和定额项目表等构成,其中总说明、册说明、章节说明内容见本书附录 1,定额项目表列出了分部分项工程所需的人工、主材、机械台班、仪表台班的消耗量,通常所说查询定额即指查询此内容。

下面以"立水泥杆"为例,介绍定额的具体使用方法。

1. 定额项目表

预算定额项目表是预算定额的主要内容,例如通信线路工程分册第三章敷设架空光(电)缆中第一节立杆的部分定额项目表如表 3-1 所示。

表 3-1 中,"定额编号"所在行表示定额子目的编号,如 TXL3-002;"项目"所在行表示具体子目名称,每个子目代表一个具体工作,如立 9 m 以下水泥杆(包括综合土、软石、坚石三种情况)。每个子目编号所在列列出了该子目所需的人工、主要材料、机械台班、仪表台班的消耗量,如 TXL3-002 所在列,列出了软石上立 1 根 9 m 以下水泥杆所需的人工(技工 0.64 工日、普工 1.28 工日)、主要材料(水泥电杆 1.01 根、硝铵炸药 0.30 kg、火雷管 1 个、导火索 1 m、水泥 0.2 kg)、机械(汽车式起重机(5 t)0.04 台班)等的消耗量,此处没有用到仪表,因此没有仪表的消耗量。

表中的预算定额子目编号由三个部分组成:第一部分为册名代号,表示通信行业的各个专业,由汉语拼音(字母)缩写组成;第二部分为定额子目所在的章号,由一位阿拉伯数字表示;第三部分为定额子目所在章内的序号,由三位阿拉伯数字表示。其具体编号方法如图 3-1 所示。

3.1 定额概述

表 3-1 立水泥杆定额项目表

定额编号		TXL3-001	TXL3-002	TXL3-003	TXL3-004	TXL3-005	TXL3-006
项目		立9m以下水泥杆(根)			立11m以下水泥杆(根)		
		综合土	软石	坚石	综合土	软石	坚石
名称	单位	数量					
人工	技工	工日	0.61	0.64	1.18	0.88	0.94	1.76
	普工	工日	0.61	1.28	1.18	0.88	1.88	1.76
主要材料	水泥电杆	根	1.01	1.01	1.01	1.01	1.01	1.01
	H杆腰梁(带抱箍)	套	—	—	—	—	—	—
	硝铵炸药	kg	—	0.30	0.70	—	0.40	0.80
	火雷管(金属壳)	个	—	1.00	2.00	—	2.00	3.00
	导火索	m	—	1.00	2.00	—	2.00	3.00
	水泥 C32.5	kg	0.20	0.20	0.20	0.20	0.20	0.20
机械	汽车式起重机(5t)	台班	0.04	0.04	0.04	0.04	0.04	0.04
仪表								

注:水泥杆根部需装底盘时,参看电杆加固和保护。

例如,TXL2-001 含义为:通信线路工程第二章第001项子目。

2. 定额查询方法

对于"立水泥杆"的工序,可以查阅现行通信建设工程预算定额第四册《通信线路工程》,在第三章第一节"立杆"部分(见表 3-1),根据杆高和土质,可以查到对应的定额子目,即可确定立1根水泥电杆所需的人工、主要材料、机械、仪表的消耗量。

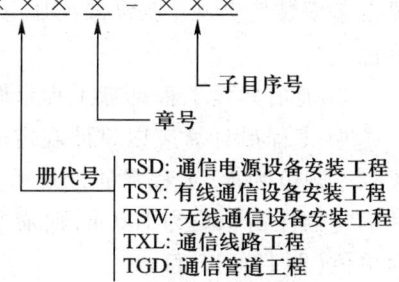

图 3-1 预算定额子目编号示意图

3. 定额套用方法

在编制预算时,根据图纸统计出的"立水泥杆"数量,乘以根据上述方法查询的定额值,即可计算在各种土质、立不同杆高的水泥电杆所需的人工、主要材料、机械、仪表的总消耗量。

4. 预算定额项目选用的原则

在选用预算定额项目时要注意以下几点：

（1）定额项目名称的确定，设计概、预算的计量单位划分应与定额规定的项目内容相对应，才能直接套用。定额数量的换算，应按定额规定的系数调整。

（2）定额的计量单位，预算定额在编制时，为了保证预算价值的精确性，对许多定额项目，采用了扩大计量单位的办法。在使用定额时必须注意计量单位的规定，避免出现了小数点定位的错误。如通信线路工程的施工测量是以 100 m 为一个单位，不要错用 m 为单位。

（3）定额中的项目划分是根据分项工程对象和工种的不同、材料品种不同、机械的类型不同而划分的，套用时要注意工艺、规格的一致性。

（4）注意定额项目表下的注释，因为注释说明了人工、主材、材料台班消耗量的使用条件和增减的规定。如表 3-1 下的注释：水泥杆根部需装底盘时，参看电杆加固和保护。

3.2 通信工程工程量的计算规则

3.2.1 工程量统计的基本原则

工程量统计的基本原则包括：

① 工程量项目的划分、计量单位取定、有关系数的调整换算等，应按工程量的计算规则进行。例如，通信线路工程中施工测量分为直埋光（电）缆工程施工测量、架空光（电）缆工程施工测量、管道光（电）缆工程施工测量、海上光（电）缆工程施工测量，其计量单位均为 100 m，因此，在统计工程量时，要区分开是哪种敷设方式。再例如，基站、接入网工程段各接口盘的安装测试，8 个端口以下的按人工定额乘以 3.5 系数，8 个端口以上按人工定额乘以 2.0 系数计算。

② 工程量的计量单位有物理计量单位和自然计量单位。物理计量单位应按国家规定的法定计量单位表示，如长度用"m"，但工程实际中多用"100 m"、"km"等，例如：通信线路工程施工测量以 100 m 为一个计量单位；质量用"g"等，也常用"kg"表示，如：在材料的使用统计中，铁线用"kg"进行计量。自然计量单位常用的有台、套、个、架、副、系统等，例如：在通信电源设备安装工程中，安装带高压开关柜以台为计量单位，送配电装置系统调试以系统为计量单位。

③ 通信建设工程计算工程量时，初步设计及施工图设计均需依据设计图纸统计。

④ 工程量计算应以设计规定的所属范围和设计分界线为准，布线走向和部件设置以施工验收技术规范为准，工程量的计量单位必须与定额计量单位相一致。例如，通信线路工程中施工测量的定额计量单位为 100 m，则依据图纸统计出施工测量长度（如 12 385 m）后要换算成以 100 m 为单位（即 123.85 百米）。

⑤ 工程量应以施工安装数量为准，由于所用材料数量包含了各种消耗量，所以不能以材料使用量作为安装工程量。

3.2.2 通信设备安装工程的工程量计算规则

通信设备安装工程包括通信电源设备安装工程、有线通信设备安装工程和无线通信设备安装工程三类。其工程量计算规则主要包括以下几种。

1. 设备机柜、机箱的安装工程量计算

所有设备机柜、机箱的安装大致可分为三种情况计算工程量：

（1）以设备机柜、机箱整架（台）的自然实体为一个计量单位，即机柜（箱）架体、架内组件、盘柜内部的配线、对外连接的接线端子以及设备本身的加电检测与调试等均作为一个整体来计算工程量。

通信设备安装工程的多数设备安装属于这种情况。例如，TSY1-027 子目为"安装 480 回线以下落地式总配线架"，按成套考虑，即把配线铁架及其内部组件作为一个整体（即 1 架）来计算工程量。

（2）设备机柜、机箱按照不同的组件分别计算工程量，即机柜架体与内部的组件或附件不作为一个整体的自然单位进行计量，而是将设备结构划分为若干组合部分，分别计算安装的工程量。

这种情况一般常见于机柜架体与内部组件的配置成非线性关系的设备，例如，TSD 1-049 子目为"安装蓄电池屏"，其内容是：屏柜安装不包括屏内蓄电池组的安装，也不包括蓄电池组的充放电过程。整个设备安装过程需要分三个部分分别计算工程量，即安装蓄电池屏（空屏）、安装屏内蓄电池组（根据设计要求选择电池容量和组件数量）、屏内蓄电池组充放电（按电池组数量计算）。

（3）设备机柜、机箱主体和附件的扩装，即在原已安装设备的基础上进行增装内部盘、线。

这种情况主要用于扩容工程，例如，TSW2-040 子目为"增（扩）装信道板"，就是为了满足在已有基本信道板的基础上进行扩充生产能力的需要，所以是以载频数作为计量单位统计工程量。

与前面将设备划分为若干组合部分分别计算工程的概念所不同的是，已安装设备主体和扩容增装部件的项目是不能在同一期工程中同时列项的，否则属于重复计算。

以上设备的三种工程量计算方法需要认真了解定额项目的相关说明和工作内容，避免工程量漏算、重算、错算。

（4）几个需要特别说明的设备安装工程量计算规则：

① 安装测试 PCM 设备工程量：单位为"端"，由复用侧一个 2 Mbit/s 口、支路侧 32 个 64 kbit/s 口为一端，如图 3-2 所示。

② 安装测试光纤数字传输设备（PDH、SDH）工程量：分为基本子架公共单元盘和接口单元盘两个部分。

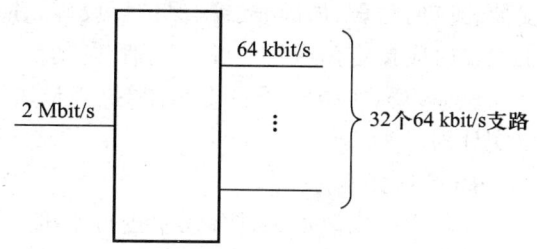

图 3-2 PCM 数字传输设备

基本子架包括交叉、网管、公务、时钟、电源等除群路、支路、光放盘以外的所有内容的机盘，以"套"为单位；接口单元盘包括群路侧、支路侧接口盘的安装和本机测试，以"端口"为单位。

例如 SDH 终端复用器 TM 有各种速率的端口配置,计算工程量时按不同的速率分别统计端口数量,一收一发为 1 个端口。

安装分插复用器 ADM、数字交叉连接设备 DXC 均依此类推。

③ WDM 波分复用设备的安装测试分为基本配置和增装配置。

基本配置含相应波数的合波器、分波器、功放、预放;增装配置是在基本配置的基础上增加相应波数的合波器、分波器并进行本机测试。

2. 设备缆线布放工程量计算

缆线的布放包括两种情况:设备机柜与外部的连线、设备机架内部跳线。

(1) 设备机柜与外部的连线

布放缆线计算工程量时需分为两步进行:先放绑、后成端。这种计算方法用于通信设备连线中需要使用芯数较多的电缆,其成端工作量因电缆芯数的不同,会有很大差异。

例如,有线通信设备安装工程中布放设备电缆(如布放 24 芯以下局用音频电缆)的工程量计算步骤:

① 计算放绑设备电缆工程量:TSY1-041 为"放绑 24 芯以下局用音频电缆",计算布放 24 芯以下局用音频电缆工程量时,首先把这个子目的工序(放绑)进行工程量统计;

② 计算编扎、焊(绕、卡)接设备电缆工程量:TSY1-051 为"编扎、焊(绕、卡)接 24 芯以下局用音频电缆",计算布放 24 芯以下局用音频电缆工程量时,第二步把这个子目的工序(成端)进行工程量统计。

所以布放 24 芯以下局用音频电缆的总工程量应为上述两步计算的工程量的和。

(2) 设备机架内部跳线

设备机架内部跳线主要是指配线架内布放跳线,对于其他通信设备内部配线均已包括在设备安装工程量中,不再单独计算缆线工程量(有特殊情况需单独处理除外)。

例如,TSY1-067 子目为"布放总配线架跳线(100 条)",总配线架跳线用量应按一架计取,每增加一架,增加跳线 70 m,工日不变。

3. 安装附属设施的工程量计算

安装设备机柜、机箱定额子目除已说明包含附属设施内容的,均应按工程技术规范书的要求安装相应的防震、加固、支撑、保护等设施,各种构件分为成品安装和材料加工并安装两类,计算工程量时应按定额项目的说明区别对待。

例如,TSW1-053 子目为制作"抗震机座",抗震机座、加固设施及支撑铁架所需材料由设计按实计列。

4. 系统调测

通信设备安装后大部分需要进行本机测试和系统调测,除了设备安装定额项目注明了已包括设备测试工作的,其他需要测试的设备均需统计各自的测试工程量,并且对于所有完成的系统都需要进行系统性能的调测。系统调测的工程量计算规则按不同的专业确定。

(1) 所有的供电系统(高压供电系统、低压供电系统、发电机供电系统、供油系统、直流供电系统、UPS 供电系统)都需要进行系统调试。

调试多以"系统"为单位,"系统"的定义和组成按相关专业的规定,例如发电机组供油系统调测是以每台机组为一个系统计算工程量。

（2）光纤传输系统性能调测包括两部分。

① 线路段光端对测：工程量计量单位为"方向·系统"。

"系统"是指一发一收的两根光纤为一个"系统"；"方向"是指某一个站和相邻站之间的传输段关系，有几个相邻的站就有几个方向。

终端站 TM1 只有一个与之相邻的站，因此只对应一个传输方向，终端站 TM2 也是如此。再生中继站 REG 有两个与之相邻的站，它完成的是与两个方向之间的传输。

② 复用设备系统调测：工程量计量单位为"端口"。"端口"是指各种数字比特率的"一收一发"为"一个端口"。统计工程量时应包括所有支路端口。

（3）移动通信基站系统调测分为 GSM 和 CDMA 两种站型。

① GSM 基站系统调测工程量：

按"载频"的数量分别统计工程量，例如："8 个载频的基站"可分解成"6 载频以下"及 2 个"每增加一个载频"的工程量。

② CDMA 基站系统调测工程量：按"扇·载"为计量单位（即扇区数量乘以载频数量）计算工程量。

（4）微波系统调测分为中继段调测和数字段调测，这两种调测是按"段"的两端共同参与调测考虑的，在计算工程量时可以按站分摊计算。

① 微波中继段调测工程量：单位为"中继段"。每个站分摊的"中继段调测"工程量分别为 1/2 中继段；中继站是两个中继段的连接点，所以同时分摊的两个"中继段调测"工程量，即 1/2 段×2＝1 段。

② 微波数字段调测工程量：单位为"数字段"。各站分摊的"数字段调测"工程量分别为 1/2"数字段"。

（5）卫星地球站系统调测

① 地球站内环测、地球站系统调测工程量：单位为"站"，应按卫星天线直径大小统计工程量。

② VSAT 中心站站内环测工程量：单位为"站"；网内系统对测工程量：单位为"系统"，"系统"的范围包括网内所有的端站。

3.2.3　通信线路及管道工程的工程量计算规则

1. 开挖(填)土(石)方

开挖(填)土(石)方工程量计算规则如表 3-2 所示。

表 3-2　开挖(填)土(石)方工程量计算规则

计算项目	子项	计算方法或统计规则	备注
光(电)缆接头坑个数	埋式光缆接头坑个数	初步设计按 2 km 标准盘长或每 1.7～1.8 km 取一个接头坑；施工图设计按实际取定	
	埋式电缆接头坑个数	初步设计按 1 km 取 5 个确定；施工图设计按实际取定	

续表

计算项目	子项	计算方法或统计规则	备注
挖光缆沟长度		图末长度-图始长度-(截流长度+过路顶管长度)	
施工测量长度	管道工程施工测量长度	各人孔中心至人孔中心长度之和	
	光缆工程施工测量长度	路由图末长度减去路由图始长度	
缆线布放工程量		缆线布放工程量为缆线施工测量长度与各种预留长度之和	不能按主材使用长度计取工程量,因为主材使用长度还包含了各种消耗量
人孔坑挖深		人孔口圈顶部高程-人孔基础顶部高程-路面厚度 式中,各变量单位均为 m	通信人孔设计示意图如图 3-3 所示
管道沟深		$[((人孔口圈顶部高程 h_1 - 管道基础顶部高程 h_2 + 管道基础厚度 g)_{人孔1} + (人孔口圈顶部高程 h_1 - 管道基础顶部高程 h_2 + 管道基础厚度 g)_{人孔2}]/2 - 路面厚度 d$ 式中,各变量单位均为 m	管道沟挖深和通信管道设计示意图如图 3-4、图 3-5 所示
开挖路面面积	不放坡开挖管道路面面积($100m^2$)	沟底宽度 B×管道沟路面长 $L/100$ 式中,B=管道基础宽度 D+施工余度(m);L:两相邻人孔坑边间距(m)	施工余度:管道基础宽度>630 mm时为0.6 m,每侧 0.3 m;管道基础宽度≤630 mm时为 0.3 m每侧 0.15 m
	放坡开挖管道路面面积($100m^2$)	$A=(2×沟深 H×放坡系数 i+沟底宽度 B)×管道沟路面长 L/100$ 式中,i 由设计规范确定	
	不放坡开挖人孔坑路面面积($100m^2$)	人孔坑底长度 a×人孔坑底宽度 $b/100$	坑底长度=人孔外墙长度+0.8 m=人孔基础长度+0.6 m);b:人孔坑底宽度(m)(坑底宽度=人孔外墙宽度+0.8 m=人孔基础宽度+0.6 m;人孔坑设计示意图如图 3-6 所示
	放坡开挖人孔坑路面面积($100m^2$)	$A=(2×坑深 H×放坡系数 i+人孔坑底长度 a)(2×坑深 H×放坡系数 i+人孔坑底宽度 b)/100$	
	开挖路面总面积	各人孔开挖路面面积总和+各管道沟开挖路面面积总和	

续表

计算项目	子项	计算方法或统计规则	备注
开挖土方体积工程量	不放坡挖管道沟土方体积（100m³）	V=沟底宽度B×沟深H×沟长L/100 式中，H：不包含路面厚度；L：两相邻人孔坑坑口边距	挖管道沟土方体积的计算就是计算立方体体积的方法
	放坡挖管道沟土方体积（100m³）	V=（沟深H×放坡系数i+沟底宽度B）×沟深H×沟长L/100 式中，L：两相邻人孔坑坑坡中点间距	
	不放坡挖一个人孔坑土方体积	V=人孔坑长度a×人孔坑宽度b×人孔坑深H/100 式中，H：不包含路面厚度	
	放坡挖一个人孔坑土方体积	$V = \dfrac{H}{3}[ab+(a+2Hi)(b+2Hi)+\sqrt{ab(a+2Hi)(b+2Hi)}]$ 式中，V是挖沟体积（100m³）；a是人孔坑长度（m）；b是人孔坑宽度（m）；H是人孔坑深（不包含路面厚度）（m）；i是放坡系数（设计规范确定）	
	总开挖土方体积（无路面情况下）	各人孔开挖土方体积总和+各段管道沟开挖土方体积总和	
	光（电）缆沟土石方开挖工程量（或回填量）（100 m³）	（缆沟上口宽度B+0.3）×缆沟深度H×缆沟长度L/2/100 式中，0.3为沟下底宽（m）	每增加一条光（电）缆，缆沟下底宽度增加0.1 m，光（电）缆沟结构示意图如图3-7所示
回填土（石）方工程量	通信管道工程回填工程量	挖管道沟与人孔坑土方量之和-（管道建筑体积（基础、管群、包封）+人孔建筑体积）	
	埋式光（电）缆沟土石方回填量	埋式光（电）缆沟土石方回填量与开挖量相等	光（电）缆体积可以忽略不计

续表

计算项目	子项	计算方法或统计规则	备注
通信管道余土方工程量		管道建筑体积（基础、管群、包封）+人孔建筑体积	

通信人孔设计示意图如图 3-3 所示。

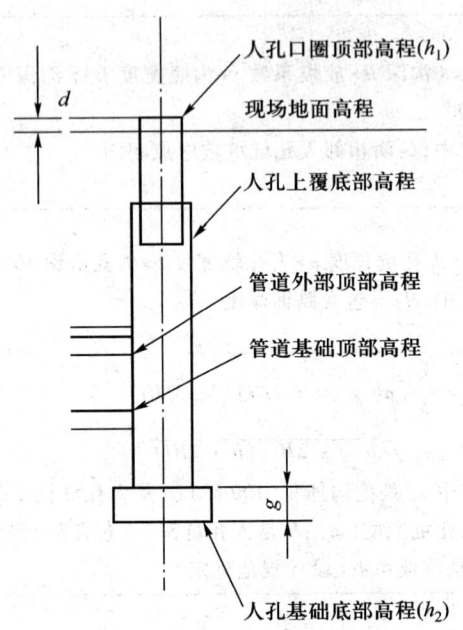

图 3-3　通信人孔设计示意图

管道沟挖深和通信管道设计示意图如图 3-4、图 3-5 所示。

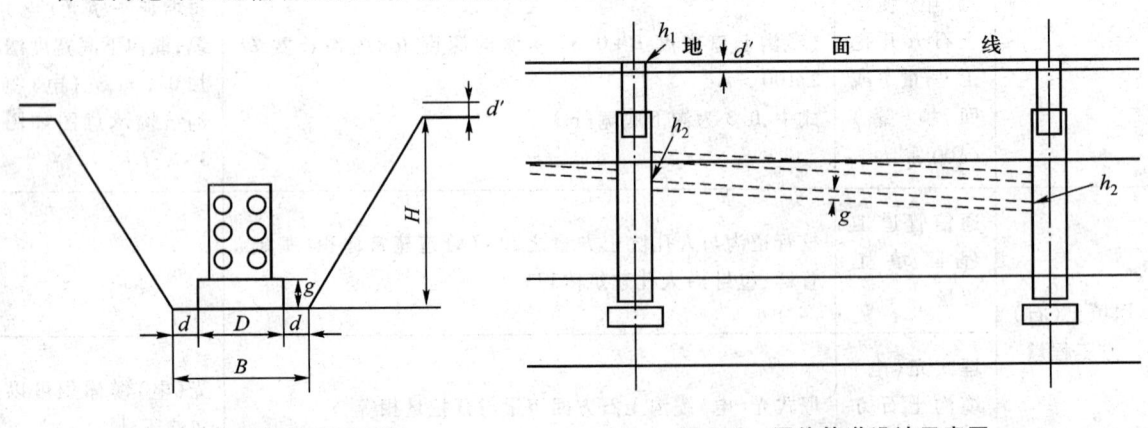

图 3-4　管道沟挖深示意图　　　　图 3-5　通信管道设计示意图

> - 由于管道沟是由一端向另一端倾斜,即管道沟并非水平,因此,计算时要计算两端沟深的平均值,然后再减去路面厚度。

人孔坑设计示意图如图 3-6 所示。

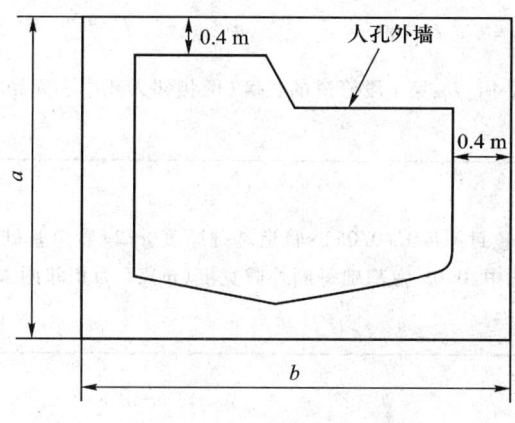

图 3-6 人孔坑设计示意图

光(电)缆沟结构示意图如图 3-7 所示。

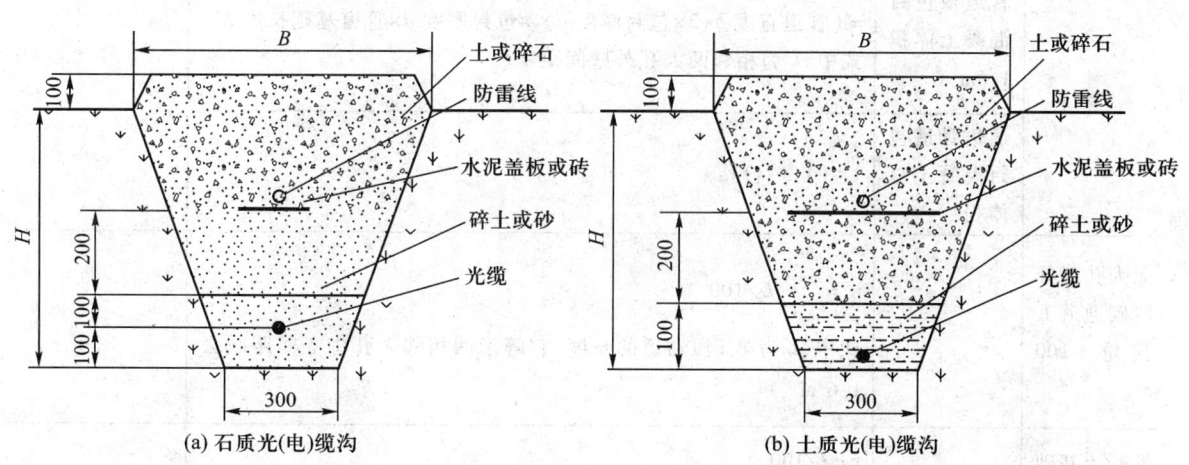

图 3-7 光(电)缆沟结构示意图

2. 通信管道工程

通信管道工程工程量计算规则如表 3-3 所示。

表 3-3 通信管道工程工程量计算规则

计算项目	子项	计算方法或统计规则	备注
混凝土管道基础工程量（100m）		$N = \sum_{1}^{m} L_i/100$ 式中，L_i：第 i 段管道基础的长度（m）	分别按管群组合系列计算工程量
铺设水泥管道工程量（100 m）		$n = \sum_{1}^{m} L_i/100$ 式中，L_i：第 i 段管道的长度（两相邻人孔中心间距）（m）	铺设钢管、塑料管道的工程分别按管群组合系列计算工程量
通信管道包封混凝土工程量（m³）	管道基础侧包封混凝土体积 V_1（m³）	（包封厚度 d−0.05）×管道基础厚度 g×2×管道基础长度 L 式中，0.05 为基础每侧外露宽度（m）；L 为相邻两人孔外壁间距	管道包封示意图如图 3-8 所示
	管道基础以上管群侧包封混凝土体积 V_2（m³）	2×包封厚度 d×管群侧高 H×管道基础长度 L	
	管道顶包封混凝土体积 V_3（m³）	=（管道宽度 b+2×包封厚度 d）×包封厚度 d×管道基础长度 L 式中，L 为相邻两人孔外壁间距	
	通信管道包封混凝土总体积	$V = (V_1 + V_2 + V_3)$	
无人孔部分砖砌通道工程量（100 m）		$n = \sum_{1}^{m} L_i/100$ 式中，L_i 为第 i 段通道的长度，它等于两相邻人孔中心间距减去 1.6 m	
混凝土基础加筋工程量（100 m）		$n = L/100$ 式中，L 为除管道基础两端 2 m 以外的需加钢筋的管道基础长度（m）	

通信管道包封示意图如图 3-8 所示。

3．光（电）缆敷设

光（电）缆敷设计算规则如表 3-4 所示。

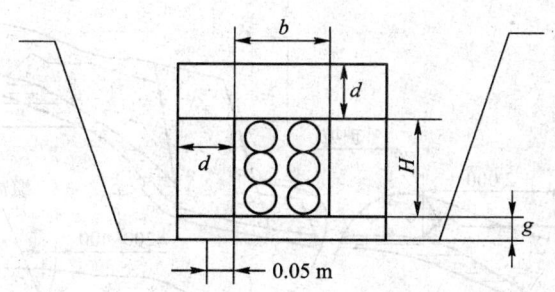

图 3-8 管道包封示意图

表 3-4 光(电)缆敷设计算规则

计算项目	计算方法或统计规则	备注
敷设光缆长度	施工丈量长度×(1+K‰)+设计预留 式中,K 为自然弯曲系数,埋式光缆 K=7;管道和架空光缆 K=5	理解敷设光缆长度和光缆使用长度的区别
光缆使用长度	敷设长度(1+σ‰) 式中,σ 为光缆损耗率,埋式光缆 σ=5;架空光缆 σ=7;管道光缆 σ=15	
槽道、槽板、室内通道敷设光缆工程量(百米条)	$N = \sum_{1}^{k} L_i n_i / 100$ 式中,L_i:第 i 段内光缆的长度(m);n_i 为第 i 段内光缆的条数(条)	
整修市话线路移挂电缆工程量(档)	n=L/40 式中,L 为架空移挂电缆路由长度(m);40 为市话杆路杆距(m)	

4. 光(电)缆保护与防护

(1) 护坎

护坎示意图如图 3-9 所示。

护坎工程量:

$$V = 护坎高度 \times 护坎平均厚度 \times 护坎平均宽度 \quad (3-1)$$

式中,V 为护坎体积(m³);护坎高度为地面以上坎高与光缆沟深的和。

注:护坎土方量按"石砌"、"三七土"分别计算工程量。

(2) 护坡工程量:

$$V = 护坡高 \times 护坡宽 \times 平均厚度 \quad (3-2)$$

式中,V 为护坡体积(m³)。

(3) 堵塞

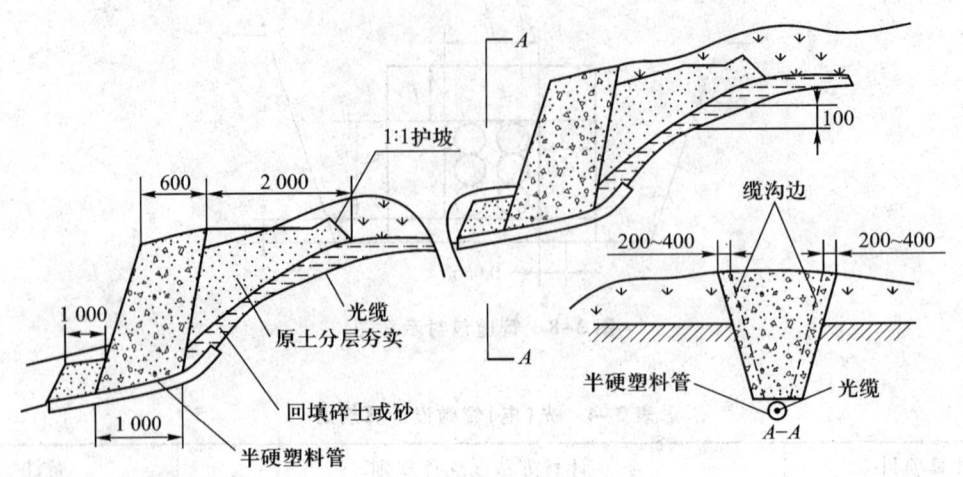

图3-9 护坎示意图

光(电)缆沟堵塞示意图如图3-10所示。

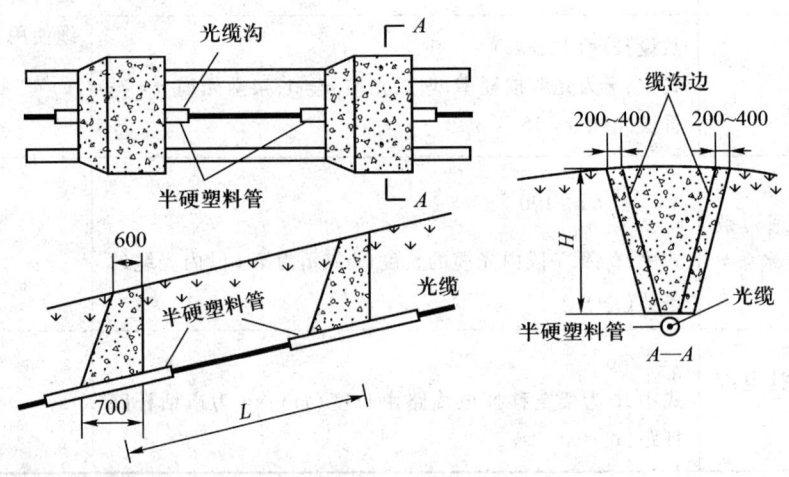

图3-10 光(电)缆沟堵塞示意图

单个堵塞工程体工程量:

$$V = 光缆沟深 \times 堵塞平均厚 \times 堵塞平均宽 \tag{3-3}$$

式中,V 为堵塞体积(m^3)。

(4) 水泥砂浆封石沟

水泥砂浆封石沟示意图如图3-11所示。

水泥砂浆封石沟工程量:

$$V = 封石沟水泥砂浆浆厚 h \times 封石沟宽 a \times 封石沟长度 L \tag{3-4}$$

式中,V 为水泥砂浆封石沟体积(m^3)。

(5) 漫水坝

漫水坝示意图如图3-12所示。

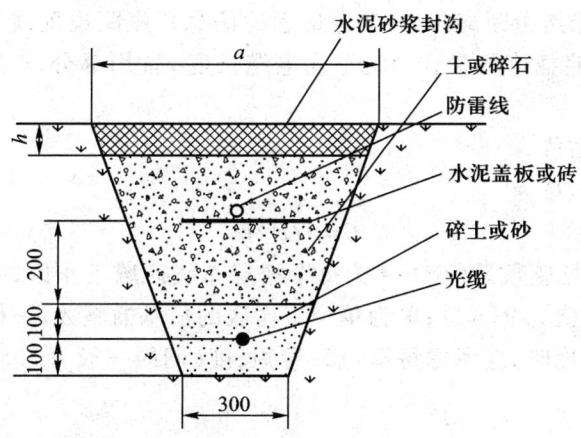

图 3-11 水泥砂浆封石沟示意图

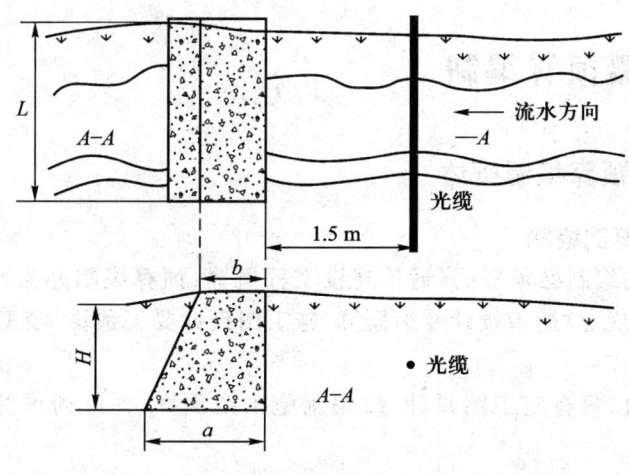

图 3-12 漫水坝示意图

漫水坝工程量：

$V = $ 漫水坝坝高 $H \times$ 漫水坝长 $L \times ($漫水坝脚厚度 $a +$ 漫水坝顶厚度 $b)/2$ (3-5)

式中，V 为漫水坝体积（m^3）。

5. 综合布线工程

（1）水平子系统布放缆线

水平子系统布放缆线示意图如图 3-13 所示。

水平子系统布放缆线工程量为

$$S = [0.5 \times (F+N) + 0.5 \times (F+N) \times 10\% + b] \times C$$
$$= [0.55 \times (F+N) + b] \times C \quad (3-6)$$

式中，S 为每楼层的布线总长度（m）；F 为最远的信息插

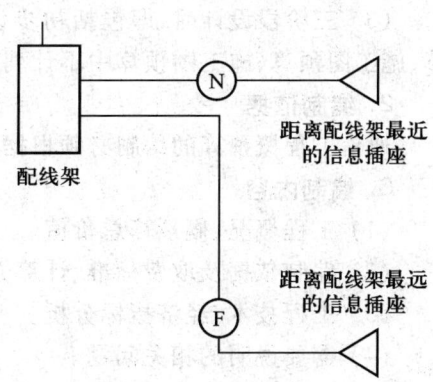

图 3-13 水平子系统布放缆线示意图

座距离配线间的最大可能路由距离(m);N 为最近的信息插座距离配线间的最大可能路由距离(m);C 为每个楼层的信息插座数量;0.55:平均电缆长度+备用部分;b 为端接容差,常数(主干采用15;配线采用6)。

(2) 信息插座数量估值

每个楼层信息插座数量为

$$C = A/P \times W \tag{3-7}$$

式中,C 为每个楼层信息插座数量(个);A 为每个楼层布线区域工作区的面积(m^2);P 为单个工作区所辖的面积,一般取值为 9(m^2);W 为单个工作区的信息插座数,一般为 1~4个。

注:计算订购线缆长度时,应考虑每箱(盘、卷)长度(网线一般为 305 m)。

重点掌握

- 熟练掌握通信线路及管道的计算规则。

3.3 通信工程概预算编制

3.3.1 通信工程概预算编制概述

1. 设计阶段概预算的编制

通信工程概预算的编制必须根据《通信建设工程概算、预算编制办法》(工信部规[2008]75号)的要求进行。我国规定:初步设计要编概算,施工图设计要编预算,竣工要编结(决)算。

具体如下:

(1) 一阶段设计时,只有施工图设计,仅编制施工图预算,并计列预备费、投资贷款利息等费用。

(2) 二阶段设计时,即包括初步设计和施工图设计,分别编制设计概算、施工图预算,施工图预算中不计列预备费。

(3) 三阶段设计时,即包括初步设计、技术设计和施工图设计,分别编制设计概算、修正概算、施工图预算,施工图预算中不计列预备费。

2. 编制依据

通信工程概预算的编制必须根据相关规定进行,主要依据参见本书第 2 章。

3. 编制内容

(1) 工程概况、概预算总价值。

(2) 编制依据及取费标准、计算方法的说明。

(3) 工程技术、经济指标分析。

(4) 需要说明的相关问题。

4. 编制程序

(1) 熟悉设计图纸、收集资料。

(2) 套用定额、计算工程量。

(3）选用设备、器材及价格。
(4）计算各种费用。
(5）复核。
(6）写编制说明。
(7）审核出版。

5. 编制要求及表格组成

（1）对通信建设工程应采用实物工程量法,按单项（或单位）工程和工程量计算规则进行编制。

（2）概预算表组成：

表一：《工程概预算总表》,供编制建设项目总费用使用。
表二：《建筑安装工程费用概预算表》,供编制建安费使用。
表三甲：《建筑安装工程量概预算表》,供编制建安工程量使用。
表三乙：《建筑安装工程机械使用费概预算表》,供编制建安机械台班费使用。
表三丙：《建筑安装工程仪器仪表使用费概预算表》,供编制建安仪器仪表台班费使用。
表四甲：《国内器材概预算表》,供编制设备费、器材费使用。
表四乙：《引进器材概预算表》,供编制引进设备费、器材费使用。
表五甲：《工程建设其他费概预算表》,供编制工程建设其他费使用。
表五乙：《引进设备工程建设其他费概预算表》,供编制引进工程建设其他费使用。

3.3.2 通信工程预算编制注意事项

1. 定额手册注意事项

（1）总说明部分

① 通信建设工程预算定额是在国家标准的基础上制定出来的,是通信行业标准。
② 通信建设工程实行"控制量"、"量价分离"、"技普分开"的原则。
③ 主要材料中已包括使用量和规定的损耗量,但不包括预留量,特别是光缆、电缆。
④ 辅材按主材的系数取定,便于编制。成套引进设备的工程,不计取此项。
⑤ 工日的内容包括工种间交叉配合,临时移动水电,设备调测,超高搬运,施工现场范围内的器材运输及配合质量检验等。
⑥ 生产准备费计入企业运营费（维护费）,不得计入工程费。
⑦ 土建、机房改造及装修的费用,一般不计入通信工程费。

（2）手册说明

① 拆除系数的取定：通常,设备工程按保护性取定；线路工程要根据实际情况,或按保护性,或按破坏性取定。
② 对不能构成台班的"其他机械费"都包含在费用定额中的"生产工具使用费"内。

（3）章节说明

① 每章节的要求。
② 有关定额所包含的工作内容及工程量计算规则。
③ 每节的注释,要特别留意。

2. 合同规定注意事项

在实际工程建设过程中,工程预算的内容很多是根据工程建设方和工程相关方的合同约定来确定的。主要体现在:

(1) 工程量由建设方和工程施工方双方认定。
(2) 设备及器材价格由建设方和供货方双方商定。
(3) 工程费用标准由建设方和工程施工方双方商定。
(4) 其他费用由双方商定,如工程勘察设计费、工程监理费等。
(5) 相关费用不符合定额规定,要做出相应说明。

3.3.3 通信工程概预算编制方法

- 在编制通信工程预算前,一要识懂工程设计图纸;二要清楚工程预算书中表与表之间的关系。

下面按照《通信建设工程概算、预算编制办法》(工信部规[2008]75号)的要求,说明通信工程概预算编制的方法。

1. 预算说明的编制

(1) 概述

按照不同的专业分别说明。主要内容包括:工程名称;工程地点;用户需求及工程规模;采用的安装方式;预算总值;投资分析等。

(2) 编制依据

依据主要包括:委托书;采用的定额和取费标准;设备及器材价格;政府及相关部门的规定;文件及合同;建设单位的规定等。

(3) 需要说明的问题

主要包括与工程相关的一些特殊问题。

2. 概预算表格的填写

通信工程预算文件共有五种表格十张表,表三甲是工程量表,只要确定了工程量,表三乙的机械台班量,表三丙的仪器仪表使用费,表四的设备和器材量也就明确了。在确定了工程量、器材价格和台班价格后,表二的工程安装费也就能计算出来,加上表四中实际安装的设备费用,就构成了工程费,再加上计算出来的工程建设其他费、预备费和建设期利息,最后就算出这项工程的总预算费用了。因此,通常填写顺序为表三、表四、表二、表五、表一,下面按此顺序说明表格填写方法。

表格标题、表首填写说明:各类表格的标题"　　"应根据编制阶段填写"概"或"预";表格的表首填写具体工程的相关内容。

具体表格填写方法如下:

(1) 表三甲(工程量表)

表三甲如表3-5所示。

表 3-5　建筑安装工程量____算表（表三）甲

工程名称：　　　　　建设单位名称：　　　　　表格编号：　　　　　第　　页

序号	定额编号	项目名称	单位	数量	单位定额值（工日）		合计值（工日）	
					技工	普工	技工	普工
Ⅰ	Ⅱ	Ⅲ	Ⅳ	Ⅴ	Ⅵ	Ⅶ	Ⅷ	Ⅸ

设计负责人：　　　　审核：　　　　编制：　　　　编制日期：　年　月

① 表三甲填写说明
- 本表供编制工程量,并计算技工和普工总工日数量使用。
- 第Ⅱ栏根据《通信建设工程预算定额》,填写所套用预算定额子目的编号。若没有相关的子目,则需临时估列工作内容子目,在本栏中标注"估列"两字;两项以上"估列"条目,应编估列序号。
- 第Ⅲ、Ⅳ栏根据《通信建设预算定额》分别填写所套定额子目的名称、单位。
- 第Ⅴ栏填写根据定额子目的工作内容并依据图纸所计算出的工程量数值。
- 第Ⅵ、Ⅶ栏填写所套定额子目的工日单位定额值。
- 第Ⅷ栏为第Ⅴ栏与第Ⅵ栏的乘积。
- 第Ⅸ栏为第Ⅴ栏与第Ⅶ栏的乘积。

② 表三甲的填写要求

填写表三甲的核心问题是工程量的统计和预算定额的查找,工程量统计要认真、准确,查找定额要坚持三要素,即找对子目、看好单位、有无额外说明。具体内容：
- 预算定额是确定工程中人工、材料、机械台班和仪器仪表使用合理消耗量的标准,是确定工程造价的依据。它是国家或行业标准,具有法令性,不得随意调整。根据项目名称,套准定额。高套、错套、重套都是不对的。

对没有预算定额的项目,可套用近似的定额标准或相关行业的定额标准。如无参照标准,可让工程管理部门或工程设计部门提供补充或临时定额暂供执行。待相关管理部门制定的定额标准下达后,再按上级定额标准执行。这类问题主要出现在设备安装工程中,因为设备更新快,定额制定跟不上需要造成的。
- 计量单位是确定工程量计量的标准,工程量计取时要准确使用计量单位。
- 工程量是工程预算中安装费组成的基础。工程量不实,就无法计算出准确的工程造价。工程量的多少是根据勘察结果和依据工程施工图纸计算出来的,多计或少计都是错误的。应按每章、每节说明和工程量计算规则要求完成。

③ 表中应注意的问题
- 工程量的计算应按工程量计算规则进行。要特别注意在通信线路工程中,施工测量长度

<光电缆敷设长度<光电缆材料长度。
- 手工填表时,注意计量单位、定额标准是否写错,注意小数点。
- 扩建系数的取定是指在原设备上扩大通信能力,并需要带电作业,采取保安措施的预算工日才能计取。
- 各种调整系数只能相加,不能连乘。
- 在设备采购合同中如果包括了设备安装工程中的安装、调测等项费用,在工程设计中不得重复计列。成套设备安装工程中有许多类似的情况,应特别注意。

（2）表三乙（机械台班表）

表三乙如表3-6所示。

表3-6 建筑安装工程机械使用费____算表（表三）乙

工程名称：　　　　　建设单位名称：　　　　　表格编号：　　　　　第　　页

序号	定额编号	项目名称	单位	数量	机械名称	单位定额值		合计值	
						数量(台班)	单价(元)	数量(台班)	合价(元)
Ⅰ	Ⅱ	Ⅲ	Ⅳ	Ⅴ	Ⅵ	Ⅶ	Ⅷ	Ⅸ	Ⅹ

设计负责人：　　　　　审核：　　　　　编制：　　　　　编制日期：　　年　　月

① 表三乙填表说明
- 本表供编制本工程所列的机械费用汇总使用。
- 第Ⅱ、Ⅲ、Ⅳ和Ⅴ栏分别填写所套用定额子目的编号、名称、单位,以及该子目工程量数值。
- 第Ⅵ、Ⅶ栏分别填写定额子目所涉及的机械名称及此机械台班的单位定额值。
- 第Ⅷ栏填写根据《通信建设工程施工机械、仪表台班费用定额》查找到的相应机械台班单价值。
- 第Ⅸ栏填写第Ⅶ栏与第Ⅴ栏的乘积。
- 第Ⅹ栏填写第Ⅷ栏与第Ⅸ栏的乘积。

② 表三乙的填写要求
- 根据国家关于机械台班费编制办法规定,机械台班费由两类费用组成：一类费用（折旧费、大修理费、经常修理费、安拆费）是不变费用,全国统一的。而二类费用（人工费、燃料动力费、养路费及车船税）是个可变费用,可由各省或行业确定。
- 本地网工程的台班单价,由建设单位确定。

③ 表中应注意的问题
- 定额标准是否写错。
- 机械台班单价是否有错。

（3）表三丙（仪器仪表使用费）

表三丙如表3-7所示。

表3-7　建筑安装工程仪器仪表使用费____算表（表三）丙

工程名称：　　　　建设单位名称：　　　　表格编号：　　　　第　　页

序号	定额编号	项目名称	单位	数量	仪表名称	单位定额值		合计值	
						数量（台班）	单价（元）	数量（台班）	合价（元）
Ⅰ	Ⅱ	Ⅲ	Ⅳ	Ⅴ	Ⅵ	Ⅶ	Ⅷ	Ⅸ	Ⅹ

设计负责人：　　　　审核：　　　　编制：　　　　编制日期：　　年　　月

① 表三丙填写说明
- 本表供编制本工程所列的仪表费用汇总使用。
- 第Ⅱ、Ⅲ、Ⅳ和Ⅴ栏分别填写所套用定额子目的编号、名称、单位，以及该子目工程量数值。
- 第Ⅵ、Ⅶ栏分别填写定额子目所涉及的仪表名称及此仪表台班的单位定额值。
- 第Ⅷ栏填写根据《通信建设工程施工机械、仪表台班费用定额》查找到的相应仪表台班单价值。
- 第Ⅸ栏填写第Ⅶ栏与第Ⅴ栏的乘积。
- 第Ⅹ栏填写第Ⅷ栏与第Ⅸ栏的乘积。

② 表三丙的填写要求
- 根据国家关于仪器仪表使用费编制办法规定，仪器仪表台班费是由两类费用组成：一类费用（折旧费、经常修理费）是不变费用，全国统一的。而二类费用（人工费、年检费）是个可变费用，可由各省或行业确定。
- 通信工程的仪器仪表使用费单价，按工信部规[2008]75号文执行。

③ 表中应注意的问题
- 定额标准是否写错。
- 仪器仪表台班单价是否有错。

（4）表四（器材、设备表）

表四甲用于国内器材、设备，如表3-8所示。

表 3-8　国内器材____算表(表四)甲
(　　　　)表

工程名称:　　　　　建设单位名称:　　　　　表格编号:　　　　　第　　页

序号	名称	规格程式	单位	数量	单价(元)	合计(元)	备注
Ⅰ	Ⅱ	Ⅲ	Ⅳ	Ⅴ	Ⅵ	Ⅶ	Ⅷ

设计负责人:　　　　　审核:　　　　　编制:　　　　　编制日期:　　年　　月

① 表四甲填表说明
 • 本表供编制本工程的主要材料、设备和工器具的数量和费用使用。
 • 表格标题下面括号内根据需要填写主要材料或需要安装的设备或不需要安装的设备、工器具、仪表。
 • 第Ⅱ、Ⅲ、Ⅳ、Ⅴ、Ⅵ栏分别填写主要材料或需要安装的设备或不需要安装的设备、工器具、仪表的名称、规格程式、单位、数量、单价。
 • 第Ⅶ栏填写第Ⅵ栏与第Ⅴ栏的乘积。
 • 第Ⅷ栏填写需要说明的有关问题。
 • 依次填写需要安装的设备或不需要安装的设备、工器具、仪表之后,还需计取的费用包括:小计、运杂费、运输保险费、采购及保管费、采购代理服务费、合计。
 • 用于主要材料表时,应将主要材料分类后按小计、运杂费、运输保险费、采购及保管费、采购代理服务费、合计计取相关费用,然后进行总计。

表四乙用于引进器材、设备,如表 3-9 所示。

表 3-9　引进器材____算表(表四)乙
(　　　　)表

工程名称:　　　　　建设单位名称:　　　　　表格编号:　　　　　第　　页

序号	中文名称	外文名称	单位	数量	单价		合价	
					外币( )	折合人民币(元)	外币( )	折合人民币(元)
Ⅰ	Ⅱ	Ⅲ	Ⅳ	Ⅴ	Ⅵ	Ⅶ	Ⅷ	Ⅸ

设计负责人:　　　　　审核:　　　　　编制:　　　　　编制日期:　　年　　月

② 表四乙填表说明
• 本表供编制引进工程的主要材料、设备和工器具的数量和费用使用。
• 表格标题下面括号内根据需要填写引进主要材料或引进需要安装的设备或引进不需要安装的设备、工器具、仪表。
• 第Ⅵ、Ⅶ、Ⅷ和Ⅸ栏分别填写外币金额及折算人民币的金额,并按引进工程的有关规定填写相应费用。其他填写方法与(表四)甲基本相同。
③ 表四的填写要求
• 通信工程中器材、设备价格是实际价,而不是按预算价确定的,一般采用办法是:国内的以国家有关部委规定的出厂价(调拨价)或指定的交货地点的价格为原价。地方材料按当地主管部门规定的出厂价或指定的交货地点的价格为原价。市场物资,按当地商业部门规定的批发价为原价。引进的无论从何国引进的,一律以到岸价(CIF)的外币折成人民币价为原价。
• 目前,通信建设工程中的器材、设备一般都是由建设单位的相关部门统一采购和管理,而且设备、器材中绝大多数都是可以直接送达到指定的施工集配地点,所以在预算表中:在通信设备安装工程中,可以以中标厂家或代理商在供货合同中所签订的价格为准。如是以出厂价或指定的交货地点(非施工集配地点)的价格为原价,可另加相关费用。在通信线路工程中,一般对工程采用的是施工单位包清工,建设单位提供器材的方式进行的。这样可以以建设单位供应部门提供的器料清单及合同采购价格为准,可另加相关费用。在通信管道工程中,由于地方材料价格各地区不同的原因,对工程可采用施工单位包工包料的方式进行,所以对水泥、钢材、木材、沙石、砖、石灰等地方材料的价格,原则上可按当地工程造价部门公布的《工程造价信息》和建设单位招标的价格为准,另加采保费,包干使用,不再计取其他三项费用。
• 通过招标方式来采购器材、设备的,应按照与中标厂(商)家签订的合同价为准。
④ 表中应注意的问题
• 对于利旧的设备及器材,不但要列出数量,而且还要列出重估价值。
• 表中的设备、器材数量应与表三甲的工程量相对应,多供或少供都不合理。对于光(电)缆,工程实际用料=图纸净值+自然伸缩量+接头损耗量+引上用量+盘留量。
• 计量单位、定额标准、单价是否写错,注意小数点。
• 引进设备:无论从何国引进的,一律以到岸价(CIF)的外币折成人民币价为原价。引进设备的税费,应按国家或有关部门的规定计取。
• 对不需要安装的设备、工器具要到现场进行落实,列出清单。
(5) 表二(建安费)
表二用来计算建筑安装工程费,建筑安装工程费包含内容及各项费用的计算方法参见本书附录1,表二如表3-10所示。

表 3-10 建筑安装工程费用____算表(表二)

工程名称：　　　　　建设单位名称：　　　　　表格编号：　　　　　第　　页

序号	费用名称	依据和计算方法	合计（元）	序号	费用名称	依据和计算方法	合计（元）
Ⅰ	Ⅱ	Ⅲ	Ⅳ	Ⅰ	Ⅱ	Ⅲ	Ⅳ
	建筑安装工程费			8	夜间施工增加费		
一	直接费			9	冬雨季施工增加费		
(一)	直接工程费			10	生产工具用具使用费		
1	人工费			11	施工用水电蒸气费		
(1)	技工费			12	特殊地区施工增加费		
(2)	普工费			13	已完工程及设备保护费		
2	材料费			14	运土费		
(1)	主要材料费			15	施工队伍调遣费		
(2)	辅助材料费			16	大型施工机械调遣费		
3	机械使用费			二	间接费		
4	仪表使用费			(一)	规费		
(二)	措施费			1	工程排污费		
1	环境保护费			2	社会保障费		
2	文明施工费			3	住房公积金		
3	工地器材搬运费			4	危险作业意外伤害保险费		
4	工程干扰费			(二)	企业管理费		
5	工程点交、场地清理费			三	利润		
6	临时设施费			四	税金		
7	工程车辆使用费						

设计负责人：　　　　审核：　　　　编制：　　　　编制日期：　　年　　月

① 表二填写说明
* 本表供编制建筑安装工程费使用。
* 第Ⅲ栏根据《通信建设工程费用定额》相关规定，填写第Ⅱ栏各项费用的计算依据和方法。
* 第Ⅳ栏填写第Ⅱ栏各项费用的计算结果。

② 表二的填写要求
* 本地网工程在预算时，可按人工标准计费单价方式进行取费；也可以根据工程量单价法，按技工、普工的工日综合价（建设方与施工方合同约定）分别来计取。
* 根据《通信建设工程概算、预算编制办法》规定：本办法所规定的计费标准均为上限。

- 措施费、企业管理费、利润属于指导性费用,实施时可下浮。
- 营业税单列出。

③ 表中应注意的问题
- 取费时要明确是按人工标准计费单价方式取费还是按人工综合价方式取费;按人工标准计费单价方式取费时,要明确取费的项目。

(6)表五(工程建设其他费)

表五甲用于计算国内工程的工程建设其他费,工程建设其他费的内容及计算方法参见本书附录1,表五甲如表3-11所示,表五乙用于引进工程如表3-12所示。

表 3-11　工程建设其他费____算表(表五)甲

工程名称:　　　　建设单位名称:　　　　表格编号:　　　　第　　页

序号	费用名称	计算依据及方法	金额(元)	备注
Ⅰ	Ⅱ	Ⅲ	Ⅳ	Ⅴ
1	建设用地及综合赔补费			
2	建设单位管理费			
3	可行性研究费			
4	研究试验费			
5	勘察设计费			
6	环境影响评价费			
7	劳动安全卫生评价费			
8	建设工程监理费			
9	安全生产费			
10	工程质量监督费			
11	工程定额测定费			
12	引进技术及引进设备其他费			
13	工程保险费			
14	工程招标代理费			
15	专利及专利技术使用费			
16	生产准备及开办费(运营费)			
	总　计			

设计负责人:　　　审核:　　　编制:　　　编制日期:　　年　月

① 表五甲填写说明
- 本表供编制国内工程计列的工程建设其他费使用。
- 第Ⅲ栏根据《通信建设工程费用定额》相关费用的计算规则填写。
- 第Ⅴ栏根据需要填写补充说明的内容事项。

② 表五乙填写说明

- 本表供编制引进工程计列的工程建设其他费。
- 第Ⅲ栏根据国家及主管部门的相关规定填写。
- 第Ⅳ、Ⅴ栏分别填写各项费用所需计列的外币与人民币数值。
- 第Ⅵ栏根据需要填写补充说明的内容事项。

表 3-12　引进设备工程建设其他费用____算表（表五）乙

工程名称：　　　　　建设单位名称：　　　　　表格编号：　　　第　页

序号	费用名称	计算依据及方法	金额		备注
			外币（ ）	折合人民（元）	
Ⅰ	Ⅱ	Ⅲ	Ⅳ	Ⅴ	Ⅵ

设计负责人：　　　审核：　　　编制：　　　编制日期：　年　月

③ 表五填写要求
- 表中有多项指标与政府政策规定有关，参见通信工程概预算配套文件。
- 其他费应根据实际情况由双方商定，但必须要有依据，并列出清单。

(7) 表一（工程概预算总表）

表一如表 3-13 所示。

表 3-13　工程____算总表（表一）

建设项目名称：
项目名称：　　　　　建设单位名称：　　　　　表格编号：　　　第　页

序号	表格编号	费用名称	小型建筑工程费	需要安装的设备费	不需要安装的设备、工器具费	建筑安装工程费	其他费用	预备费	总价值	
					（元）				人民币（元）	其中外币（ ）
Ⅰ	Ⅱ	Ⅲ	Ⅳ	Ⅴ	Ⅵ	Ⅶ	Ⅷ	Ⅸ	Ⅹ	Ⅺ

设计负责人：　　　审核：　　　编制：　　　编制日期：　年　月

① 表一填写说明
- 本表供编制单项（单位）工程概算（预算）使用。

- 表首"建设项目名称"填写立项工程项目全称。
- 第Ⅱ栏根据本工程各类费用概算(预算)表格编号填写。
- 第Ⅲ栏根据本工程概算(预算)各类费用名称填写。
- 第Ⅳ—Ⅷ栏根据相应各类费用合计填写。
- 第Ⅹ栏为第Ⅳ~Ⅸ栏之和。
- 第Ⅺ栏填写本工程引进技术和设备所支付的外币总额。
- 当工程有回收金额时,应在费用项目总计下列出"其中回收费用",其金额填入第Ⅷ栏。此费用不冲减总费用。

② 表一填写要求
- 根据工程价款结算办法规定:非承包的通信工程项目的总费用,在结算时应该据实,也就是说它只包括工程费和工程建设其他费两项,不再包括预备费。

完成以上内容,单项通信工程预算书的编制完成。

(8) 汇总表

如果通信工程包含多项单项工程,还要填写汇总表,如表3-14所示。

表3-14 建设项目总____算表(汇总表)

建设项目名称:　　　　　建设单位名称:　　　　　表格编号:　　　　第　页

序号	表格编号	工程名称	小型建筑工程费	需要安装的设备费	不需安装的设备、工器具费	建筑安装工程费	其他费用	预备费	总价值		生产准备及开办费
			(元)						人民币(元)	其中外币( )	(元)
Ⅰ	Ⅱ	Ⅲ	Ⅳ	Ⅴ	Ⅵ	Ⅶ	Ⅷ	Ⅸ	Ⅹ	Ⅺ	Ⅻ

设计负责人:　　　审核:　　　编制:　　　编制日期:　年　月

汇总表填写说明:

① 本表供编制建设项目总概算(预算)使用,建设项目的全部费用在本表中汇总。

② 第Ⅱ栏根据各工程相应总表(表一)编号填写。

③ 第Ⅲ栏根据建设项目的各工程名称依次填写。

④ 第Ⅳ~Ⅸ栏根据工程项目的概算或预算(表一)相应各栏的费用合计填写。

⑤ 第Ⅹ栏为第Ⅳ~Ⅸ栏的各项费用之和。

⑥ 第Ⅺ栏填写以上各列费用中以外币支付的合计。

⑦ 第Ⅻ栏填写各工程项目需单列的"生产准备及开办费"金额。

⑧ 当工程有回收金额时,应在费用项目总计下列出"其中回收费用",其金额填入第Ⅷ栏。此费用不冲减总费用。

- 预算表格的填写方法及相关注意事项。

3.4 通信工程概预算编制实例

3.4.1 ××线路整改单项工程一阶段设计施工图预算

1. 已知条件

(1) 本工程为××线路整改单项工程,自 P28 沿新建厂房围墙新敷设一条直埋光缆至 P32,并分别在 P28、P32 新建接头,对原光缆进行割接;本设计为一阶段施工图设计。

(2) 设计图纸及说明

① ××线路整改光缆施工图如图 3-14 所示。

② 拆除一条 8 芯架空光缆,敷设一条埋式光缆并铺管保护,保护管按路由长度计算,不再计取损耗。

③ 拆除 P29、P30、P31 三根 7.5 m 电杆及其上 7/2.2 吊线。

④ P28、P32 电杆处装设拉线、引上钢管、穿放引上光缆并进行铺砖保护。

⑤ P28、P32 电杆处新建接头并进行割接。

⑥ 直埋光缆上铺设防雷线。

⑦ 直埋光缆线路上埋设标石。

(3) 施工企业距施工现场 20 km。

(4) 本工程"勘察设计费"协商给定 3 500 元,不计取"建设用地及综合赔补费"、"可行性研究费"、"研究试验费"、"环境影响评价费"、"劳动安全卫生评价费"、"工程质量监督费"、"工程定额测定费""引进技术及引进设备其他费"、"工程保险费"、"工程招标代理费"、"专利及专利技术使用费"。

(5) 主材运距均在 100 km 范围内。

(6) 主材原价按××市电信管理局物资处编制的《电信建设工程概算、预算常用电信器材基础价格目录》取定。主材单价表如表 3-15 所示。

2. 工程量统计

在编制概预算填写表格时,一般先要按照图纸进行工程量统计,所谓工程量统计,简单讲就是在工程中要做什么,做了多少,对工程预算至关重要,计算过程中一定要认真、仔细,本工程主要工程量计算及其说明如下:

(1) 光缆施工测量工程量(100 m)

① 直埋光(电)缆工程施工测量工程量:数量 = 450 m = 4.5(100 m)。

说明:数量等于光缆路由的丈量长度。

② 架空光(电)缆工程施工测量工程量:数量 = 60 m+63 m+61 m+101 m = 285 m = 2.85(100 m)。

说明:数量等于光缆路由的丈量长度,等于图中各段长度的和。

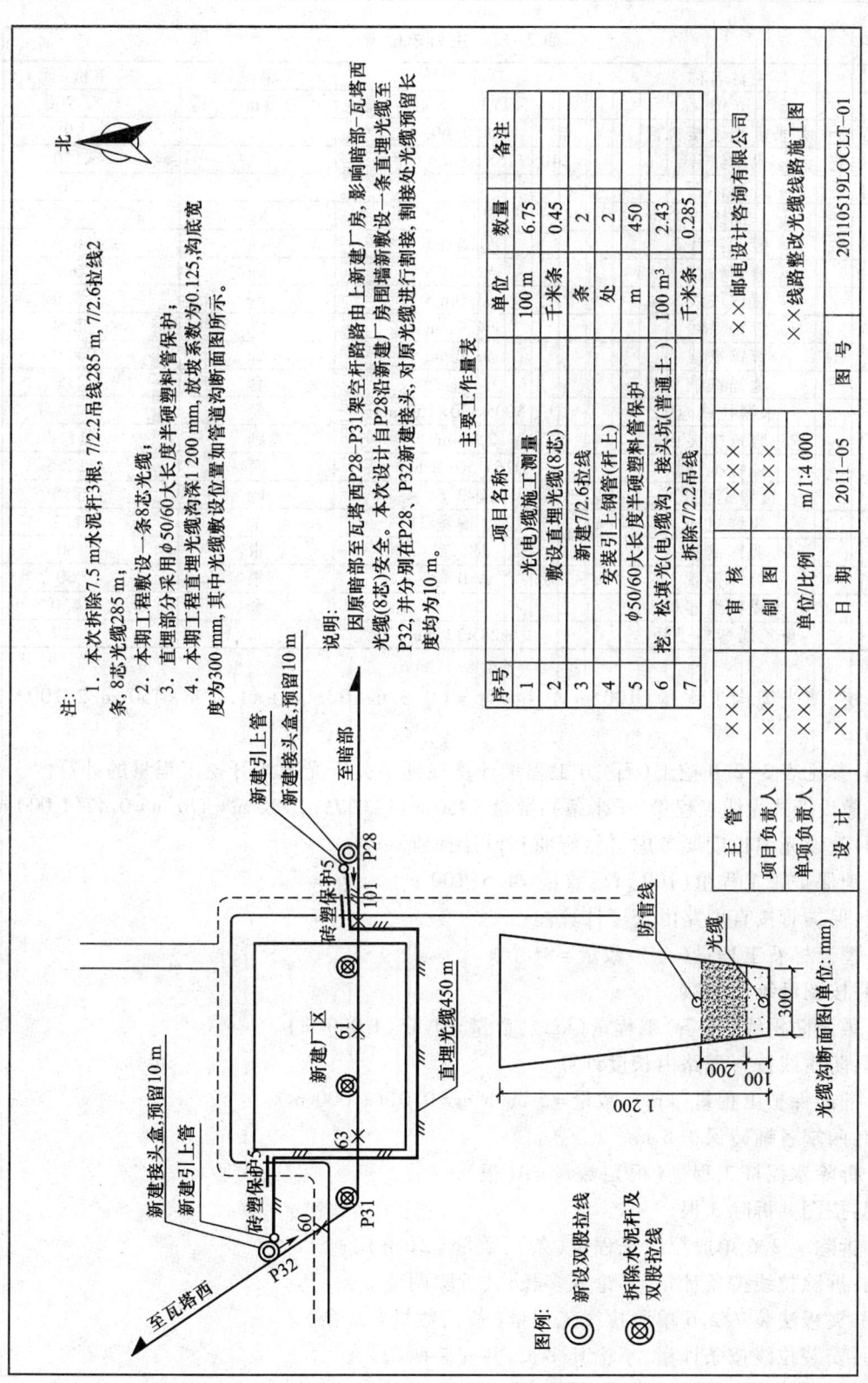

图 3-14 ××线路整改光缆施工图

表 3-15 主材单价表

序号	主材名称	规格型号	单位	单价(元)
1	光缆	GYTS 8 芯	km	2 700
2	大长度半硬塑料管	$\phi 50/60$	m	9
3	机制红砖	240×115×53 mm(甲级)	千块	170
4	普通标石		个	30
5	油漆		kg	5
6	镀锌铁线	$\phi 1.5$mm	kg	8.9
7	镀锌铁线	$\phi 2.0$mm	kg	8.9
8	镀锌铁线	$\phi 3.0$mm	kg	8.9
9	镀锌铁线	$\phi 4.0$mm	kg	8.9
10	镀锌铁线	$\phi 6.0$mm	kg	8.9
11	地锚铁柄		套	35
12	水泥拉线盘	LP 500×300×150 mm	套	28
13	三眼双槽夹板	7.0 mm	副	11.8
14	拉线抱箍	D164 50×8 mm	套	18.5
15	镀锌钢绞线	7/2.6	kg	9.5
16	拉线衬环	5 股(槽宽 21)	个	1.2
17	镀锌钢管	$\phi 80$ 直	根	60
18	镀锌钢管	$\phi 80$ 弯	根	60
19	光缆接续器材		套	450
20	聚乙烯塑料子管	$\phi 28 \times 32$ mm	m	2.7

(2) 挖、填光缆沟工程量(100 m³):数量=(0.3 m+0.6 m)×1.2 m×450 m/2/100=2.43 (100 m³)。

说明:参见表 3-2 开挖土(石)方工程量计算规则中关于光缆沟开挖工程量的计算。

(3) 敷设埋式光缆工程量(千米条):数量=450 m(1+0.7%)+20 m=470 m=0.47(1 000 m)。

说明:敷设光缆长度要考虑自然弯曲和设计预留。

(4) 铺保护管工程量(100 m):数量=4.5(100 m)。

说明:保护管按直埋路由长度计算。

(5) 埋设标石工程量(个):数量=8(个)。

说明:按图纸统计个数。

(6) 敷设防雷线(单条)工程量(km):数量=0.45(1 000 m)。

说明:防雷线按直埋路由长度计算。

(7) 铺砖保护工程量(km):数量=5 m+5 m=0.01(1 000 m)。

说明:两端各铺砖保护 5 m。

(8) 拆除水泥杆工程量(根):数量=3(根)。

说明:按图共拆除 3 根。

(9) 拆除 7/2.6 单股拉线工程量(条):数量=2(条)。

说明:拆除拉线按条计量,不论其多长,共拆除两条。

(10) 夹板法装 7/2.6 单股拉线工程量(条):数量=2(条)。

说明:安装拉线按条计量,不论其多长,共安装两条。

(11) 安装拉线式电杆地线工程量(条):数量=2(条)。

说明:安装地线按条计量,不论其多长,共安装两条。

(12) 拆除吊线工程量(千米条):数量 = 60 m+63 m+61 m+101 m = 285 m = 0.285(1 000 m)。
说明:按图纸各段长度求和统计。

(13) 拆除架空光缆工程量(千米条):数量 = 60 m+63 m+61 m+101 m = 285 m = 0.285(1 000 m)。
说明:说明:按图纸各段长度求和统计。

(14) 安装引上钢管工程量(条):数量 = 2(条)。
说明:安装引上钢管按条统计,共两条。

(15) 穿放引上光缆工程量(条):数量 = 2(条)。
说明:穿放引上光缆统一按条计量,不论其多长,共两条。

(16) 光缆接续工程量(头):数量 = 2(头)。
说明:两端各一接头,共两头。

(17) 中继段测试工程量(中继段):数量 = 1(中继段)。
说明:按图纸以 1 个中继段计量。

根据以上统计,线路整改单项工程工程量汇总如表 3-16 所示。

表 3-16 线路整改单项工程工程量汇总表

序号	工程量名称	单位	数量
1	直埋光(电)缆工程施工测量	100 m	4.5
2	架空光(电)缆工程施工测量	100 m	2.85
3	挖光缆沟	100 m³	2.43
4	敷设埋式光缆	千米条	0.473
5	铺保护管	100 m	4.5
6	埋设标石工程量	个	8
7	敷设防雷线(单条)	km	0.45
8	拆除水泥杆	根	3
9	拆除 7/2.6 单股拉线	条	2
10	夹板法装 7/2.6 单股拉线	条	2
11	安装拉线式电杆地线	条	2
12	拆除 7/2.2 吊线	千米条	0.285
13	拆除架空光缆	千米条	0.285
14	安装引上钢管	根	2
15	穿放引上光缆	条	2
16	光缆接续	头	2
17	中继段测试	中继段	1
18	铺砖保护	km	0.01

3. 填写表格

确定了工程量,接下来填写相应表格,首先填写表三甲工程量预算表,表三乙工程机械使用费预算表,表三丙仪器仪表使用费预算表,具体方法先按照 3.1.5 通信建设工程预算定额使用方法,根据工程量所涉及的工作查询相应定额,再按照 3.3.3 通信工程概预算编制方法填写、计算表中各项内容,同时将各定额中涉及的器材、设备进行统计,如表 3-17、表 3-18、表 3-19、表 3-20 所示。

表 3-17 建筑安装工程量预算表（表三）甲

工程名称：光缆线路工程
建设单位名称：××电信局
表格编号：0301
第　页

序号	定额编号	项目名称	单位	数量	单位定额值			合计值		
					技工 Ⅵ	普工 Ⅶ	技工 Ⅷ	普工 Ⅸ		
Ⅰ	Ⅱ	Ⅲ	Ⅳ	Ⅴ	Ⅵ	Ⅶ	Ⅷ	Ⅸ		
1	TXL1-001	直埋光(电)缆工程施工测量	100 m	4.5	0.7	0.3	3.15	1.35		
2	TXL1-002	架空光(电)缆工程施工测量	100 m	2.85	0.6	0.2	1.71	0.57		
3	TXL2-001	挖、松填光(电)缆沟、接头坑普通土	100 m³	2.43	12.2	42	0.00	102.06		
4	TXL2-017	平原地区敷设埋式光缆 12 芯以下	千米条	0.473	1.5	35.7	5.77	16.89		
5	TXL2-126	铺管保护铺大长度半硬塑料管	100 m	4.5	2	2.5	6.75	11.25		
6	TXL2-127	铺砖保护横铺砖	km	0.01	0.06	15	0.02	0.15		
7	TXL2-135	埋设标石	个	8	2.2	0.12	0.48	0.96		
8	TXL2-142	安装防雷设施敷设排流线（单条）	km	0.45	0.61	8.25	0.99	3.71		
9	TXL3-001	拆除 9 m 以下水泥杆 综合土（工日×0.7）	根	3	0.84	0.61	1.28	1.28		
10	TXL3-054	拆除 7/2.6 单股拉线 综合土（工日×0.7）	条	2	0.84	0.6	1.18	0.84		
11	TXL3-054	夹板法架 7/2.6 单股拉线综合式	条	2	0.07	0.6	1.68	1.20		
12	TXL3-146	电杆地线拉线式	条	2			0.14	0.00		
13	TXL3-163	拆除 7/2.2 吊线（工日×0.7）	千米条	0.285	5.42	5.64	1.08	1.13		
14	TXL3-184	拆除架空光缆 12 芯以下（工日×0.7）	千米条	0.285	16.84	13.13	3.36	2.62		
15	TXL4-041	安装引上钢管 杆上	根	2	0.25	0.25	0.50	0.50		
16	TXL4-046	穿放引上光缆	条	2	0.6	0.6	1.20	1.20		
17	TXL5-001	光缆接续 12 芯以下	头	2	3		6.00	0.00		
18	TXL5-067	40 km 以下光缆中继段测试 12 芯以下	中继段	1	5.6		5.60	0.00		
		合计					40.89	145.70		
		工日调增								
		总计					44.98	160.27		

设计负责人：zzz　　　审核：xxx　　　编制：yyy　　　编制日期：××年××月

3.4 通信工程概预算编制实例

表 3-18 建筑安装工程机械使用费预算表（表三）乙

工程名称：光电电缆线路工程
建设单位名称：××电信局
表格编号：0302
第 页

序号	定额编号	项目名称	单位	数量	机械名称	单位定额值		合计值	
						数量（台班）	单价（元）	数量（台班）	合价（元）
I	II	III	IV	V	VI	VII	VIII	IX	X
1	TXL3-001	拆除 9 m 以下水泥杆综合土（工日×0.7）	根	3	汽车式起重机	0.04	400	0.08	33.60
2	TXL5-001	光缆接续 12 芯以下	头	2	光纤熔接机	0.5	168	1.00	168.00
3	TXL5-001	光缆接续 12 芯以下	头	2	汽油发电机	0.3	290	0.60	174.00
4	TXL5-001	光缆接续 12 芯以下	头	2	光缆接续车	0.5	242	1.00	242.00
		合计							617.60

设计负责人：zzz　　审核：xxx　　编制：yyy　　编制日期：××年××月

表 3-19 建筑安装工程仪器仪表使用费预算表(表三)丙

工程名称：光电缆线路工程　　建设单位名称：××电信局　　表格编号：0303　　第　页

序号	定额编号	项目名称	仪表名称	单位	数量	单位定额值		合计值	
						数量(台班)	单价(元)	数量(台班)	合价(元)
I	II	III	VI	IV	V	VII	VIII	IX	X
1	TXL1-001	直埋光(电)缆工程施工测量	地下管线探测仪	100 m	4.5	0.1	173	0.45	77.85
2	TXL1-002	架空光(电)缆工程施工测量	地下管线探测仪	100 m	2.25	0.05	173	0.11	19.46
3	TXL2-017	平原地区敷设埋式光缆 12 芯以下	光时域反射仪	千米条	0.473	0.1	306	0.05	14.47
4	TXL2-017	平原地区敷设埋式光缆 12 芯以下	偏振模色散测试仪	千米条	0.473	0.1	626	0.05	29.61
5	TXL5-001	光缆接续 12 芯以下	光时域反射仪	头	2	1	306	2.00	612.00
6	TXL5-067	40 km 以下光缆中继段测试 12 芯以下	稳定光源	中继段	1	0.8	72	0.80	57.60
7	TXL5-067	40 km 以下光缆中继段测试 12 芯以下	光功率计	中继段	1	0.8	62	0.80	49.60
8	TXL5-067	40 km 以下光缆中继段测试 12 芯以下	光时域反射仪	中继段	1	0.8	306	0.80	244.80
9	TXL5-067	40 km 以下光缆中继段测试 12 芯以下	偏振模色散测试仪	中继段	1	0.8	626	0.80	500.80
		合计							1 606.20

设计负责人：zzz　　审核：xxx　　编制：yyy　　编制日期：××年××月

表 3-20 线路整改单项工程主材用量统计表

序号	定额编号	项目名称	工程量	主材名称	规格型号	单位	主材使用量
1	TXL2-017	平原地区敷设埋式光缆12芯以下	0.473(千米条)	光缆	GYTS 8芯	m	473×1.005=475.3
2	TXL2-126	铺管保护铺大长度半硬塑料管	4.5(100 m)	大长半硬塑料管	φ50/60	m	450
3	TXL2-127	铺砖保护横铺砖	0.01(km)	机制红砖	240×115×53 mm(甲级)	千块	0.01×8.16=0.08
4	TXL2-135	埋设标石	8(个)	标石		个	8×1.02=8.16
				油漆		kg	8×0.1=0.8
5	TXL2-142	安装防雷设施敷设排流线（单条）	0.45(km)	镀锌铁线	φ2.0 mm	kg	0.45×0.51=0.23
				镀锌铁线	φ6.0 mm	kg	0.45×225.33=101.4
6	TXL3-054	夹板法装7/2.6单股拉线综合土	2(条)	镀锌钢绞线	7/2.6	kg	2×3.8=7.6
				镀锌铁线	φ1.5 mm	kg	2×0.04=0.08
				镀锌铁线	φ3.0 mm	kg	2×0.55=1.1
				镀锌铁线	φ4.0 mm	kg	2×0.22=0.44
				地锚铁柄		套	2×1.01=2.02
				水泥拉线盘	LP 500×300×150 mm	套	2×1.01=2.02
				三眼双槽夹板	7.0 mm	副	2×2.02=4.04
				拉线衬环	5股(槽宽21)	个	2×2.02=4.04
				拉线抱箍	D164 50×8 mm	套	2×1.01=2.02
7	TXL3-146	电杆地线拉线式	2(条)	镀锌铁线	φ4.0 mm	kg	2×0.2=0.4
8	TXL4-041	安装引上钢管杆上	2(根)	管材	直	根	2×1.01=2.02
				管材	弯	根	2×1.01=2.02
				镀锌铁线	φ4.0 mm	kg	2×1.2=2.4

序号	定额编号	项目名称	工程量	主材名称	规格型号	单位	主材使用量
9	TXL4-046	穿放引上光缆	2(条)	镀锌铁线	φ1.5 mm	kg	2×0.04=0.08
				聚乙烯塑料子管	φ28×32 mm	m	30(设计给定)
10	TXL5-001	光缆接续12芯以下	2(头)	光缆接续器材		套	2×1.01=2.02

主材用量统计出来之后，即可填写表四甲国内器材预算表，如表 3-21 所示。

表三、表四填写完毕之后，完成工程量的技工工日、普工工日、机械使用费用、仪表使用费用及器材费用都能确定，即可填写表二的工程安装费，如表 3-22 所示。表二的费用计算出来之后，即可填写表五甲工程建设其他费预算表，如表 3-23 所示。表二、表五费用计算出来之后，再加上预备费（本工程为一阶段设计，总预算中要计列预备费），即可算出总预算费用，完成表一的填写，如表 3-24 所示，则全部预算表格填写完毕。

4. 施工图预算文档编制

预算表格全部填写完毕后，即可进行预算文档的编制，具体内容如下：

（1）预算编制说明

① 工程概况，预算总价值

本工程为××线路整改单项工程单项工程；按一阶段设计编制施工图预算。

本工程共敷设 8 芯直埋光缆 0.473 千米条，；预算总价值为 30,496 元；总工日 205.25 工日（技工工日 44.98，普工工日 160.27）

② 编制依据

- 批准的有关文件。
- 施工图设计图纸及说明。
- 工信部规[2008]75 号文件及附件。
- 建设项目所在地政府发布的土地征用和赔补费用等有关规定。
- 相关合同、协议等。

③ 有关费用与费率的取定

- 本工程为一阶段设计，总预算中计列预备费，费率为 4%。
- 施工企业距施工现场不足 35 km，不计取施工人员调遣费。
- 其他相关费用依照规定。

④ 工程技术经济分析

本工程总投资 30 496 元。其中建安费 24 333 元；工程建设其他费 4 991 元；预备费 1 173 元。

敷设光缆 3.784 芯公里 = 8 芯×0.473 km，平均每芯公里造价 8 059 元 = 30 496÷3.784

（2）预算表格

① 工程预算总表（表一），如表 3-24 所示。

表 3-21 国内器材预算表（表四）甲
（国内主要材料）表

工程名称：光电缆线路工程　　　　建设单位名称：××电信局　　　　表格编号：04　　　　第 1 页

序号	名称	规格程式	单位	数量	单价（元）	合计（元）	备注
I	II	III	IV	V	VI	VII	VIII
1	光缆	GYTS 8芯	km	0.48	2 700.00	2 700.48	
2	小计1					2 700.48	
3	运杂费（小计1×1%）					27.00	
4	运输保险费（小计1×0.1%）					2.70	
5	采购及保管费（小计1×1.1%）					29.71	
6	合计1					2 759.89	
7	机制红砖	240×115×53 mm（甲级）	千块	0.08	170	13.60	
8	普通标石		个	8.16	30	244.80	
9	油漆		kg	0.8	5	4.00	
10	镀锌铁线	φ1.5mm	kg	0.16	8.9	1.42	
11	镀锌铁线	φ2.0 mm	kg	0.23	8.9	2.05	
12	镀锌铁线	φ3.0 mm	kg	1.1	8.9	9.79	
13	镀锌铁线	φ4.0 mm	kg	3.24	8.9	28.84	
14	镀锌铁线	φ6.0 mm	kg	101.4	8.9	902.46	
15	地锚铁柄		套	2.02	35	70.70	
16	水泥拉线盘	LP 500×300×150 mm	套	2.02	28	56.56	
17	三眼双槽夹板	7.0 mm	副	4.04	11.8	47.67	
18	拉线抱箍	D164 50×8 mm	套	2.02	18.5	37.37	
19	镀锌钢绞线	7/2.6	kg	7.6	9.5	72.20	
20	拉线衬环	5股（槽宽21）	个	4.04	1.2	4.85	
21	镀锌钢管	φ80 直	根	2.02	60	121.20	
22	镀锌钢管	φ80 弯	根	2.02	60	121.20	
23	光缆接续器材		套	2.02	450	909.00	

续表

序号	名称	规格程式	单位	数量	单价(元)	合计(元)	备注
Ⅰ	Ⅱ	Ⅲ	Ⅳ	Ⅴ	Ⅵ	Ⅶ	Ⅷ
24	小计 2					2 647.71	
25	运杂费(小计 2×3.6%)					95.32	
26	运输保险费(小计 2×0.1%)					2.65	
27	采购及保管费(小计 2×1.1%)					29.12	
28	合计 2					2 774.80	
29	大长半硬塑料管	φ40/50	m	450	9	4 050.00	
30	聚乙烯塑料子管	φ28×32 mm	m	30	2.7	81.00	
31	小计 3					4 131.00	
32	运杂费(小计 3×4.3%)					177.63	
33	运输保险费(小计 3×0.1%)					4.13	
34	采购及保管费(小计 3×1.1%)					45.44	
35	合计 3					4 358.21	
36	总计					9 892.89	

设计负责人:zzz　　　　　审核:xxx　　　　　编制:yyy　　　　　编制日期:××年××月

3.4 通信工程概预算编制实例

表3-22 建筑安装工程费用预算表（表二）

工程名称：光缆线路工程　　　　　建设单位名称：××电信局　　　　　表格编号：02　　　　　第　页

序号	费用名称	依据和计算方法	合计(元)	序号	费用名称	依据和计算方法	合计(元)
Ⅰ	Ⅱ	Ⅲ	Ⅳ	Ⅰ	Ⅱ	Ⅲ	Ⅳ
	建筑安装工程费	一+二+三+四	24 332.85	8	夜间施工增加费	人工费×0%	0.00
一	直接费	(一)+(二)	18 833.67	9	冬雨季施工增加费	人工费×2%	104.08
(一)	直接工程费	1-4项之和	17 350.50	10	生产工具用具使用费	人工费×3%	156.12
1	人工费	技工费+普工费	5 204.13	11	施工用水电蒸气费	按实计列	0.00
(1)	技工费	技工总计×技工单价	2 158.91	12	特殊地区施工增加费	(技工总计+普工总计)×0	0.00
(2)	普工费	普工总计×普工单价	3 045.22	13	已完工程及设备保护费	按实计列	0.00
2	材料费	主要材料费+辅助材料费	9 922.57	14	运土费	按实计列	0.00
(1)	主要材料费	表四甲(材料)	9 892.89	15	施工队伍调遣费	单程调遣费定额×调遣人数×2	0.00
(2)	辅助材料费	主要材料费×0.3%	29.68	16	大型施工机械调遣费	单程运价×调遣距离×总吨位×2	0.00
3	机械使用费	表三乙	617.60	二	间接费	(一)+(二)	3 226.56
4	仪表使用费	表三丙	1 606.20	(一)	规费	1-4项之和	1 665.32
(二)	措施费	1-16项之和	1 483.18	1	工程排污费	按实计列	0.00
1	环境保护费	人工费×1.5%	78.06	2	社会保障费	人工费×26.81%	1 395.23
2	文明施工费	人工费×1%	52.04	3	住房公积金	人工费×4.19%	218.05
3	工地器材搬运费	人工费×5%	260.21	4	危险作业意外伤害保险费	人工费×1%	52.04
4	工程干扰费	人工费×0%	0.00	(二)	企业管理费	人工费×30%	1 561.24
5	工程点交、场地清理费	人工费×5%	260.21	三	计划利润	人工费×30%	1 561.24
6	临时设施费	人工费×5%	260.21	四	税金	(直接费+间接费+计划利润)×3.41%	711.38
7	工程车辆使用费	人工费×6%	312.25				

设计负责人：zzz　　　审核：xxx　　　编制：yyy　　　编制日期：××年××月

表 3-23 工程建设其他费预算表（表五）甲

工程名称：光电缆线路工程
建设单位名称：××电信局
表格编号：05
第　页

序号	费用名称	计算依据及方法	金额（元）	备注
I	II	III	IV	V
1	建设用地及综合赔补费			不计取
2	建设单位管理费	财建[2002]394号规定	364.99	
3	可行性研究费			不计取
4	研究试验费			不计取
5	勘察设计费		3 500	协商约定
	勘察费			
	设计费			
6	环境影响评价费			不计取
7	劳动安全卫生评价费			不计取
8	建设工程监理费	发改价格[2007]670号规定	882.32	
9	安全生产费	建筑安装工程费×1.0%	243.33	
10	工程质量监督费			不计取
11	工程定额测定费			不计取
12	引进技术及引进设备其他费			不计取
13	工程保险费			不计取
14	工程招标代理费	计价格[2002]1980号规定		不计取
15	专利及专有技术使用费			不计取
16	生产准备及开办费（运营费）			在运营费中列支
	合计		4 990.64	

设计负责人：zzz　　审核：xxx　　编制：yyy　　编制日期：××年××月

表 3-24 工程预算总表(表一)

建设项目名称:××线路整改工程
建设单位名称:××电信局
工程名称:光缆线路
表格编号:01
第 页

序号	表格编号	费用名称	小型建筑工程费	需要安装的设备费	不需要安装设备、工器具费	建筑安装工程费	其他费用	预备费	总价值	
					(元)				人民币(元)	其中外币( )
I	II	III	IV	V	VI	VII	VIII	IX	X	XI
1	02	建筑安装工程费				24 333			24 333	
2										
3										
4										
5		小计(工程费)				24 333			24 333	
6	05	工程建设其他费					4 991		4 991	
7										
8		合计				24 333	4 991		29 323	
9		预备费(合计×4.0%)						1 173	1 173	
10										
11		总计				24 333	4 991	1 173	30 496	
12		生产准备及开办费								

设计负责人:zzz 审核:xxx 编制:yyy 编制日期:××年××月

② 建筑安装工程费用预算表(表二),如表 3-22 所示。
③ 建筑安装工程量预算表(表三)甲,如表 3-17 所示。
④ 建筑安装工程机械使用费预算表(表三)乙,如表 3-18 所示。
⑤ 建筑安装工程仪器仪表使用费预算表(表三)丙如表 3-19 所示。
⑥ 国内器材预算表(表四)甲,如表 3-21 所示。
⑦ 工程建设其他费预算表(表五)甲,如表 3-23 所示。

3.4.2 ××机要局接入工程施工图预算

1. 已知条件

(1) 本期工程新建 1 个大客户接入点,采用 SDH 传输方式上连到上端局;本设计为一阶段施工图设计。

(2) 设计图纸及说明。

① ××机要局接入工程设备组网图如图 3-15 所示。
② ××机要局机房设备安装及布线示意图如图 3-16 所示。
③ 缆线明细表如图 3-16 所示。
④ 设备配置如图 3-16 所示。
⑤ 没有说明的设备均不考虑,软光纤、SYV 类射频同轴电缆由厂商提供,不计费用。

(3) 施工企业距施工现场 10 km。

(4) 本工程不计取"建设用地及综合赔补费"、"可行性研究费"、"研究试验费"、"环境影响评价费"、"劳动安全卫生评价费"、"工程质量监督费"、"工程定额测定费""引进技术及引进设备其他费"、"工程保险费"、"工程招标代理费"、"专利及专利技术使用费"。

(5) 设备及材料运距均为 100 km 以内。

(6) 设备、材料价格如表 3-25 所示。

表 3-25 材料价格表

序号	名称	规格型号	单位	单价(元)
1	SDH 设备	OptiX Metro1000	台	12 806.00
2	电源转换器	ECS-4805S	套	2 300.00
3	路由器	华为 NE20E	套	127 000.00
4	电力线缆	RVVZ-3×2.5 mm^2	m	6.30
5	接线端子	DT-2.5	个	0.55

2. 工程量统计

本工程主要工程量计算及其说明如下:

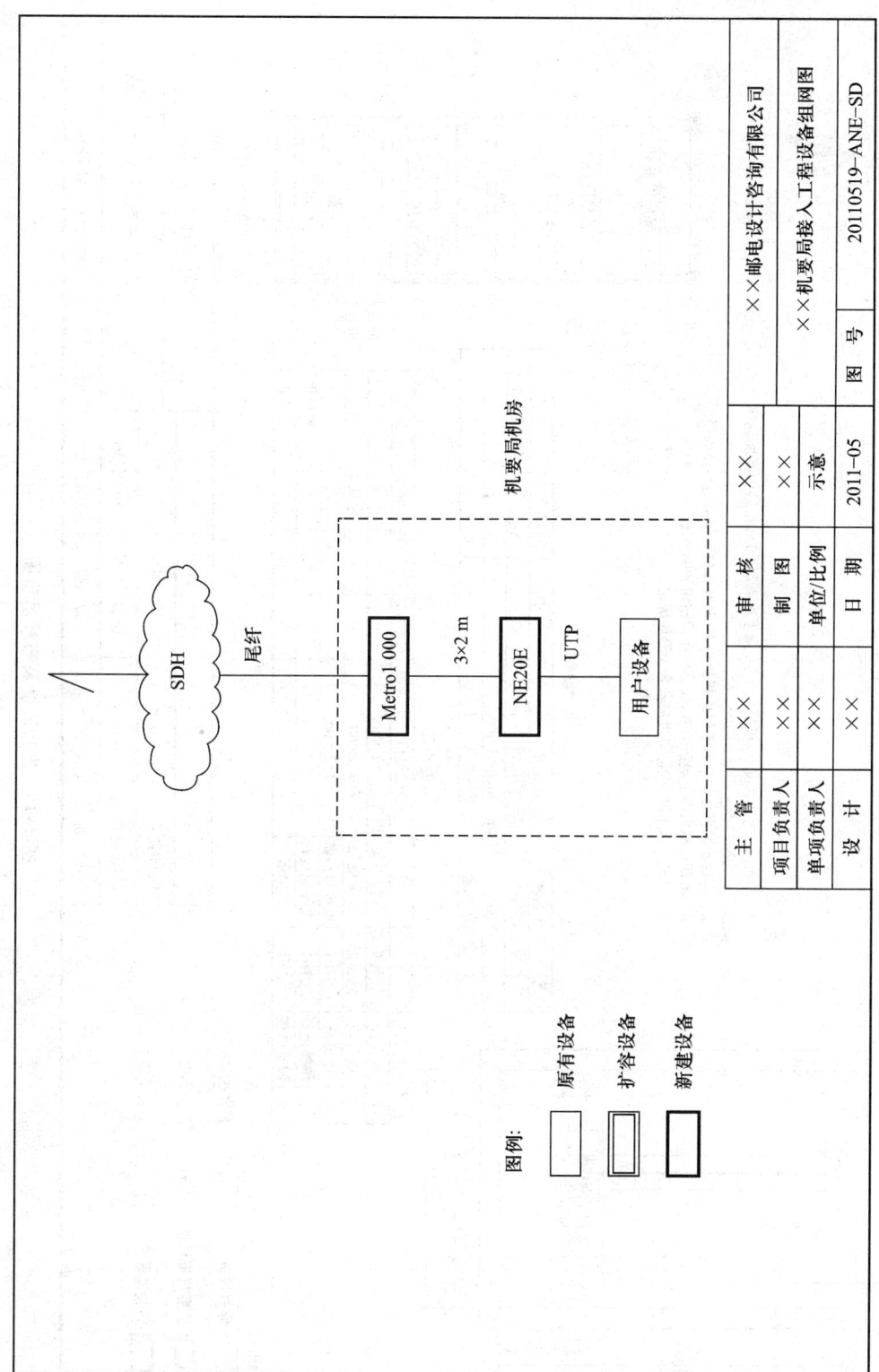

图 3-15 设备组网图

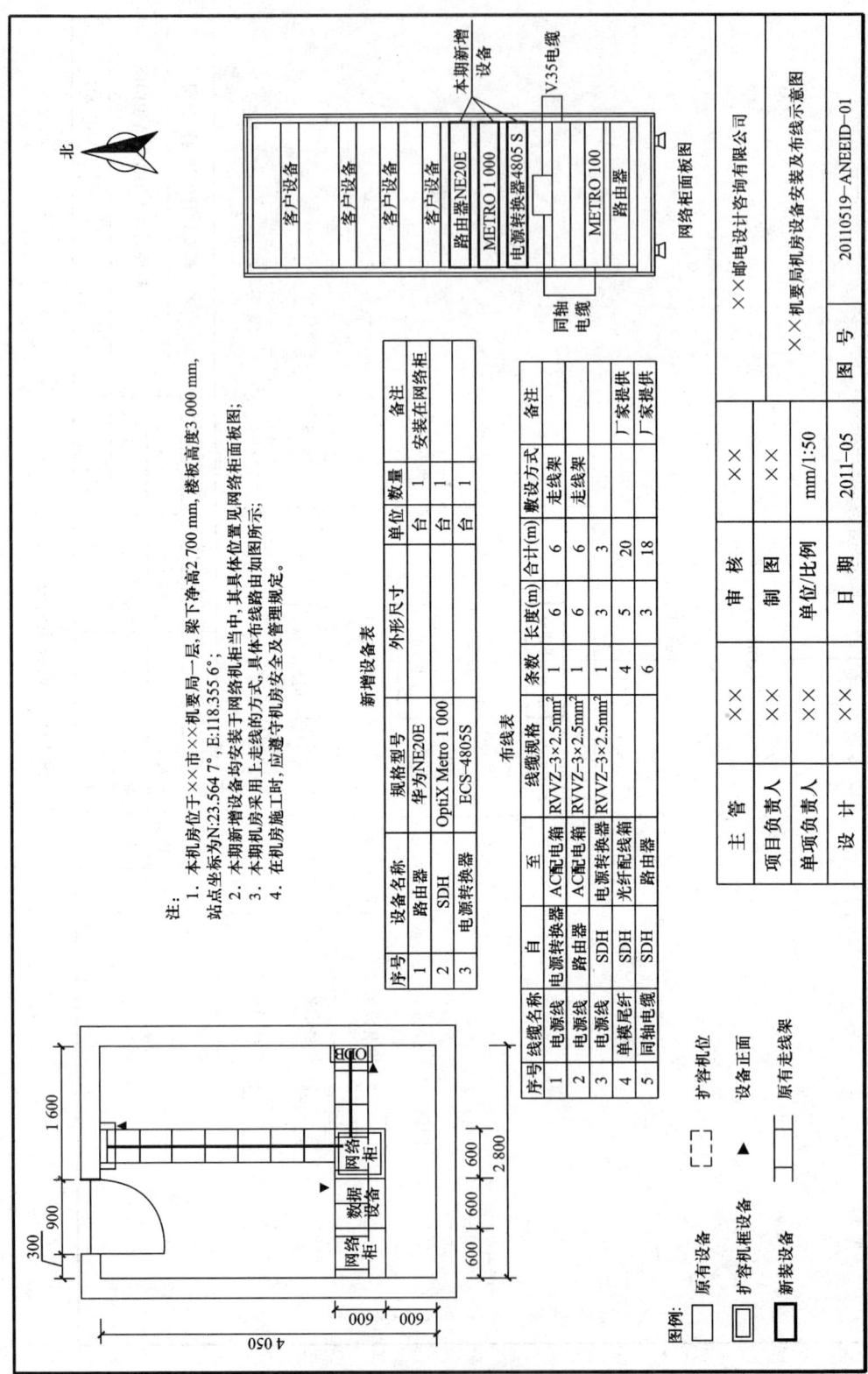

图 3-16 设备安装布线及示意图

(1) 安装调测低端路由器工程量(套):安装华为 NE20E 路由器 1 套。

说明:根据图 3-16 新增设备表可知。

(2) 安装测试 SDH 设备工程量(台):安装 OptiX Metro1000 设备 1 台。

说明:根据图 3-16 新增设备表可知。

(3) 安装电源转换器工程量(台):安装 ECS-4805S 设备 1 台。

说明:根据图 3-16 新增设备表可知。

(4) 布放 3 芯电力电缆 16 mm² 以下工程量(10 米条):数量 = 6 m+6 m+3 m = 15 m = 1.5(10 米条)。

说明:根据图 3-16 布线表可知。

(5) 放、绑软光纤(放、绑软光纤,15 m 以下)工程量(条):4(条)。

说明:根据图 3-16 布线表可知,由 SDH 设备到光缆配线箱共四条光纤。

(6) 放绑 SYV 类射频同轴电缆(单芯)工程量(百米条):0.18(百米条)。

(7) 编扎、焊(绕、卡)接设备电缆(SYV 类射频同轴电缆)工程量(芯条):6(芯条)。

说明:布放缆线计算工程量时需分为两步进行:先放绑、后编扎,根据图 3-16 布线表可知,由 SDH 设备到路由器共布放 6 条 3 m 同轴电缆。

根据以上统计,机要局接入工程工程量汇总表如表 3-26 所示。

表 3-26 机要局接入工程工程量汇总表

序号	工程量名称	单位	数量
1	安装调测低端路由器工程量	套	1
2	安装测试 SDH 设备工程量	台	1
3	安装电源转换器工程量	台	1
4	布放 3 芯电力电缆(16 mm² 以下)	10 米条	1.5
5	放、绑软光纤	条	4
6	放绑 SYV 类射频同轴电缆(单芯)	百米条	0.18
7	编扎、焊(绕、卡)接设备电缆	芯条	6

3. 填写表格

确定了工程量,接下来填写相应表格,首先填写表三,具体方法先与线路工程类似(本工程没有用到机械,故没有表三乙),同时将各定额中涉及的材料、设备进行统计,如表 3-27、表 3-28、表 3-29 所示。

材料、设备统计出来之后,即可填写表四甲,需要注意的是设备、材料要分开填写,如表 3-30、表 3-31 所示。

材料、设备费用计算出来之后,需要注意的是材料费填入表二,可计算出建筑安装工程费,如表 3-32 所示;设备费要填入表一,同时建筑安装工程费加上设备费构成工程费,此时,即可计算出表五甲的相关费用并填写表五甲,如表 3-33 所示。

最后,由表二、表五甲及计算出来的预备费,计算出预算总费用,完成表一的填写,如表 3-34 所示。

表3-27　建筑安装工程量预算表（表三）甲

单项工程名称：××机要局接入工程
建设单位名称：中国电信集团公司××分公司
表格编号：EBS-0301　第　页

序号	定额编号	项目名称	单位	数量	单位定额值			合计值	
I	II	III	IV	V	技工 VI	普工 VII	技工 VIII	普工 IX	
1	TSY4-022	安装调测低端路由器（综合调测路由器）	套	1.00	15.00	0.00	15.00	0.00	
2	TSY2-005	安装测试SDH设备基本子架及公共单元盘（2.5Gbit/s以下）	套	1.00	3.50	0.00	3.50	0.00	
3	参TSY4-016	安装电源转换器 ECS-4805S	台	1.00	0.50	0.00	0.50	0.00	
4	TSY1-075	布放3芯电力电缆 16 mm² 以下（系数乘以2）	10米条	1.50	0.36	0.00	0.54	0.00	
5	TSY1-071	放、绑软光纤（放、绑软光纤，15 m以下）	条	4.00	0.40	0.00	1.60	0.00	
6	TSY1-046	放绑SYV类射频同轴电缆（单芯）	百米条	0.18	1.50	0.00	0.27	0.00	
7	TSY1-060	编扎、焊（绕、卡）接设备电缆（SYV类射频同轴电缆）	芯条	6.00	0.12	0.00	0.72	0.00	
	合计						22.13	0.00	

设计负责人：zzz　　审核：xxx　　编制：yyy　　编制日期：××年××月

表3-28 建筑安装工程仪器仪表使用费预算表(表三)丙

单项工程名称：××机要局接入工程
建设单位名称：中国电信集团公司××分公司
表格编号：EBS-0302 第　页

序号	定额编号	项目名称	单位	数量	仪表名称	单位定额值		合计值	
						数量(台班)	单价(元)	数量(台班)	合价(元)
I	II	III	IV	V	VI	VII	VIII	IX	X
1	TSY4-022	安装调测低端路由器综合调测低端路由器	套	1.00	数字传输分析仪	0.10	1 002.00	0.10	100.20
2	TSY4-022	安装调测低端路由器综合调测低端路由器	套	1.00	协议分析仪	2.00	66.00	2.00	132.00
3	TSY4-022	安装调测低端路由器综合调测低端路由器	套	1.00	网络测试仪	2.00	105.00	2.00	210.00
		合计							442.20

设计负责人：zzz　　审核：xxx　　编制：yyy　　编制日期：××年××月

4．施工图预算编制

预算表格全部填写完毕后，即可进行预算文档的编制，具体内容如下：

（1）预算编制说明

① 工程概况，预算总价值

本工程为××机要局接入工程，安装华为 SDH 传输设备和 NE20E 设备等。本项工程预算总投资为 157 570.40 元人民币，其中需要安装的设备费为 144 976.54 元，安装工程费为 2 993.43 元，工程建设其他费 5 010.99 元。

② 编制依据

- 施工图设计图纸及说明。
- 工信部规［2008］75 号文件及附件。
- 根据建设单位及物资部门提供的设备、材料出厂原价。
- 国家发展计划委员会、建设部计价格［2002］10 号《关于发布〈工程勘察设计收费管理规定〉的通知》。
- 工信厅通［2009］22 号《关于停止计列通信建设工程质量监督费和工程定额测定费的通知》。
- 国家发展和改革委员会、建设部发改价格［2007］670 号《建设工程监理与相关服务收费管理规定》。

表 3-29 机要局接入工程材料、设备统计表

序号	定额编号	项目名称	工程量	材料、设备名称	规格型号	单位	主材使用量
1	TSY4-022	安装调测低端路由器（综合调测路由器）	1 套	路由器	华为 NE20E	台	1
2	TSY2-005	安装测试 SDH 设备基本子架及公共单元盘（2.5Gb/s 以下）	1 台	SDH 设备	METRO1000	台	1
3	参 TSY4-016	安装电源转换器 ECS-4805S	1 台	电源转换器	ECS-4805S	台	1
4	TSY1-075	布放 3 芯电力电缆 16 mm² 以下	1.5（10米条）	电力线缆	RVVZ-3×2.5 mm²	m	1.5×10.15 = 15.23
				接线端子	DT-2.5	个	3×2.03 = 6.09

- 建设单位提供的设备、材料价格。
- 相关合同、协议等。

③ 有关费用与费率的取定

- 施工企业距施工现场不足 35 km，不计取施工人员调遣费。

表 3-30　国内器材预算表（表四）甲
（国内主要材料）表

单项工程名称：××机要局接入工程　　　　建设单位名称：中国电信集团公司××分公司　　　　表格编号：EBS-0401　第　　页

序号	名称	规格程式	单位	数量	单价（元）	合计（元）	备注
I	II	III	IV	V	VI	VII	VIII
1	电力线缆	RVVZ-3×2.5 mm²	m	15.23	6.30	95.92	
2	接线端子	DT-2.5	个	6.09	0.55	3.35	
3							
4	小计					99.27	
5	运杂费（小计×3.6%）					3.57	
6	运输保险费（小计×0.1%）					0.10	
7	采购及保管费（小计×1.0%）					0.99	
8	采购代理服务费					0.00	
9							
	合计					103.93	

设计负责人：zzz　　　　审核：xxx　　　　编制：yyy　　　　编制日期：××年××月

表 3-31 国内器材预算表（表四）甲
（国内需要安装设备）表

单项工程名称：××机要局接入工程
建设单位名称：中国电信集团公司××分公司
表格编号：EBS-0402 第 页

序号	名称	规格程式	单位	数量	单价（元）	合计（元）	备注
I	II	III	IV	V	VI	VII	VIII
1	SDH设备	OptiX METRO1000	台	1.00	12 806.00	12 806.00	
2	电源转换器	ECS-4805S	套	1.00	2 300.00	2 300.00	
3	路由器	华为 NE20E	套	1.00	127 000.00	127 000.00	
4	小计					142 106.00	
5	运杂费（小计×0.8%）					1 136.85	
	运输保险费（小计×0.4%）					568.42	
	采购及保管费（小计×0.82%）					1 165.27	
	采购代理服务费					0.00	
	合计					144 976.54	

设计负责人：zzz 审核：xxx 编制：yyy 编制日期：××年××月

3.4 通信工程概预算编制实例

表3-32 建筑安装工程费用预算表(表二)

单项工程名称:××机要局接入工程
建设单位名称:中国电信集团公司××分公司
表格编号:EBS-02 第 页

序号	费用名称	依据和计算方法	合计(元)	序号	费用名称	依据和计算方法	合计(元)
I	II	III	IV	I	II	III	IV
	建筑安装工程费	一+二+三+四	2 993.43	8	夜间施工增加费	人工费×2.0%	21.24
一	直接费	(一)+(二)	1 917.46	9	冬季雨季施工增加费	人工费×2.0%	21.24
(一)	直接工程费	1~4项之和	1 609.41	10	生产工具用具使用费	人工费×2.0%	21.24
1	人工费	技工费+普工费	1 062.24	11	施工用水电蒸汽费	按实计列	0.00
(1)	技工费	技工总日×48元/工日	1 062.24	12	特殊地区施工增加费	(技工总计+普工总计)×0.0	0.00
(2)	普工费	普工总日×19元/工日	0.00	13	已完工程及设备保护费	按实计列	0.00
2	材料费	主要材料费+辅助材料费	104.97	14	运土费	按实计列	0.00
(1)	主要材料费	表四甲(材料)	103.93	15	施工队伍调遣费	单程调遣费定额×调遣人数×2	0.00
(2)	辅助材料费	主要材料费×1.0%	1.04	16	大型施工机械调遣费	单程运价×调遣距离×总吨位×2	0.00
3	机械使用费	表三乙	0.00	二	间接费	(一)+(二)	658.59
4	仪表使用费	表三丙	442.20	(一)	规费	1~4项之和	339.92
(二)	措施费	1~16项之和	308.05	1	工程排污费	按实计列	0.00
1	环境保护费	人工费×1.2%	12.75	2	社会保障费	人工费×26.81%	284.79
2	文明施工费	人工费×1.0%	10.62	3	住房公积金	人工费×4.19%	44.51
3	工地器材搬运费	人工费×1.3%	13.81	4	危险作业意外伤害保险费	人工费×1.00%	10.62
4	工程干扰费	人工费×4.0%	42.49	(二)	企业管理费	人工费×30%	318.67
5	工程点交、场地清理费	人工费×3.5%	37.18	三	计划利润	人工费×30%	318.67
6	临时设施费	人工费×6.0%	63.73	四	税金	(直接费+间接费+计划利润)×3.41%	98.71
7	工程车辆使用费	人工费×6.0%	63.73				

设计负责人:zzz 审核:xxx 编制:yyy 编制日期:××年××月

表 3-33 工程建设其他费预算表（表五）甲

单项工程名称：××机要局接入工程　　　　建设单位名称：中国电信集团公司××分公司　　　　表格编号：EBS-05　　第　页

序号	费用名称	计算依据及方法	金额（元）	备注
Ⅰ	Ⅱ	Ⅲ	Ⅳ	Ⅴ
1	建设用地及综合赔补费		0.00	不计取
2	建设单位管理费	参照财建[2002]394号规定	2 147.06	
3	可行性研究费		0.00	不计取
4	研究试验费		0.00	不计取
5	勘察设计费	参照计价格[2002]10号规定	2 834.00	
	勘察费		934.00	合同规定
	设计费		1 900.00	合同规定
6	环境影响评价费		0.00	不计取
7	劳动安全卫生评价费		0.00	不计取
8	建设工程监理费		300	
9	安全生产费	建筑安装工程费×1.0%	29.93	
10	工程质量监督费		0.00	已取消
11	工程定额测定费		0.00	已取消
12	引进技术及引进设备其他费		0.00	不计取
13	工程保险费		0.00	不计取
14	工程招标代理费	计价格[2002]1980号规定	0.00	不计取
15	专利及专利技术使用费		0.00	不计取
16	生产准备及开办费（运营费）		0.00	不计取
	合计		5 010.99	

设计负责人：zzz　　　　审核：xxx　　　　编制：yyy　　　　编制日期：xx年xx月

3.4 通信工程概预算编制实例

表3-34 工程预算总表（表一）

建设项目名称：××机要局接入工程
单项工程名称：××机要局接入工程

建设单位名称：中国电信集团公司××分公司

表格编号：EBS-01 第 页

序号	表格编号	费用名称	小型建筑工程费	需要安装的设备费	不需要安装的设备、工器具费	建筑安装工程费	其他费用	预备费	总价值	
					（元）				人民币（元）	其中外币（ ）
I	II	III	IV	V	VI	VII	VIII	IX	X	XI
1	EBS-02	建筑安装工程费				2 993.43			2 993.43	
2										
3	EBS-0402	国内设备费		144 976.54					144 976.54	
4		小计（工程费）							147 969.97	
5	EBS-05	工程建设其他费					5 010.99		5 010.99	
6										
7		合计							152 980.97	
8		预备费（合计×3.0%）							4 589.43	
9										
10		总计							157 570.40	
11		生产准备及开办费								

设计负责人：zzz 审核：xxx 编制：yyy 编制日期：××年××月

- 其他相关费用依照规定。

(2) 预算表格

① 工程预算总表(表一),如表 3-34 所示。
② 建筑安装工程费用预算表(表二),如表 3-32 所示。
③ 建筑安装工程量预算表(表三)甲,如表 3-27 所示。
④ 建筑安装工程仪器仪表使用费预算表(表三)丙,如表 3-28 所示。
⑤ 国内器材预算表(表四)甲(国内材料表),如表 3-30 所示。
⑥ 国内器材预算表(表四)甲(国内需要安装的设备),如表 3-31 所示。
⑦ 工程建设其他费预算表(表五)甲,如表 3-33 所示。

3.5 实做项目及教学情境

实做项目一:学习通信建设工程预算定额。
目的:理解定额含义,掌握定额查阅方法,了解相关注意事项。
实做项目二:根据已有施工图(实例)进行预算编制。
目的:掌握工程量的统计方法,预算的编制方法。
实例:××站电源设备安装工程施工图预算编制。
已知条件包括:

(1) 本工程系××站电源设备安装工程施工图设计;本设计为一阶段施工图设计。
(2) 设计图纸及说明:

① ××站交直流供电系统及地线系统图如图 3-17 所示。
② ××站电源设备平面布置及电缆路由示意图如图 3-18 所示。
③ 缆线明细表如表 3-35 所示。

表 3-35 缆线明细表

缆线编号	缆线路由		设计电压(V)	设计电流(A)	敷设方式	选用缆线			备注
	由	到				规格型号(mm²)	载流量(A)	条数×长度(m)	
901	市电	过压保护装置	380	57		RVVZ-3×35+1×16	137		建设单位负责
902	过压保护装置	全组合开关电源	380	57	走线架	RVVZ-3×35+1×16	137	2×10	
801	电池组(1)"-"	全组合开关电源"-"	48	30	走线架	RVVZ-1×50	283	1×10	
802	电池组(1)"+"	全组合开关电源"+"	48	30	走线架	RVVZ-1×50	283	1×10	

续表

缆线编号	缆线路由 由	缆线路由 到	设计电压(V)	设计电流(A)	敷设方式	选用缆线 规格型号(mm²)	选用缆线 载流量(A)	选用缆线 条数×长度(m)	备注
803	电池组(2)"-"	全组合开关电源"-"	48	30	走线架	RVVZ-1×50	283	1×10	
804	电池组(2)"+"	全组合开关电源"+"	48	30	走线架	RVVZ-1×50	283	1×10	
001	接地体	地线盘			走线架	RVVZ-1×95		1×10	
002	地线盘	开关电源正极排			走线架	RVVZ-1×95		1×5	
003	地线盘	电源设备机壳保护地			走线架	RVVZ-1×35		1×10	
004	地线盘	过压保护装置			走线架	RVVZ-1×35		2×8	

④ 图纸说明：
• 交流供电系统：本站由两路市电、全组合开关电源、过电压保护装置组成。运行方式：主备用市电电源自动倒换。
• 直流供电系统：由开关电源和阀控式铅酸电池组成。全浮充供电方式，开关电源架上的整流模块与两组蓄电池并联浮充供电。
• 接地系统：采用联合接地方式，按单点接地原理设计。
• 过电压保护：采用不小于60 V·A过电压保护装置；开关电源架交流输入端带有过压保护装置，在直流配电单元输出端带有浪涌抑制器。
• 电源设备配置，如表3-36所示。

表3-36 电源设备配置

序号	设备名称	规格容量	单位	数量	单价(元)
1	过压保护装置	DSOPI60-380	台	2	7 000.00
2	全组合开关电源架	PS48600-2/50-300A	架	1	78 000.00
3	阀控式蓄电池组	UXL1100-48V/1000A·h	组	2	106 000.00
4	交流配电箱	380V/100A	个	1	8 000.00
5	地线盘		个	1	300.00

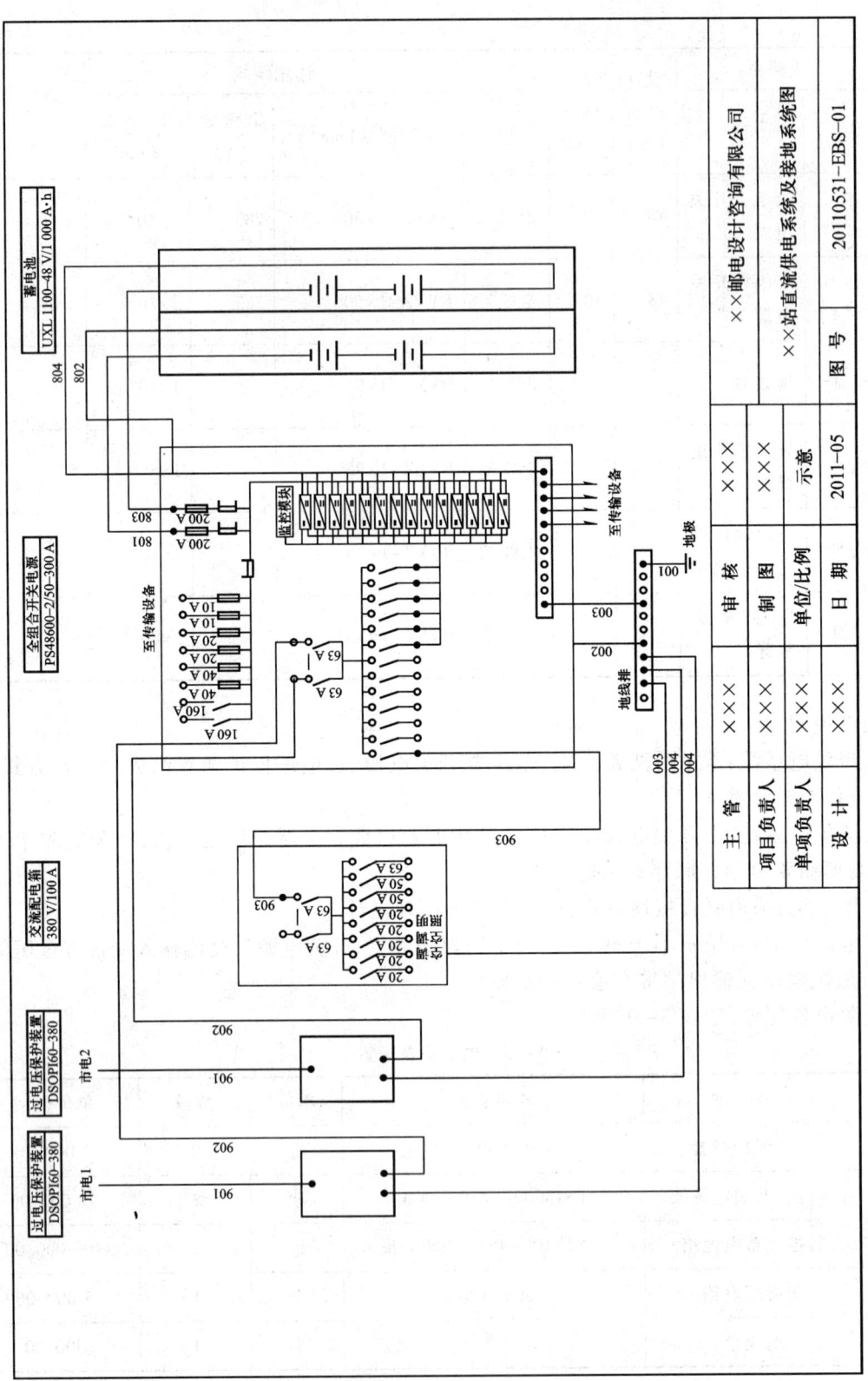

图 3-17 ××站交直流供电系统及地线系统图

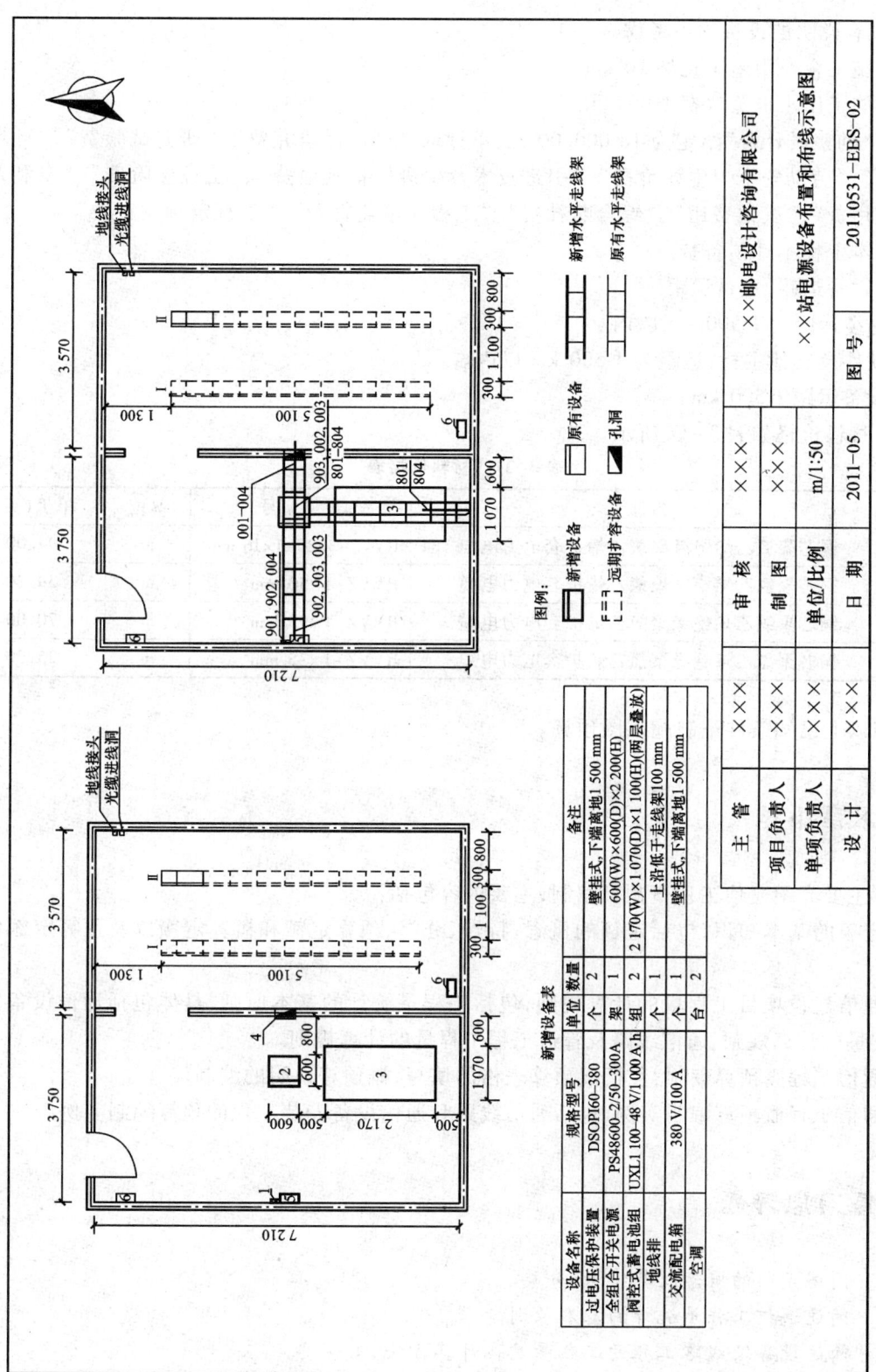

图 3-18 ××站电源设备平面布置及电缆路由示意图

- 没有说明的设备均不考虑。

(3) 施工企业距施工现场 10 km。

(4) 施工用水电蒸汽费 1 000 元。

(5) "勘察设计费"给定为 18 000.00 元,不计取"可行性研究费"、"研究试验费"、"环境影响评价费"、"劳动安全卫生评价费"、"引进技术及引进设备其他费"、"工程保险费"、"专利及专利技术使用费"、"其他费用"、"综合赔补费"、"工程质量监督费"、"工程定额测定费"。

(6) 本工程不计预备费。

(7) 设备运距、主材运距。

① 电缆运距为 1 500 km 以内。

② 铁件及其他主材,运距为 1 500 km 以内。

③ 设备运距 1 500 km。

(8) 材料价格如表 3-37 所示。

表 3-37 材料价格表

序号	名称	规格型号	单位	单价(元)
1	铜芯聚氯乙烯绝缘聚氯乙烯护套电力电缆	RVVZ-3×35+1×16 mm²	m	94.00
2	铜芯聚氯乙烯绝缘聚氯乙烯护套电力电缆	RVVZ-1×50 mm²	m	39.20
3	铜芯聚氯乙烯绝缘聚氯乙烯护套电力电缆	RVVZ-1×95 mm²	m	70.00
4	铜芯聚氯乙烯绝缘聚氯乙烯护套电力电缆	RVVZ-1×35 mm²	m	25.00

按照以上已知条件编制施工图预算。

本章小结

本章主要介绍通信工程概预算编制,主要内容包括:

1. 定额的基本知识,包括定额的概念、特点、分类、预算定额和概算定额以及预算定额的查询方法。

2. 通信建设项目工程量的计算规则,包括工程量统计的基本原则,具体包括通信设备安装工程工程量的计算规则、通信线路及管道工程工程量的计算规则。

3. 通信工程概预算编制,包括概预算表格的填写、概预算说明的编制。

4. 通信工程概预算编制实例,包括通信线路和通信设备安装工程的预算编制实例。

复习思考题

3-1 简述定额的概念及其特点、分类。

3-2 简述通信工程量统计的基本原则。

3-3 简述设备及线路工程的工程量具体计算方法。

3-4 试述预算表格的填写方法。

第4章 CAD制图基础

本章内容

- CAD 软件使用环境及基本操作
- CAD 基本图形绘制
- CAD 基本对象编辑
- CAD 文本编辑
- CAD 尺寸标注

本章重点

- CAD 软件坐标体系
- CAD 绘图基本操作
- CAD 基本对象编辑

本章难点

- CAD 软件坐标体系
- 熟练应用快捷键操作,具备较强的图纸绘制能力

本章学习目的和要求

- 熟练掌握点、线、基本图形的绘制方法
- 熟练掌握基本对象编辑命令

本章学时数

- 建议 12 学时

4.1 CAD软件的使用环境及基本操作

目前通信工程施工图一般不采用手绘,大部分图纸使用计算机绘制、打印机或绘图仪打印的方式,这样可以摆脱手绘精度低、可复制性差等缺点。现在可供选择的 CAD 软件很多,既有国外软件 AUTOCAD,也有国内的中望 CAD 软件;无论哪种软件,其操作方式基本类似。本书以中望 CAD 为例进行讲解。

4.1.1 CAD 软件用户界面及接口

1. 图形界面

中望 CAD 图形界面如图 4-1 所示。

图 4-1　中望 CAD 中文版界面

标题栏：显示软件名称和当前编辑的文件名。与其他 Windows 标准窗口一致，可以利用右上角的按钮将窗口最小化、最大化或关闭，也可右击进行相应操作。

下拉菜单：单击界面上方的菜单，会弹出该菜单对应的下拉菜单，在下拉菜单中包含了中望 CAD 所具有的所有的命令及功能选项，单击需要执行操作的相应选项，就会执行该项操作，包含文件、编辑、视图、插入、格式、工具、绘图、标注、修改、ET 扩展工具、窗口、帮助等 12 项。

工具栏：通常工具栏有一行两列，分别对应编辑、绘图和修改操作，分布于工作界面的上部及左右两侧。按类别包含了不同功能的图标按钮，用户只需单击某个按钮即可执行相应的操作。在工具栏上点击鼠标右键，可以调整工具栏显示的状态。

命令栏：命令栏位于工作界面的左下方，当命令栏中显示"命令："提示的时候，表明软件等待用户输入命令。当软件处于命令执行过程中，命令栏中提示各种操作参数，用户在绘图的整个过程中，要密切留意命令栏中的提示内容。

绘图区：绘图区位于屏幕中央的空白区域，所有的绘图操作都是在该区域中完成的。在绘图区域的左下角显示了当前坐标系图标，向右方向为 X 轴正方向，向上为 Y 轴正方向。绘图区没有边界，无论多大的图形都可置于其中。鼠标移动到绘图区中，会变为十字光标，执行对象选择操作的时候，鼠标会变成一个方形的拾取框。

状态栏：状态栏位于界面的最下方，显示了当前十字光标在绘图区所处的绝对位置坐标。同时还显示了常用的控制按钮，如捕捉、栅格、正交等，通过左单击控制上述功能的开启或关闭；右单击弹出编辑菜单进行相应设置。

属性栏：显示选中的线、弧或圆等的基本属性，包括图层位置、线型类别、线宽以及位置信息等。也可通过编辑其中对应值，改变对应线条的位置、大小等信息。

2．操作接口

操作接口共有三种，包括键盘方式、命令按钮方式和菜单命令方式，下面分别给予说明。

（1）键盘方式

键盘方式执行：通过键盘方式执行命令是最常用的一种绘图方法，当用户要使用某个工具进行绘图时，只需在命令行中输入该工具的命令形式（如图 4-2 所示），然后根据提示一步一步完成绘图即可。中望 CAD 提供动态输入的功能，在状态栏中按下"动态输入"的按钮后，键盘输入的内容会显示在十字光标附近，如图 4-3 所示。

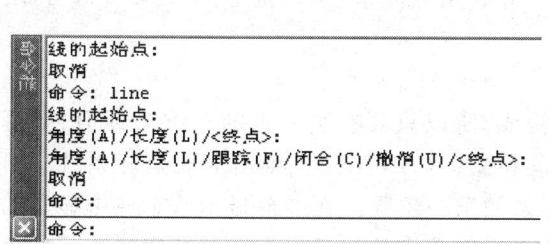

图 4-2　通过键盘方式执行命令

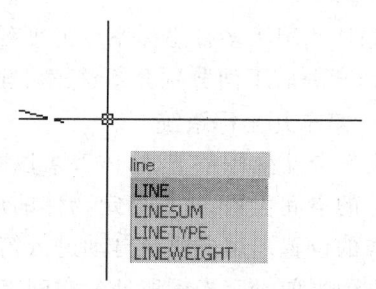

图 4-3　动态输入执行命令

（2）命令按钮方式

命令按钮方式执行：在工具栏上选择要执行命令对应的工具按钮，然后按照提示完成操作。

（3）菜单命令方式

菜单命令方式执行：通过选择下拉菜单中的相应命令项来执行命令，执行过程与上面两种方式相同。中望 CAD 同时提供鼠标右键快捷菜单（如图 4-4 所示），在快捷菜单中会根据绘图的状态提示一些常用的命令。

（4）其他相关操作

退出正在执行的命令：执行某命令后，可按"Esc"键退出该命令，也可按"Enter"键结束某些操作命令。注意，有的操作要按多次才能退出。

重复执行上一次操作命令：当结束了某个操作命令后，若要再一

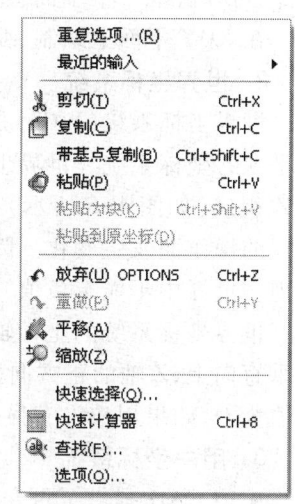

图 4-4　鼠标右键菜单

次执行该命令,可以按"Enter"键或空格键来重复上一次的命令。

取消已执行的命令:绘图中出现错误,要取消前次的操作,可以使用 Undo 命令,或点击工具栏中的 按钮,或用快捷键"CTRL+Z",均可回到前一步或前几步的状态。

恢复已撤消的命令:当撤消了命令后,又想恢复已撤消的命令,可以使用 Redo 命令或点击工具栏中的 按钮来恢复。

使用透明命令:中望 CAD 中有些命令可以插入到另一条命令的期间执行,如当前在使用 Line 命令绘制直线的时候,可以同时使用 Zoom 命令放大或缩小视图范围,这样的命令称为透明命令。只有少数命令为透明命令,在使用透明命令时,必须在命令前加一个单引号"'"软件才能识别。

- CAD 软件绘图界面排列优点。
- 对比各种命令执行方式优点及应用场合。

4.1.2　CAD 坐标系

CAD 使用了多种坐标系以方便绘图,比如:笛卡儿坐标系 CCS、世界坐标系 WCS 和用户坐标系 UCS 等。下面分别介绍这三种坐标体系。

1. 笛卡儿坐标系统

在笛卡儿坐标系下,物体都可以看成由点构成,所以只要有了一点的三维坐标值,就可以确定该点的空间位置,进而确定物体的形状和空间位置。CAD 采用三维笛卡儿坐标系统(CCS)来确定点的位置。用户执行自动进入笛卡儿坐标系的第一象限。在屏幕显示状态栏中显示的三维数值即为当前十字光标所处的空间点在笛卡儿坐标系中的位置。由于在缺省状态下的绘图区窗口中,我们只能看到 XOY 平面,因而只有 X 和 Y 的坐标在不断地变化,而 Z 轴的坐标值一直为零,可以看成一个平面直角坐标系。

在 XOY 平面上绘制、编辑图形时,只需输入 X、Y 轴的坐标,Z 轴坐标由 CAD 自动赋值为 0。

2. 世界坐标系统

世界坐标系统(WCS)是 CAD 绘制和编辑图形过程中的基本坐标系统,也是缺省坐标系。世界坐标系 WCS,它由三个正交于原点的坐标轴 X、Y、Z 组成(如图 4-5 所示)。WCS 的坐标原点和坐标轴是固定的,不会随用户的操作而发生变化。因此,可以看成是笛卡儿坐标系中的第一象限(因为现实世界中不能有负值)。

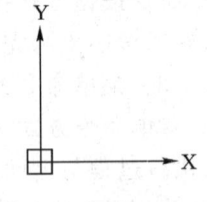

图 4-5　世界坐标系

世界坐标系统的坐标轴默认方向是 X 轴的正方向水平向右,Y 轴正方向垂直向上,Z 轴的正方向垂直于屏幕指向用户。坐标原点在绘图区的左下角,系统默认的 Z 坐标值为 0,如果用户没有另外设定 Z 坐标值,所绘图形只能是 XY 平面的图形。

3. 用户坐标系统

中望 CAD 提供了可变的用户坐标系(UCS),UCS 坐标系统是根据用户需要而变化的,以方便用户绘制图形。在缺省状态下,用户坐标系与世界坐标系相同,用户可以在绘图过程中根据具体情况来定义 UCS。

单击[视图]→[显示]→[UCS 图标]可以打开和关闭坐标系图标,也可以设置是否显示坐标系原点,还可以设置坐标系图标的样式、大小及颜色。

4. 坐标输入方法

用鼠标可以直接定位坐标点,但不是很精确,一般采用键盘输入坐标值的方式可以更精确地定位坐标点。

在 CAD 绘图中经常使用平面直角坐标系的绝对坐标、相对坐标,平面极坐标系的绝对坐标、相对坐标等方法来确定点的位置。

(1) 绝对直角坐标

绝对坐标是以原点为基点定位所有的点。输入点的(X,Y,Z)坐标,在二维图形中,Z=0 可省略。如用户可以在命令行中输入"5,13"(中间用逗号隔开)来表示在 XY 平面上,水平位置为 5,垂直位置为 13 的点的位置。

(2) 相对直角坐标

相对坐标是某点(A)相对于另一特定点(B)的位置,相对坐标是把以前一个输入点作为输入坐标值的参考点,输入点的坐标值是以前一点为基准而确定的,它们的位移增量为 ΔX、ΔY、ΔZ。其格式为:@ ΔX、ΔY、ΔZ,"@"字符表示输入一个相对坐标值。如"@ 10,20"是指该点相对于当前点沿 X 方向移动 10,沿 Y 方向移动 20。

(3) 绝对极坐标

极坐标是通过相对于极点的距离和角度来定义的,其格式为:距离<角度。角度以 X 轴正向为度量基准,一般默认逆时针为正,顺时针为负。绝对极坐标以原点为极点。如输入"10<20",表示距原点 10,方向 20°的点。

(4) 相对极坐标

相对极坐标是以上一个操作点为极点,其格式为:@ 距离<角度。如输入"@ 10<20",表示该点距上一点的距离为 10,和上一点的连线与 X 轴成 20°。

5. 操作实例

在绘图过程中不是自始至终只使用一种坐标模式,而是可以将多种坐标模式混合使用。在图 4-6 中,先以绝对坐标开始,然后改为极坐标,又改为相对坐标。作为一个 CAD 操作者应该选择最有效的坐标方式来绘图。从图形左下角开始,按顺时针方向绘制。

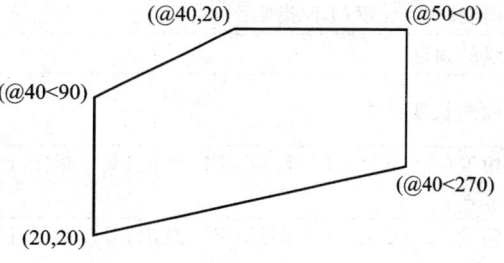

图 4-6 坐标法绘制图形

命令:line

线的起始点:20,20

指定下一点:@ 40<90

指定下一点:@ 40,20

指定下一点:@ 50<0

指定下一点:@ 40<270

指定下一点:C(快速封闭图形绘制,自动跟踪起始点)

指定下一点:(按回车键退出命令)

> **重点掌握**
>
> - 坐标应用是画图基础,请认真思考掌握。

4.2 CAD 基本图形绘制

CAD 软件的基本绘图快捷工具在屏幕的左侧,如图 4-7 所示。

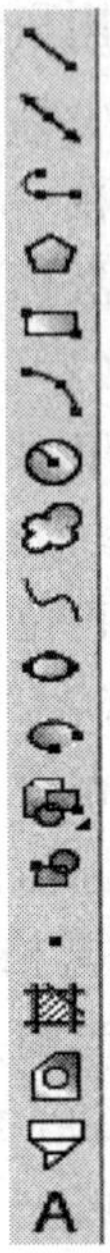

绘图工具菜单从上到下依次为绘制直线、绘制构造线、绘制多线段、绘制多边形、绘制矩形、绘制圆弧、绘制圆、绘制云线、绘制样条曲线、绘制椭圆、绘制椭圆弧、插入块、创建块、绘制点、填充、面域、二维填充及多行文字快捷方式。下面对其中几种基本操作进行详细介绍。

4.2.1 绘制直线

1. 操作接口

命令行:Line(L)

菜单:[绘图]→[直线(L)]

工具栏:[绘图]→[直线]

CAD 软件可通过输入起点与终点的坐标,来绘制任何长度及位置的直线。直线在通信工程施工图中可以代表管道、光电缆等。

图 4-7 工具栏

2. 操作步骤

绘制一个不规则五边形如图 4-8 所示,按表 4-1 中所示步骤进行操作。

表 4-1 直线命令操作步骤

命令行信息	输入	解释
命令:	Line	执行 Line 命令
线的起始点:	30,20	输入绝对直角坐标:[X],[Y],确定第 1 点
角度(A)/长度(L)/指定下一点:	A	输入 A,以角度和长度来确定第 2 点
线的角度:	100	输入角度值 100
线的长度:	25	输入长度值 25
角度(A)/长度(L)/跟踪(F)/撤消(U)/指定下一点:	@2,30	输入相对直角坐标:@[X],[Y],确定第 3 点
角度(A)/长度(L)/跟踪(F)/撤消(U)/指定下一点:	@30<30	输入相对极坐标:@[距离]<[角度],确定第 4 点
角度(A)/长度(L)/跟踪(F)/撤消(U)/指定下一点:	@18,-30	输入相对直角坐标:@[X],[Y],确定第 5 点
角度(A)/长度(L)/跟踪(F)/闭合(C)/撤消(U)/指定下一点:	输入 C	闭合二维线段

表 4-1 中矩形命令的选项各项提示的含义和功能说明如下：

长度(L)：直线的长度。

跟踪(F)：将本次绘制直线方向设定为上次绘制的线或弧终点的切线方向。

闭合(C)：在同一次 line 命令周期内，在最后绘制的直线终点和开始绘制直线的起点间绘制一条将图形封闭的直线。

撤消(U)：按顺序依次撤消最末次绘制的直线段。

3．注意事项

（1）由直线组成的图形，每条线段都是独立对象，可单独对所有直线段进行编辑。

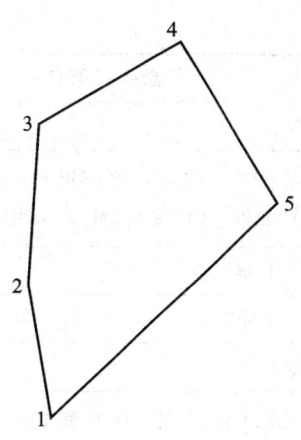

图 4-8 不规则五边形

（2）在结束 Line 命令后，再次执行 Line 命令，根据命令行提示，直接点击"Enter"，则以上次最后绘制的线段或圆弧的终点作为当前线段的起点。

（3）在命令行提示下输入三维点的坐标，则可以绘制三维直线段。

4.2.2 绘制圆

1．操作接口

命令行：Circle(C)

菜单：[绘图]→[圆(C)]

工具栏：[绘图]→[圆]

圆是工程制图中常用的图形之一，可以代表管孔、电杆等。用户可根据不同的已知条件，创建所需圆形。在进行实际图纸绘制中，可以采用多种不同方法绘制圆形。

2．操作步骤

通过命令行方式，应用两点法、三点法、相切-相切-半径法绘制圆形，按表 4-2 中所示步骤操作，绘制如图 4-9 中的圆 1-3。

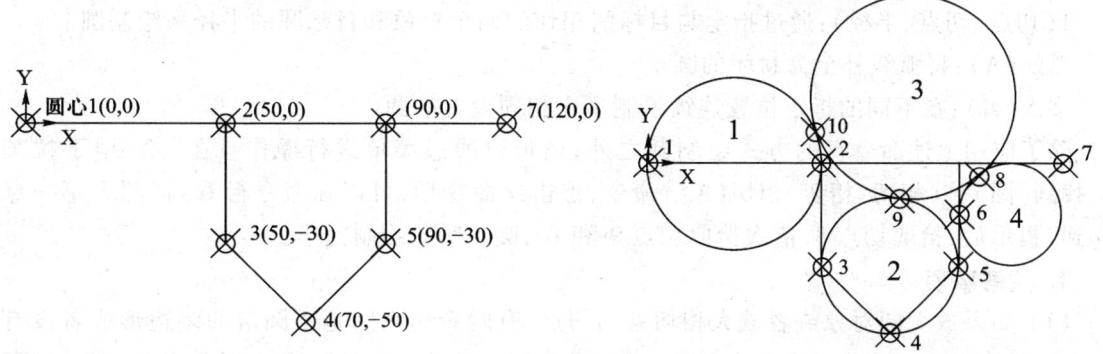

图 4-9 绘制圆

表 4-2　圆命令操作步骤

命令行信息	输入	解释	备注
命令：	Circle	执行 Circle 命令	
两点(2P)/三点(3P)/相切-相切-半径(T)/弧线(A)/多次(M)/〈圆中心(C)〉：	2P	指定两点法绘制圆	方法 1：两点法绘制圆 1
直径上第一点：	鼠标选 1 点	拾取端点 1	
直径上第二点：	鼠标选 2 点	拾取端点 2	
命令：	回车	再次执行上一个命令 Circle	
两点(2P)/三点(3P)/相切-相切-半径(T)/弧线(A)/多次(M)/〈圆中心(C)〉：	3P	指定三点法绘制圆	方法 2：三点法绘制圆 2
圆上第一点：	鼠标选 3 点	拾取点 3	
第二点：	鼠标选 4 点	拾取点 4	
第三点：	鼠标选 5 点	拾取点 5	
命令：	回车	再次执行上一个命令 Circle	
两点(2P)/三点(3P)/相切-相切-半径(T)/弧线(A)/多次(M)/〈圆中心(C)〉：	T	指定相切-相切-半径法绘制圆	方法 3：相切-相切-半径法绘制圆 3
选取第一切点：	鼠标选 6 点	拾取点 6	
选取第二切点：	鼠标选 7 点	拾取点 7	
圆半径〈20〉：	15	确定目标圆的半径为 15	

表 4-2 中圆命令的选项各项提示的含义和功能说明如下：

两点(2P)：指定圆直径上的两个端点绘制圆。

三点(3P)：指定圆周上的三个点绘制圆。

T(切点、切点、半径)：通过指定与目标圆相切的两个对象和目标圆的半径来绘制圆。

弧线(A)：将弧线补全为封闭的圆。

多次(M)：在不同的指定位置连续绘制多个相同设置的圆。

除了应用上述命令行的方式绘制圆之外，还可以通过菜单进行操作。在[绘图]下拉菜单里，找到[圆]—[相切、相切、相切(A)]命令，点击此命令后，可以在命令行看到"圆上第一点：_tan 到"提示后，拾取切点 8，依次拾取切点 9 和 10，圆 4 对象绘制完毕。

3. 注意事项

(1) 如果放大圆对象或者放大相切处的切点，有时看起来圆是不圆滑的多边形或者没有相切，这是显示原因造成的。在命令行输入 Regen(RE)，点击"Enter"；或应用重生成命令，圆即可恢复光滑。

(2) 绘图命令中嵌套着撤消命令"Undo"，如果画错了不必立即结束当前绘图命令，重新再画，可以在命令行里输入"U"，点击"Enter"，撤消上一步操作。

4.2.3 绘制圆弧

1. 操作接口

命令行：Arc（A）

菜单：[绘图]→[圆弧(A)]

工具栏：[绘图]→[圆弧]

圆弧是工程制图中另一种常用对象，可以表示机房门等图例。创建圆弧的方法主要有三点法，起点、圆心和端点法，起点、圆心和角度法等，另外也可以通过圆弧的角度、半径、方向和弦长等方法来画弧。中望CAD提供了10种画圆弧的方式，如图4-10所示。

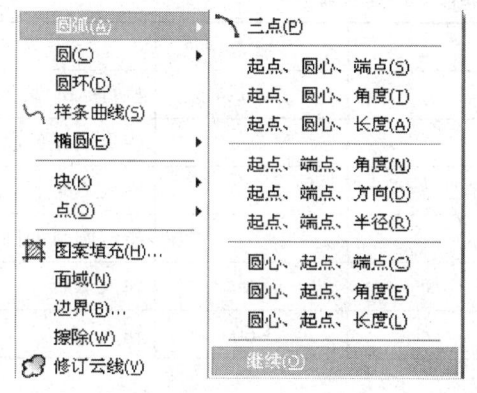

图4-10 画圆弧的方式

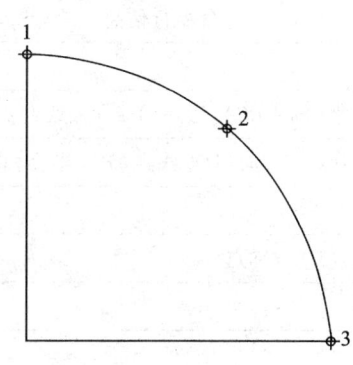

图4-11 三点画弧

2. 操作步骤

以下介绍其中的三种方式绘制圆弧。

（1）三点画弧，完成图4-11所示机房门的绘制，按表4-3中所示步骤进行操作。

表4-3 圆弧命令操作步骤

命令行信息	输入	解释
命令：	Arc	执行 Arc 命令
回车利用最后点/圆心(C)/跟踪(F)/<弧线起点>：	鼠标选点1	指定第1点
角度(A)/圆心(C)/方向(D)/终点(E)/半径(R)/<第二点>：	鼠标选点2	指定第2点
终点：	鼠标选点3	指定第3点

（2）指定中心点绘制圆弧，有以下三种方式创建所需圆弧对象：

① 起点—圆心—角度方式绘制图4-12所示圆弧，按表4-4中所示步骤进行操作。

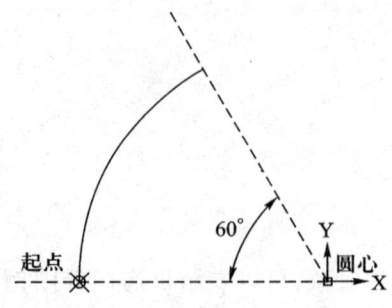

图 4-12 起点—圆心—角度

表 4-4 圆弧命令操作步骤

命令行信息	输入	解释
命令：	Arc	执行 Arc 命令
回车利用最后点/圆心(C)/跟踪(F)/<弧线起点>：		指定圆弧的起点
角度(A)/圆心(C)/方向(D)/终点(E)/半径(R)/<第二点>：	C	输入 C
圆心(C)：		指定圆弧的圆心
角度(A)/弦长(L)/<终点>：	A	输入 A
角度(A)：	-60	输入 -60

探讨

- 为什么表 4-4 中最后一步中角度输入 "-60"？

② 起点—圆心—终点方式绘制图 4-13 所示圆弧,按表 4-5 中所示步骤进行操作。

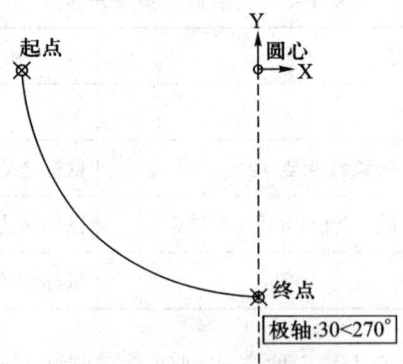

图 4-13 起点—圆心—终点绘制圆弧

表 4-5　圆弧命令操作步骤

命令行信息	输入	解释
命令：	Arc	执行 Arc 命令
回车利用最后点/圆心(C)/跟踪(F)/<弧线起点>：		指定圆弧的起点
角度(A)/圆心(C)/方向(D)/终点(E)/半径(R)/<第二点>：	C	输入 C
圆心(C)：	鼠标取点	指定圆弧的圆心
角度(A)/弦长(L)/<终点>：	鼠标取点	在终点处左击鼠标

③ 起点—圆心—长度方式绘制图 4-14 所示圆弧,按表 4-6 中所示步骤进行操作。

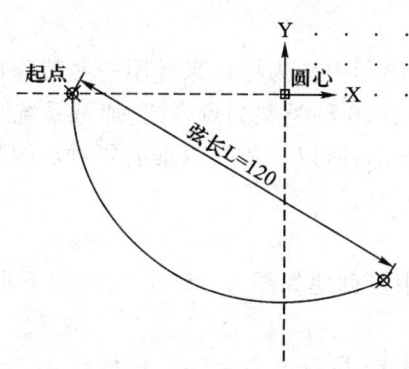

图 4-14　起点—圆心—长度

表 4-6　圆弧命令操作步骤

命令行信息	输入	解释
命令：	Arc	执行 Arc 命令
回车利用最后点/圆心(C)/跟踪(F)/<弧线起点>：	鼠标取点	指定圆弧的起点
角度(A)/圆心(C)/方向(D)/终点(E)/半径(R)/<第二点>：	C	输入 C
圆心(C)：	鼠标取点	指定圆弧的圆心
角度(A)/弦长(L)/<终点>：	L	输入 L
弦长(L)：	120	输入 120

上述各表中圆弧命令的参数含义如下：
三点：指定圆弧的起点、终点以及圆弧上任意一点。
起点：指定圆弧的起点。
终点：指定圆弧的终点。
圆心：指定圆弧的圆心。
方向：指定和圆弧起点相切的方向。
长度：指定圆弧的弦长。

角度:指定圆弧包含的角度。默认情况下,顺时针为负,逆时针为正。
半径:指定圆弧的半径。

3. 注意事项

圆弧的角度与半径值均有正、负之分。默认情况下中望 CAD 在逆时针方向上绘制出较小的圆弧,如果输入负数半径值,则绘制出较大的圆弧。

4.2.4 绘制点

1. 操作接口

命令行:Point
菜单:[绘图]→[点(O)]
工具栏:[绘图]→[点]

点是一个小的实体,通常在绘图中作为标记来标明一些特殊位置信息,是作图过程中不可或缺的标记方式。中望 CAD 提供了 20 种类型的点样式,通常系统默认的是第一种类型,但是在实际应用中第一种点并不能突出显示,所以一般要根据需要对点的显示类型样式进行设置。

2. 操作步骤

(1) 标记指定点

为绘制好的正方形的四个中点创建如图 4-15 所示,按如下步骤操作:

① 点样式的设置

点样式通过 Ddptype 命令设定,执行该命令后出现如图 4-16 所示的对话框,选择第二行第三列的点样式。

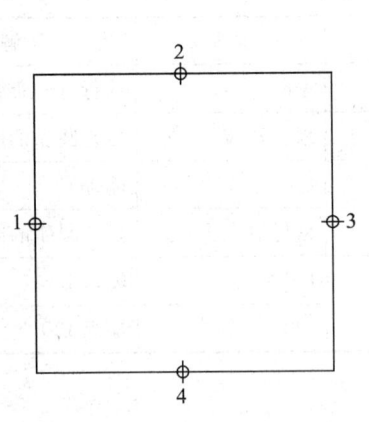

图 4-15 点标记符号显示

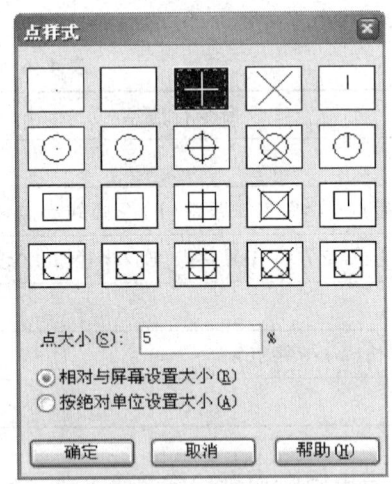

图 4-16 点样式设置对话框

点大小的设置说明:

- 相对与屏幕设置大小:点的显示的大小按占屏幕尺寸的百分比确定,进行缩放时,在屏幕窗口大小不变的情况下,点的显示大小不随其他对象的变化而改变。
- 按绝对单位设置大小:点的显示的大小按实际单位值确定。在进行缩放时,点的大小随其他对象的变化做相同的大小变化。

② 点标记

按表4-7进行点标记的操作。

表4-7 点命令操作步骤

命令行信息	输入	解释
命令:	Point	执行 Point 命令
设置(S)/多次(M)/<点定位(L)>:	M	输入 M, 以多点方式创建点标记
设置(S)/<点定位(L)>:	鼠标取点	拾取端点 1
设置(S)/<点定位(L)>:	鼠标取点	拾取端点 2
设置(S)/<点定位(L)>:	鼠标取点	拾取端点 3
设置(S)/<点定位(L)>:	鼠标取点	拾取端点 4

（2）分割对象

利用定数等分（Divide）命令，沿着直线或圆周方向均匀间隔一段距离排列点的实体或块（块是几何体的组合）。如图4-17所示，把圆对象，用块名为 star 的☆，分割为三等分，按表4-8中所示步骤进行操作。

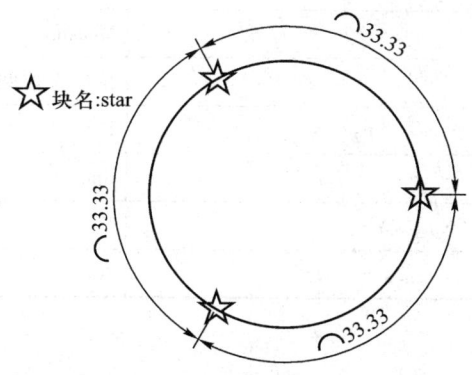

图4-17 分割对象

表4-8 分割对象命令操作步骤

命令行信息	输入	解释
命令:	Divide	执行 Divide 命令
选取分割对象:	鼠标操作	选取圆对象
块(B)/<分段数>:	B	输入 B
插入块名称:	star	输入块名称
是否对齐块和对象？[是(Y)/否(N)] <Y>:	N	输入 N
分段数:	3	输入 3

(3) 测量对象

利用定距等分(Measure)命令,在实体上按测量的间距排列点实体或块。如图 4-18 所示,把周长为 100 的圆,用块名为 line 的对象,以 30 为分段长度测量圆对象,按表 4-9 中所示步骤进行操作。

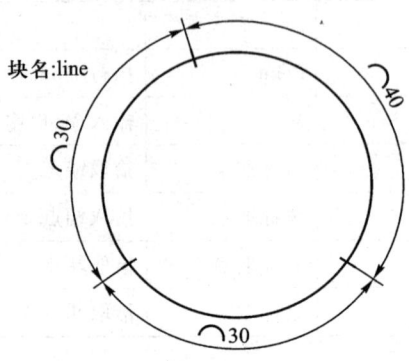

图 4-18 测量对象

表 4-9 测量对象命令操作步骤

命令行信息	输入	解释
命令:	Measure	执行 Measure 命令
选取分割对象:	鼠标选取圆	选取圆对象
块(B)/<分段数>:	B	输入 B
列出图中块/<插入块(B)>:	line	输入图块名称
是否对齐块和对象?[是(Y)/否(N)]<Y>:	Y	输入 Y
分段长度(S):	30	输入 30

3. 注意事项

(1) 可通过在屏幕上拾取点或者输入坐标值来指定所需的点(在三维空间内,也可指定 Z 坐标值来创建点)。

(2) 创建好的参考点对象,可以使用节点(Node)对象捕捉来捕捉改点。

(3) 用 Divide 或 Measure 命令插入块时,先定义块。

4.2.5 绘制矩形

1. 操作接口

命令行:Rectangle(REC)

菜单:[绘图]→[矩形(G)]

工具栏:[绘图]→[矩形] □

通过确定矩形对角线上的两个点来绘制。矩形可以表示通信设备如传输设备、交换机、基站主设备等。

2. 操作步骤

绘制如图4-19所示的倒角矩形，按表4-10中所示步骤进行操作。

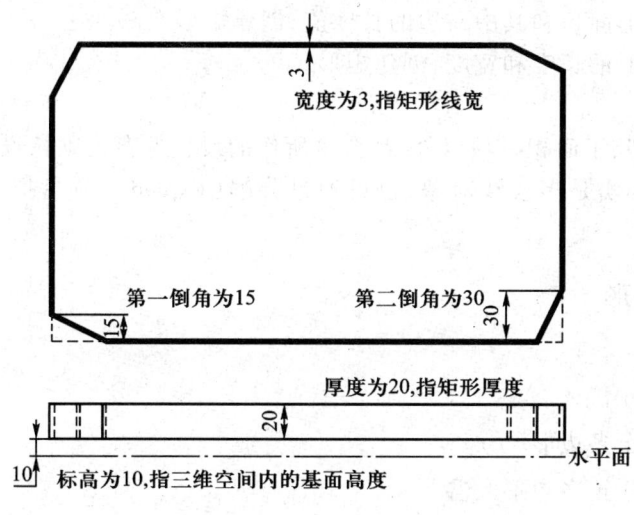

图 4-19　矩形绘制

表 4-10　矩形命令操作步骤

命令行信息	输入	解释
命令:	Rectang	执行 Rectang 命令
倒角(C)/标高(E)/圆角(F)/厚度(T)/宽度(W)/<选取方形的第一点>:	C	输入 C 设置倒角参数
关闭(O)/缺省(D)/方形第一倒角距离(F) <10>:	15	输入第一倒角距离 15
所有长方形第二倒角距离(S) <15>:	30	输入第二倒角距离 30
倒角(C)/标高(E)/圆角(F)/厚度(T)/宽度(W)/<选取方形的第一点>:	E	输入 E 设置标高值
所有方形标高:	10	输入标高值为 10
倒角(C)/标高(E)/圆角(F)/厚度(T)/宽度(W)/<选取方形的第一点>:	T	输入 T 设置厚度值
缺省/方形厚度 <3>:	20	输入厚度值为 20
倒角(C)/标高(E)/圆角(F)/厚度(T)/宽度(W)/<选取方形的第一点>:	W	输入 W 设置宽度值
所有方形宽度:	3	设置宽度值为 3
倒角(C)/标高(E)/圆角(F)/厚度(T)/宽度(W)/<选取方形的第一点>:	鼠标操作	拾取第 1 对角点
指定另一个角点或 [面积(A)/尺寸(D)/旋转(R)]:	鼠标操作	拾取第 2 对角点

表4-10中矩形命令的选项各项提示的含义和功能说明如下：

倒角(C)：矩形角的倒角长度，依次输入左下角竖直方向倒角长度和水平方向倒角长度。

标高(E)：矩形在三维空间内的底面距离水平面的距离。

圆角(F)：矩形角的圆角尺寸。

旋转(R)：矩形旋转角度，指矩形下边相对于 X 轴旋转的角度。

厚度(T):矩形的厚度,即 Z 轴方向的高度。
宽度(W):设置矩形的线宽。
面积(A):根据矩形面积和其中一边的长度值,创建矩形。
尺寸(D):根据矩形的长度和宽度,创建矩形。

3. 注意事项

(1) 矩形选项中,除了面积一项以外,都会将所作的设置保存为默认设置。

(2) 矩形的属性其实是多段线对象,也可通过分解(Explode)命令把多段线转化为多条直线段。

4.2.6 绘制正多边形

1. 操作接口

命令行:Polygon(POL)

菜单:[绘图]→[正多边形(Y)]

工具栏:[绘图]→[正多边形]

在中望 CAD 中,可以精确绘制 3~1024 边的正多边形。

2. 操作步骤

绘制如图 4-20 所示的正六边形,按表 4-11 中所示步骤进行操作。

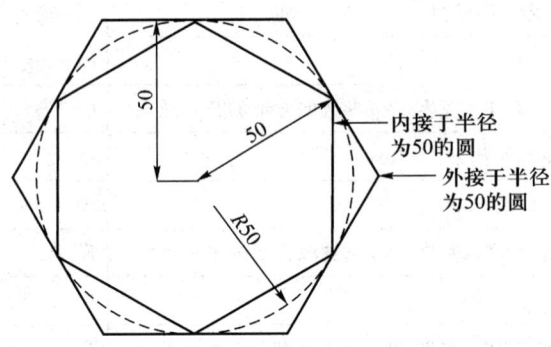

图 4-20 以外切于圆和内接于圆绘制六边形

表 4-11 多边形命令操作步骤

命令行信息	输入	解释
命令:	Polygon	执行 Polygon 命令
多边形:多个(M)/线宽(W)/<边数> <4>:	W	输入 W
多段线宽度 <0>:	2	输入宽度值为 2
多边形:多个(M)/线宽(W)/<边数> <4>:	6	输入多边形的边数为 6
指定正多边形的中心点或 [边(E)]:	鼠标取原点	拾取坐标原点
输入选项 [内接于圆(I)|外切于圆(C)] <I>:	C	输入 C

续表

命令行信息	输入	解释
指定圆的半径:	50	输入外切圆的半径为50
命令:		点击回车键,重复执行Polygon命令
多边形:多个(M)/线宽(W)/<边数> <6>:	6	输入多边形的边数为6
指定正多边形的中心点或[边(E)]:	鼠标选点	拾取坐标原点
输入选项[内接于圆(I)｜外切于圆(C)]<I>:	I	输入I
指定圆的半径:	50	输入内接圆的半径为50

表4-11中正多边形命令的选项各项提示的含义和功能说明如下:

多个(M):连续绘制几何尺寸相同的正多边形。执行Polygon(POL)命令后,键入"M",再输入所需正多边形尺寸参数,然后可以连续指定位置放置正多边形。

线宽(W):正多边形的多段线宽值。

边(E):指定边缘第一端点及第二端点,确定正多边形的边长和旋转角度。

多边形中心:指定多边形的中心点。

内接于圆(I):正多边形的外接圆的半径,正多边形的所有顶点都在此圆周上。

外切于圆(C):正多边形的内切圆半径,正多边形各边均与此圆相切,并且切点为各边中点。

3. 注意事项

用Polygon绘制的正多边形是一条多段线,可用Pedit命令对其进行编辑。

4.2.7 绘制构造线

1. 操作接口

命令行:Xline(XL)

菜单:[绘图]→[构造线(T)]

工具栏:[绘图]→[构造线]

构造线是没有起点和终点的无穷延伸的线。在图纸绘制中是重要的辅助线型之一。

2. 操作步骤

绘制如图4-21所示的构造线。构造线的绘制与直线绘制方法基本相同,通过对象捕捉节点(node)方式来确定构造线。此处由于和直线类似,不再重复说明。

3. 构造线命令选项

构造线命令的选项各项提示的含义和功能说明如下:

等分(B):将对象看做一个角,沿角平分线方向绘制构造线。

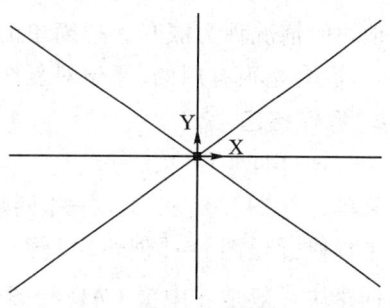

图4-21 通过根点和第二点来绘制构造线

水平(H)：平行于当前 UCS 的 X 轴绘制水平构造线。
竖直(V)：平行于当前 UCS 的 Y 轴绘制垂直构造线。
角度(A)：沿确定的角度绘制构造线，角度起始为 X 轴正方向。
偏移(P)：以某一线为基准，偏移确定长度并平行于原基准直线绘制构造线。

4．注意事项

构造线作为临时参考线用于辅助绘图，参照完毕，应记住将其删除，以免影响图纸整体。

4.2.8 创建块

1．块使用基础

块是中望 CAD 的一项重要实用功能。块是将多个几何实体合为一组，构成一个整体，并给这个整体命名保存，这个整体就被视为一个对象。一个块包括可见的几何实体如线、圆弧、圆以及可见或不可见的属性数据等。例如桌子，它由桌面、桌腿、抽屉等组成，如果每次画相同或相似的桌子时都要画桌面、桌腿、抽屉等部分，那么，这工作不仅繁琐，而且重复。如果将桌面、桌腿、抽屉等部件组合起来，定义为"桌子"的一个块，那么在以后的绘图中，只需将这个块以不同的比例插入到图形中即可。在通信设计图纸由大量基本通信图符构成，如设备、管块、人手孔等，在绘制中使用块可以避免重复工作，提升绘图速度。总之，块可以大幅提升图纸绘制的效率和准确性。

除此之外，块便于工作的组织管理。正确使用块功能，可以快速创建和修改图形，减少图形文件的大小。在使用块进行通信图纸绘制的过程中，可以创建一个经常使用的通信工程设计图形库，并根据设计专业进行划分，这样在进行图纸绘制时以块的形式操作，而不用重绘制该符号，提升速度的同时，还可以减少错误，推进标准化模块操作的进程。

创建块并保存，根据制图需要在图纸不同位置插入块。系统插入的仅仅是块定义的索引，这样不仅大大减小绘图文件大小，而且便于图纸的整体修改。只要修改块定义，图形中所有的块引用体也会进行自动更新修改。

如果块中的实体在定义前绘制在 0 层，并且"颜色与线型"两个属性是定义为"随层"，那么插入后它会被赋予插入层的颜色与线型属性；相反，如果块中的实体在定义前绘制在非 0 层，且"颜色与线型"两个属性不是"随层"的话，插入后它保留原先的颜色与线型属性。定义的块中包括其他块的情况称为嵌套。把简单的几何实体组合成复杂的几何实体，且在图形中要插入复杂实体时，嵌套是很有用的，便于对复杂实体进行分部修改。

2．操作接口

命令行：Block（B）

菜单：[绘图]→[块(K)]→[创建(M)]

工具栏：[绘图]→[创建块]

创建块一般是在中望 CAD 绘图工具栏中，选取"创建块"，系统弹出如图 4-22 所示的对话框。

用 Block 命令定义的块只能在定义块的图形中调用，而不能在其他图形中调用，因此用 Block 命令定义的块称为内部块。

4.2 CAD基本图形绘制

图 4-22 "块定义"对话框

3. 操作步骤

用 Block 命令将如图 4-23 所示的小号直通型人孔定义为内部块,其具体操作步骤如表 4-12 所示。

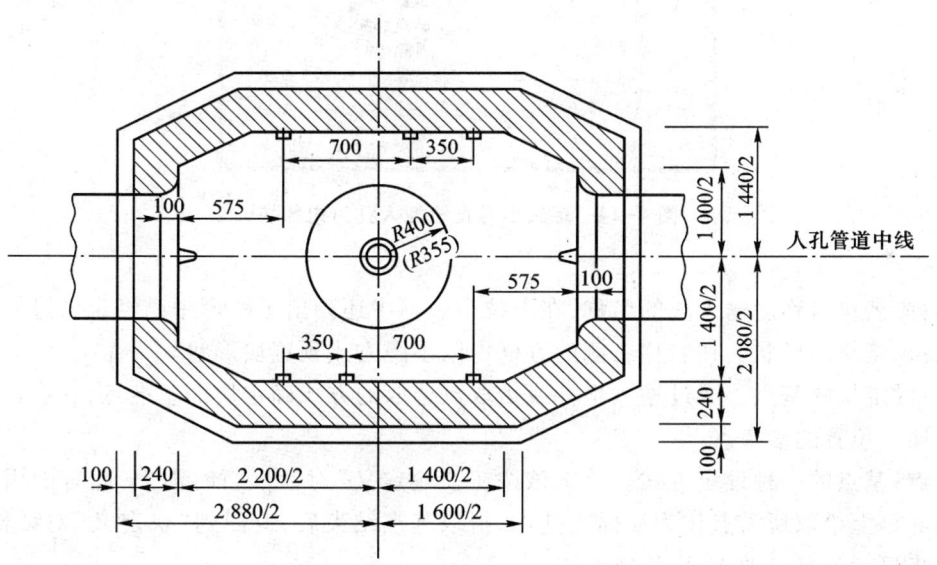

图 4-23 小号直通型人孔

表 4-12 创建块命令行操作步骤

命令行信息	输入	解释
命令:	Block	执行 Block 命令
在块定义对话框中输入块的名称:	小号直通型人孔	输入新块名称,如图 4-24 所示
指定基点:	点人孔的左下角	先点击[拾取点]按钮,再指定
选取写块对象:	点人孔的右下角	指定窗口右下角点

续表

命令行信息	输入	解释
另一角点:	点人孔的左上角	指定窗口左上角点
选择集中的对象:	157	提示已选中对象数
选取写块对象:		回车完成定义内部块操作

4. 块命令选项

执行 Block 命令后,打开"块定义"对话框用于块的定义,如图 4-24 所示。该对话框各选项功能如下:

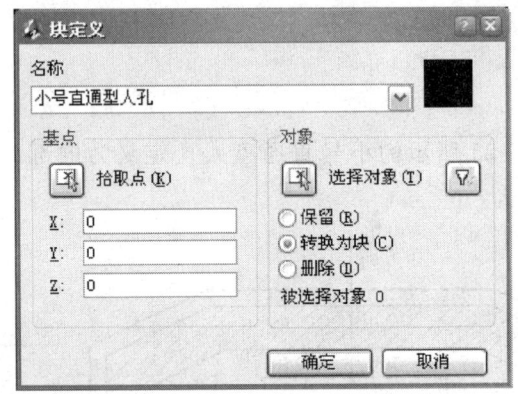

图 4-24　定义小号直通型人孔为内部块

名称:命名块名称。输入块的名称,在下拉列表框中还列出了图形中已经定义过块名。

预览:预览块的形状。在名称右侧的方框内以小图方式预览块形状。

基点:设定块的基点。通过输入坐标或拾取点选取的方式确定块的基准点,在进行块插入式基点作为插入位置的参考点。

拾取点:基点的一种设定方式。单击该按钮,"块定义"对话框暂时消失,此时需用户使用鼠标在图形屏幕上拾取所需点作为块插入基点,拾取基点结束后,返回到"块定义"对话框,X、Y、Z 文本框中将显示该基点的 X、Y、Z 坐标值。

X、Y、Z:在该区域的 X、Y、Z 编辑框中分别输入所需基点的相应坐标值,以确定出块插入基点的位置。

对象:选取组成块的几何实体。其中各选项功能如下:

选择对象:单击该按钮,"块定义"对话框暂时消失,此时用户需在图形屏幕上用任一目标选取方式选取块的组成实体,实体选取结束后,系统自动返回对话框。

快速选择:开启"快速选择"对话框,通过过滤条件构造对象。将最终的结果作为所选择的对象。

保留:点选此单选项后,所选取的实体生成块后仍保持原状,即在图形中以原来的独立实体形式保留。

转换为块:点选此单选项后,所选取的实体生成块后在原图形中也转变成块,即在原图形中所选实体将具有整体性,不能用普通命令对其组成目标进行编辑。

删除:点选此单选项后,所选取的实体生成块后将在图形中消失。

5. 注意事项

(1) 为了使块在插入当前图形中时能够准确定位,给块指定一个插入基点,以它作为参考点将块插入到图形中的指定位置,同时,如果块在插入时需旋转角度,该基点将作为旋转轴心。

(2) 当用 Erase 命令删除了图形中插入的块后,其块定义依然存在,因为它储存在图形文件内部,就算图形中没有调用它,它依然占用磁盘空间,并且随时可以在图形中调用。可用 Purge 命令中的"块"选项清除图形文件中无用的、多余的块定义以减小文件的字节。

(3) 中望 CAD 允许块的多级嵌套。嵌套块不能与其内部嵌套的块同名。

4.2.9 插入块

1. 操作接口

命令行:Insert/Ddinsert

菜单:[插入]→[块(B)]

工具栏:[绘图]→[插入块]

在图形中插入已建立的块。插入的块是作为一个单个实体。插入块时,必须定义插入点、比例、旋转角度。插入点是定义块时的引用点。当把图形当做块插入时,程序把定义的插入点作为块的插入点。除了插入块之外,本命令还可用于图形的插入。

2. 操作步骤

用 Insert 命令在如图 4-25 所示图形中插入一张床,其具体操作步骤如表 4-13 所示。

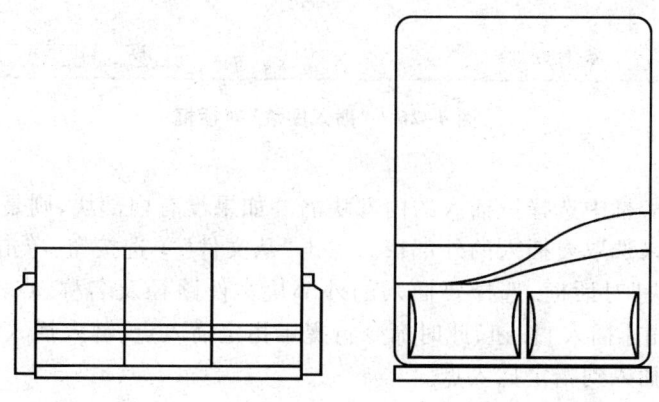

图 4-25 插入一张床

表 4-13 插入块命令操作步骤

命令行信息	输入	解释
命令:	Insert	执行 Insert 命令,弹出插入图
在插入栏中选择"大床"块		插入块对话框,插入"大床"块

续表

命令行信息	输入	解释
在三栏中均选择在屏幕上指定		确定定位块方式
对话框消失,提示指定插入点		
块的插入点或[多个块(M)/比例因子(S)/X/Y/Z/旋转角度(R)]:	在房间中间拾取一点	指定块插入点
X 比例因子 <1.000000>:		回车选默认值,确定插入比例
Y 比例因子:<等于 X 比例(1.000000)>:		回车选默认值,确定插入比例
块的旋转角度<0>:	90	设置插入块的旋转角度
命令:		结束插入命令,结果如图 4-25 所示

执行 Insert 命令后,系统弹出如图 4-26 所示对话框,其主要内容如下:

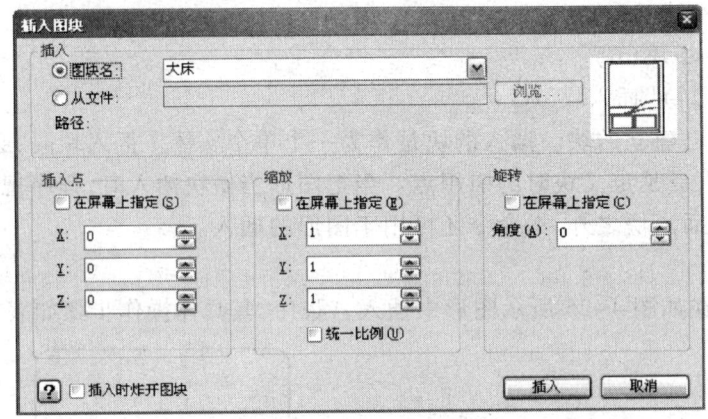

图 4-26 "插入图块"对话框

块名:该下拉列表框中选择欲插入的内部块名。如果没有内部块,则是空白。

从文件:此项用来选取要插入的外部块。点击"从文件"单选按钮,单击"浏览",系统显示如图 4-27 所示"插入块"对话框,选择要插入的外部块文件路径及名称,点击"打开"。再回到图 4-26 所示对话框,单击[插入]按钮,此时命令行提示指定插入点,键入插入比例、块的旋转角度。完成命令后,图形就插入到指定插入点。

3. 插入块命令选项

插入块命令的选项内容包括。

预览:显示要插入的指定块的预览。

插入点(X、Y、Z):此三项输入框用于输入坐标值确定在图形中的插入点。当选"在屏幕上指定"后,此三项呈灰色,不能用。

缩放(X,Y,Z):此三项输入框用于预先输入块在 X 轴、Y 轴、Z 轴方向上缩放的比例因子。这三个比例因子可相同,也可不同。当选用"在屏幕上指定"后,此三项呈灰色,不能用。缺省值

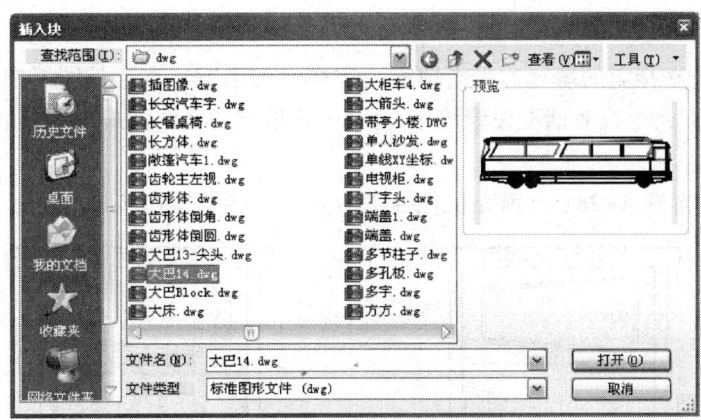

图 4-27 "插入块"对话框

为 1。

在屏幕上指定:勾选此复选框,将在插入时对块定位,即在命令行中定位块的插入点、X、Y、Z 的比例因子和旋转角度;不勾选此复选框,则需键入插入点的坐标比例因子和旋转角度。

角度(R):块在插入图形中时可任意改变其角度,在此输入框指定块的旋转角度。当选用"在屏幕上指定"后,此项呈灰色,不能用。

插入时炸开块:该复选框用于指定是否在插入块时将其炸开,使它恢复到元素的原始状态。当炸开块时,仅仅是被炸开的块引用体受影响。块的原始定义仍保存在图形中。仍能在图形中插入块的其他副本。如果炸开的块包括属性,属性会丢失。但原始定义的块的属性仍保留。炸开块使块元素返回到它们的下一级状态。块中的块或多段线又变为块和多段线。

统一比例:该复选框用于统一三个轴向上的缩放比例。选用此项,Y、Z 框呈灰色,在 X 框输入的比例因子,在 Y、Z 框中同时显示。

4. 注意事项

(1) 外部块插入当前图形后,其块定义也同时储存在图形内部,生成同名的内部块,以后可在该图形中随时调用,而无需重新指定外部块文件的路径。

(2) 外部块文件插入当前图形后,其内包含的所有块定义(外部嵌套块)也同时带入当前图形中,并生成同名的内部块,以后可在该图形中随时调用。

(3) 块在插入时如果选择了插入时炸开块,插入后块自动分解成单个的实体,其特性如层、颜色、线型等也将恢复为生成块之前实体具有的特性。

(4) 如果插入的是内部块则直接输入块名即可;如果插入的是外部块则需要给出块文件的路径。

4.2.10 图案填充

1. 操作接口

命令行:Bhatch/Hatch(H)

菜单:[绘图]→[图案填充(H)]

工具栏:[绘图]→[图案填充]

图案填充命令能在指定的填充边界内填充一定样式的图案。在通信图纸中可表示机房横梁、立柱、设备等。图案填充命令以对话框设置填充方式,包括填充图案的样式、比例、角度,填充边界等。

2. 操作步骤

用 Bhatch 命令将图 4-28(a)填充成图 4-28(b)的效果,操作步骤如下:

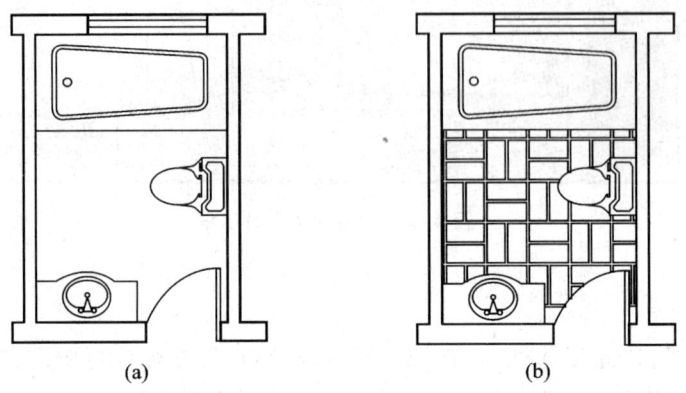

图 4-28 图案填充

(1)执行 Bhatch 命令。

(2)在"图案填充"选项卡的"类型和图案"项中,"类型"选择"预定义","图案"选择"HLNHER",如图 4-29 所示。

图 4-29 填充界面

（3）在"角度和比例"项中,把"角度"设为 0,"比例"设为 1。

（4）勾选上"动态预览",可以实时预览填充效果。

（5）在"边界"项中,点击[添加:拾取点]按钮后,在要填充的卫生间内点击一点来选择填充区域,预览填充结果如图 4-30 所示。

（6）在图 4-30 中,比例为"1"时出现图（a）所示情况,说明比例太小;重新设定比例为"10",出现图（b）所示情况,说明比例太大;不断重复地改变比例,当比例为"3"时,出现图（c）所示情况,说明此比例合适。

（7）满意效果后点[确定]按钮执行填充,卫生间就会填充如图 4-30（c）所示的效果。

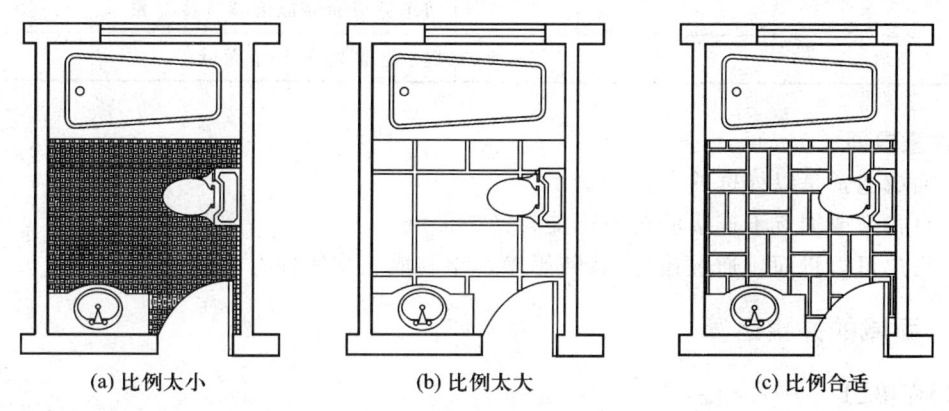

(a) 比例太小　　　　　　　(b) 比例太大　　　　　　　(c) 比例合适

图 4-30　预览填充结果

3．注意事项

（1）区域填充时,所选择的填充边界需要形成封闭的区域,否则中望 CAD 会提示警告信息:"你选择的区域无效"。如果在"允许的间隙"项中设置了定义边界对象与填充图案之间允许的最大间隙值,此时系统会提示"指定的填充边界未闭合"问是否继续填充。

（2）填充图案是一个独立的图形对象,填充图案中所有的线都是关联的。

（3）如果有需要可以用 EXPLODE 命令将填充图案分解成单独的线条。一旦填充图案被分解成单独的线条,那么它与原边界对象将不再具有关联性。

4.2.11　面域的创建

1．操作接口

命令行：Region（REG）

菜单：[绘图]→[面域（N）]

工具栏：[绘图]→[面域]

面域是指内部可以含有孤岛的具体边界的平面,它不但包含了边的信息,还包含边界内的面的信息。在中望 CAD 中,能够把由某些对象围成的封闭区域创建成面域,这些封闭区域可以是圆、椭圆、封闭的二维多段线等。面域可以进行求交集、并集和差集的布尔运算。这样可以简化部分剪切操作,提升绘图速度。

2. 操作步骤

面域的创建命令操作步骤如表 4-14 所示。

表 4-14 面域的创建命令操作步骤

命令行信息	输入	解释
命令：	Region	执行 Region 命令
选择对象：		选择要创建面域的对象
选择集当中的对象:X		提示已选中 X 个对象
选择对象：		回车完成命令或继续选择对象
创建了 X 个面域		提示已创建了 X 个面域

3. 注意事项

（1）面域通常是以线框的形式来显示。
（2）自相交或端点不连接的对象不能转换成面域。
（3）用户可以将面域通过拉伸、旋转等操作绘制成三维实体对象。

4.2.12　面域的并集运算

1. 操作接口

命令行：Union（UNI）
菜单：［修改］→［实体编辑］→［并集（U）］
工具栏：［实体编辑］→［并集］

并集命令用于将两个或多个面域合并为一个单独的面域。

2. 操作步骤

用并集命令将图 4-31(a)中两圆形面域合并成图 4-31(b)中的效果，具体操作步骤如表 4-15 所示。

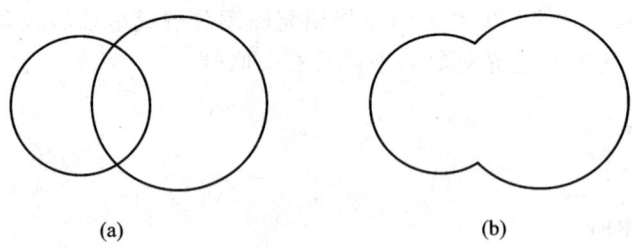

图 4-31　面域的并集运算

表 4-15　面域的并集命令操作步骤

命令行信息	输入	解释
命令：	Union	执行 Union 命令
选取连接的 ACIS 对象：		点选左边的圆

续表

命令行信息	输入	解释
选择集当中的对象:	1	提示已选中1个对象
选取连接的ACIS对象:	鼠标取圆	再点选右边的圆
选择集当中的对象:	2	提示已选中2个对象
选取连接的ACIS对象:		回车完成命令或继续选择对象

3. 注意事项

对面域进行并集运算,如果面域并未相交,那么执行操作后外观上无变化,但实际上参与并集运算的面域已经合并为一个单独的面域。

4.2.13 面域的差集运算

1. 操作接口

命令行:Subtract (SU)

菜单:[修改]→[实体编辑]→[差集(S)]

工具栏:[实体编辑]→[差集]

差集命令是指将从一个或多个面域中减去另一个或多个面域。

2. 操作步骤

用差集命令将图4-32(a)中两圆形面域合并成图4-32(b)中的效果,具体操作步骤如表4-16所示。

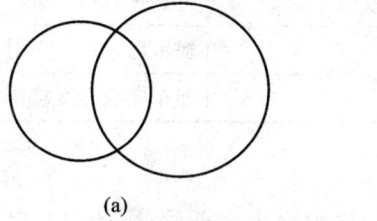

(a) (b)

图4-32 面域的差集运算

表4-16 面域的差集命令操作步骤

命令行信息	输入	解释
命令:	Subtract	执行Subtract命令
选择从中减去的ACIS对象:	鼠标取点	点选左边的圆回车
选择集当中的对象:	1	提示已选中1个对象
选择从中减去的ACIS对象:	鼠标取点	再点选右边的圆
选择用来减的ACIS对象:		回车
选择集当中的对象:	1	提示已选中1个对象
选择用来减的ACIS对象:		回车完成命令

3．注意事项

在面域进行差集运算中，参与运算的被减面域必须与减去的一个或多个面域相交，这样差集运算才有实际意义。

4.2.14 面域的交集运算

1．操作接口

命令行：Intersect（IN）

菜单：[修改]→[实体编辑]→[交集(S)]

工具栏：[实体编辑]→[交集] ⓪

交集命令是指将两个或多个相交面域的公共部分提取出来成为一个对象。

2．操作步骤

用交集命令将图4-33（a）中两圆形面域合并成图4-33（b）中的效果，具体操作步骤如表4-17所示。

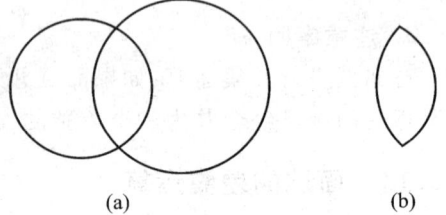

图4-33 面域的交集运算

表4-17 面域的交集命令操作步骤

命令行信息	输入	解释
命令：	Intersect	执行 Intersect 命令
选取被相交的 ACIS 对象：	鼠标取圆	点选左边的圆
选择集当中的对象：	1	提示已选中1个对象
选取被相交的 ACIS 对象：	鼠标取圆	再点选右边的圆
选择集当中的对象：	2	提示已选中2个对象
选取被相交的 ACIS 对象：		回车完成命令或继续选择对象

3．注意事项

如果参与交集运算的面域没有相交，进行交集运算后，所选的对象都将被删除。

4.2.15 绘制多线

1．操作接口

命令行：Mline(M)

菜　单：[绘图]→[多线]

多线命令是一次创建多条平行线并组合成一个对象。创建的多线最少包含1条直线，最多包含16条直线。

2．操作步骤

用多线命令绘制图4-34中墙体，具体操作步骤如下：

（1）设置多线样式

① 点击工具栏中[格式]→[多线样式]，出现图4-35所示的"多线样式"对话框。

"多线样式"对话框项目各项内容提示说明如下：

图4-34 多线的绘制

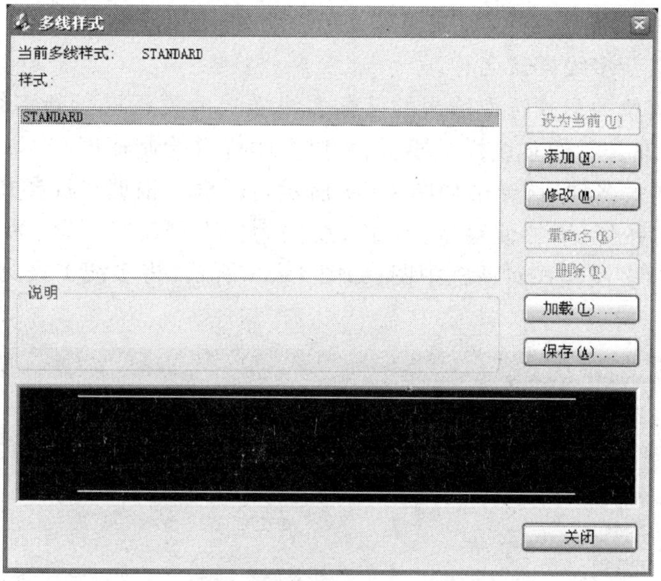

图4-35 "多线样式"对话框

样式:列举目前文件中所有种类多线样式的名称列表。
设为当前:设置某种多线样式为正在使用的样式。
添加:创建新的多线样式。
修改:修改已存在多线样式的配置。
重命名:重新命名表中多线样式的名称。
删除:删除已存在的多线样式,不可恢复。
加载:从文件中加载已配置好的多线样式。
保存:保存目前已配置好的多线样式。
预览:预览选中多线样式。
关闭:关闭多线样式对话框。
② 添加如图4-34所示样式的多线样式。点击添加按钮,出现图4-36所示"创建新多线样式"对话框。选择合适的新建多线样式名称"多线1"填写到新样式名称框内,并设置合适的继承模板后,点击继续按钮。

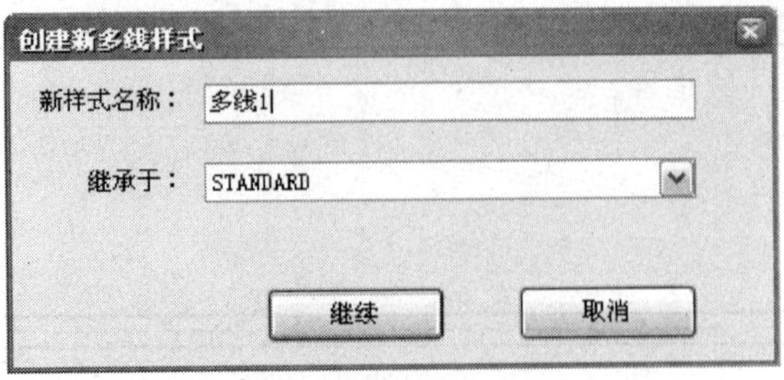

图 4-36 "创建新多线样式"对话框

"创建新多线样式"对话框项目各项内容提示说明如下：

新样式名称：命名新多线样式名称。

继承于：以下拉菜单的形式选取恰当的已存多线样式为模板进行新多线样式的创建。在应用时根据实际情况选取合适的多线样式模板，可以大幅提升绘制速度。

③ 创建好多线样式名称后，弹出如图 4-37 所示对话框。根据目标样式设置，具体填写如图 4-37 所示。点击添加按钮，增加偏移量为"0"，线型为"CENTER"，颜色为"红色"的直线元素。完成后点击确定，返回多线样式对话框中图，如图 4-35 所示，将多线 1 设为当前多线，完成多线样式设置。

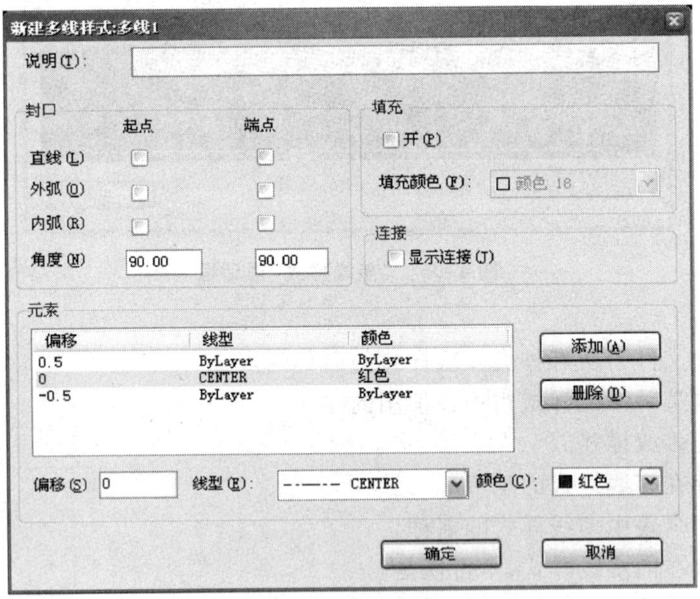

图 4-37 "新建多线样式：多线 1"对话框

新建多线样式对话框项目各项内容提示说明如下。

说明：对多线样式的说明，以方便使用。

封口：设置起点、终点时候封口，并设置分口的形式为直线、外弧和内弧，以及弧的度数等。

填充：是否需要填充，并设置填充颜色。

连接:显示连接关系。

元素:设置组成多线的直线元素。需要增加元素时,点击添加按钮,然后选中添加的新直线元素,设置偏移量、线型和颜色。其中偏移量为该元素直线距离多线基准的距离。删除按钮用来删除选中的直线元素。

(2)绘制多线

多线命令操作步骤如表4-18所示。

表4-18 多线命令操作步骤

命令行信息	输入	解释
命令:	Mline	执行多线命令
当前设置:对正=顶部(T),比例=20.00,样式=多线1:		当前多线设置
指定起点或:[对正(J)/比例(S)/样式(ST)]:	J	设定对齐方式
输入对正类型[上(T)/中(Z)/下(B)]<顶部(T)>:	Z	设置为中对齐
当前设置:对正=零(Z),比例=20.00,样式=多线1		当前多线设置
指定起点或:[对正(J)/比例(S)/样式(ST)]:	S	设置多线比例
输入多线比例<20.000000>:	1	设置比例为1
当前设置:对正= 零(Z),比例= 1.00,样式=多线1		当前多线设置
指定起点或:[对正(J)/比例(S)/样式(ST)]:	鼠标取点	鼠标屏幕选择多线起点
指定下一点:	鼠标取点	鼠标屏幕选择多线拐点
指定下一点或[放弃(U)]:	鼠标取点	鼠标屏幕选择多线拐点
指定下一点或[闭合(C)/放弃(U)]:	鼠标取点	鼠标屏幕选择多线拐点
指定下一点或[闭合(C)/放弃(U)]:	ESC	绘制完毕

3. 注意事项

(1)通信制图时,一般将系统默认的多线上对齐方式更改为中对齐方式,便于连续绘制多线。

(2)多线比例系统默认为20,但是实际绘制时一般更改为1,便于绘制和管理。

(3)多线相交时,需要对多线进行处理时,可以应用剪切命令或者多线编辑工具完成。但是使用剪切命令时,务必首先将多线分解后才能修改;多线编辑工具可以通过菜单选择调用:[修改]→[对象]→[多线],出现如图4-38所示对话框,根据实际选取使用即可。

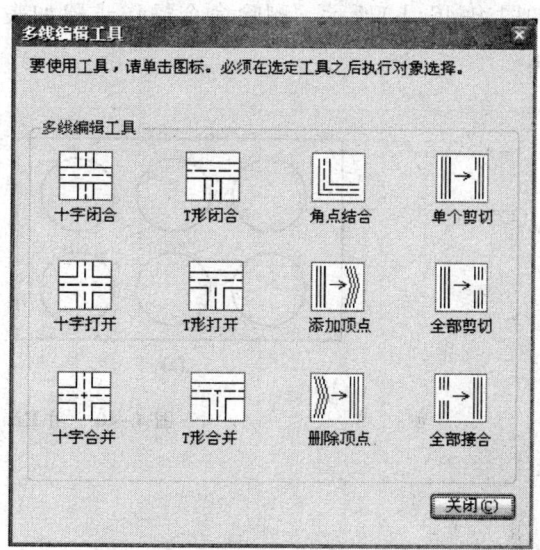

图4-38 "多线编辑工具"对话框

重点掌握

- 应用基本图形绘制命令,在指定位置绘制点、线、圆等符合要求基本图形
- 熟练掌握常用图形绘制命令的快捷键

4.3 CAD 基本对象编辑

CAD 软件的基本编辑快捷工具在屏幕的右侧,如图 4-39 所示。

编辑工具菜单从上到下依次为删除、复制、镜像、偏移、整列、移动、旋转、缩放、拉长、拉伸、修剪、延伸、打断于点、打断、倒角、圆角、分解及清理快捷方式。下面对其中几种基本操作进行详细介绍。

4.3.1 删除

1. 操作接口

命令行:Erase(E)

菜单:[修改]→[删除(E)]

工具栏:[修改]→[删除]

2. 操作步骤

用删除命令删除图 4-40(a)所示管块中管孔,结果如图 4-40(b)所示。删除命令操作步骤如表 4-19 所示。

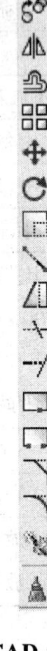

图 4-39 CAD 编辑工具菜单

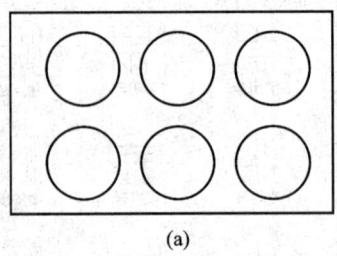   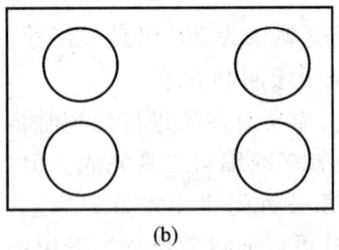
　　　(a)　　　　　　　　　(b)

图 4-40 用 Erase 命令删除图形

表 4-19 删除命令操作步骤

命令行信息	输入	解释
命令:	Erase(E)	执行 Erase 命令
选取删除对象:	鼠标选择对象	点选圆 选取删除对象
选择集中的对象:1		提示已选择对象数
选取删除对象:	鼠标选择对象	点选另一个圆 选取删除对象
选择集中的对象:2		提示已选择对象数
选取删除对象	回车	回车删除对象

3. 注意事项

使用 Oops 命令,可以恢复最后一次使用"删除"命令删除的对象。如果要连续向前恢复被删除的对象,则需要使用取消命令 Undo。

4.3.2 移动

1. 操作接口

命令行:Move(M)

菜单:[修改]→[移动(V)]

工具栏:[修改]→[移动]

将选取的对象从原来位置移动到指定的新位置。

2. 操作步骤

用 Move 命令将图 4-41(a)中剩余管孔移动到均匀分布的位置,如图 4-41(b)所示。移动命令操作步骤如表 4-20 所示。

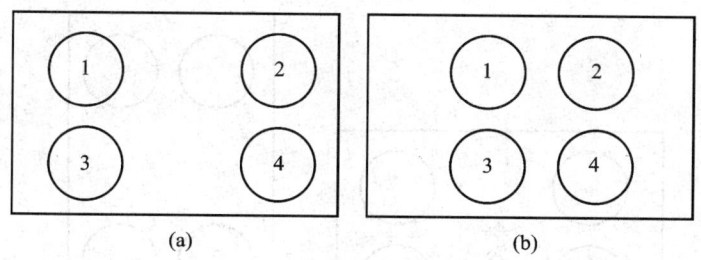

图 4-41 用 Move 命令进行移动

表 4-20 移动命令操作步骤

命令行信息	输入	解释
命令:	Move(M)	执行 Move 命令
选择移动对象:	点选圆 1	指定窗选对象的第一个圆,移动到相应位置

续表

命令行信息	输入	解释
选择移动对象：	点选圆2	指定窗选对象的第二个圆,移动到相应位置
选择移动对象：	点选圆3	指定窗选对象的第三个圆,移动到相应位置
选择移动对象：	点选圆4	指定窗选对象的第四个圆,移动到相应位置

表4-20中移动命令的选项各项提示的含义和功能说明如下:
① 基点:指定移动对象的开始点。移动对象距离和方向的计算会以起点为基准。
② 位移:指定移动距离和方向的 X、Y、Z 值。

3. 注意事项
(1) 可借助目标捕捉功能来确定移动的位置。
(2) 将"极轴"打开,以便清楚看到移动的距离及方位。

4.3.3 旋转

1. 操作接口

命令行:Rotate(V)
菜单:[修改]→[旋转(R)]
工具栏:[修改]→[旋转]

通过指定的点来旋转选取的对象。

2. 操作步骤

用 Rotate 命令将图 4-42(a)中管块旋转 90°变为竖直放置,如图 4-42(b)所示。旋转命令操作步骤如表4-21所示。

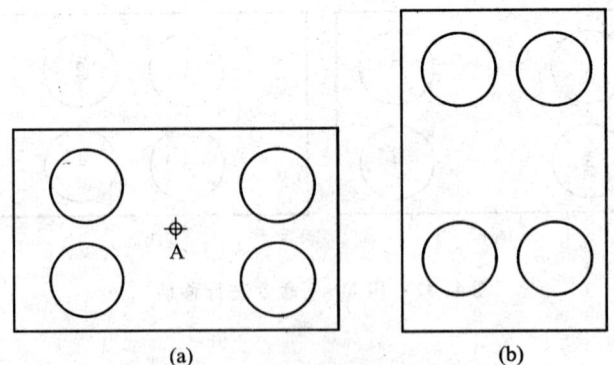

图 4-42 用 Rotate 命令进行旋转

表 4-21 旋转命令操作步骤

命令行信息	输入	解释
命令：	Rotate	执行 Rotate 命令
选择对象：	选择全部对象	指定窗选全部对象（或用"Ctrl+A"）
选择集当中的对象:5		提示已选择对象数
UCS 当前正角方向：ANGDIR=逆时针 ANGBASE=0		
指定基点：	点选中心 A 点	指定旋转基点
指定旋转角度或[复制(C)/参照(R)]<0>：	90	指定逆时针旋转 90°

表 4-21 中旋转命令的选项各项提示的含义和功能说明如下：

① 旋转角度：指定对象绕指定的点旋转的角度。旋转轴通过指定的基点，并且平行于当前用户坐标系的 Z 轴。

② 复制(C)：在旋转对象的同时创建对象的旋转副本。

③ 参照(R)：将对象从指定的角度旋转到新的绝对角度。

3. 注意事项

对象相对于基点的旋转角度有正、负之分，在默认的情况下，正角度表示沿逆时针旋转，负角度表示沿顺时针旋转。

4.3.4 复制

1. 操作接口

命令行：Copy(CP)

菜单：[修改]→[复制选择(Y)]

工具栏：[修改]→[复制对象]

将指定的对象复制到指定的位置上。

2. 操作步骤

用 Copy 命令复制图 4-43(a) 中管块如图 4-43(b) 所示。复制命令操作步骤如表 4-22 所示。

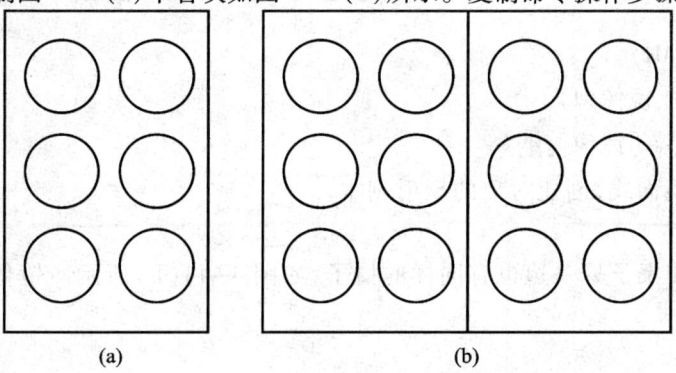

图 4-43 用 Copy 命令复制图形

表 4-22 复制命令操作步骤

命令行信息	输入	解释
命令：	Copy	执行 Copy 命令
选择复制对象：	选择全部对象	指定窗选全部对象（或用"Ctrl+A"）
选择集当中的对象:7		提示已选择对象数
当前设置:复制模式 = 多个		
指定基点或［位移(D)/模式(O)］<位移>：	点选一点	指定复制基点
指定第二个点或 <使用第一个点作为位移>：	点选另外一点	指定位移点
指定第二个点或［退出(E)/放弃(U)］<退出>：	回车	回车结束命令

表 4-22 中旋转命令的选项各项提示的含义和功能说明如下：
① 基点：通过基点和放置点来定义一个矢量，指示复制的对象移动的距离和方向。
② 位移(D)：通过输入一个三维数值或指定一个点来指定对象副本在当前 X、Y、Z 轴的方向和位置。
③ 模式(O)：控制复制的模式为单个或多个，确定是否自动重复该命令。

3. 注意事项

（1）复制命令支持对简单的单一对象（集）的复制，如直线/圆/圆弧/多段线/样条曲线和单行文字等，同时也支持对复杂对象（集）的复制，例如关联填充、块/多重插入块、多行文字、外部参照、组对象等。

（2）使用复制命令在一个图样文件进行多次复制，如果要在图样之间进行复制，应采用 Copyclip 命令，它将复制对象复制到 Windows 的剪贴板上，然后在另一个图样文件中用 Pasteclip 命令将剪贴板上的内容粘贴到图样中。

（3）复制命令也支持 Windows 中的快捷键，在选中"Ctrl+C"、"Ctrl+V"模式的操作，但是当需要精确控制插入点时，可以在选中对象后右击鼠标键，选择带基点复制的方式（或"Ctrl+Shift+C"模式），精确控制复制对象的基准点位置。

4.3.5 镜像

1. 操作接口

命令行：Mirror(MI)
菜单：［修改］→［镜像(I)］
工具栏：［修改］→［镜像］

以一条线段为镜面线，创建对象的反射副本。

2. 操作步骤

用 Mirror 命令使桌子另一边也有同样的椅子，如图 4-44(b) 所示。镜像命令操作步骤如表 4-23 所示。

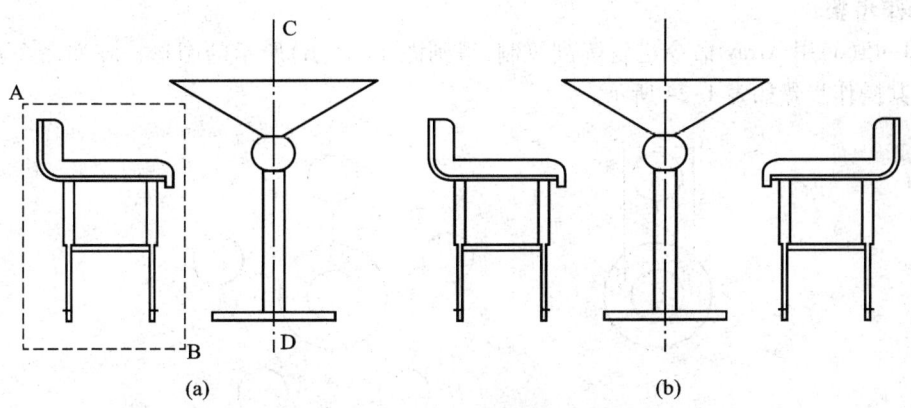

图 4-44 用 Mirror 命令镜像图形

表 4-23 镜像命令操作步骤

命令行信息	输入	解释
命令：	Mirror	执行 Mirror 命令
选择镜像对象：	点选点 A	指定窗选对象的第一点
另一角点：	点选点 B	指定窗选对象的第二点
选择集当中的对象:37		提示已选择对象数
选择对象：		回车结束对象选择
指定镜面线的第一点：	点选点 C	指定镜像线第一点
指定镜面线的第二点：	点选点 D	指定镜像线第二点
要删除源对象吗？[是(Y)/否(N)]<N>：	N	不删除原对象,结束镜像操作

3．注意事项

若选取的对象为文本,可配合系统变量 Mirrtext 来创建镜像文字。当 Mirrtext 的值为 1(开)时,文字对象将同其他对象一样被镜像处理。当 Mirrtext 设置为关(0)时,创建的镜像文字对象方向不作改变。在进行通信图纸绘制时,一般设置为 0,即关闭该功能。

4.3.6 阵列

1．操作接口

命令行:Array(AR)

菜单:[修改]→[阵列(A)]

工具栏:[修改]→[阵列]

复制选定对象的副本,并按指定的方式排列。除了可以对单个对象进行阵列的操作,还可以对多个对象进行阵列的操作,在执行该命令时,系统会将多个对象视为一个整体对象来对待。下面以环形阵列为例讲解。

2. 操作步骤

将图4-45(a)用Array命令进行阵列复制,得到图4-45(b)所示的图形。阵列命令对话框如图4-46所示,其操作步骤如表4-24所示。

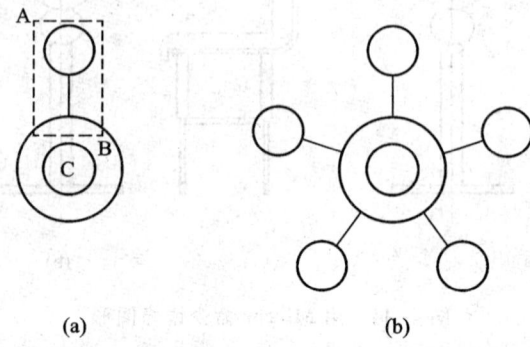

图 4-45　用 Array 命令进行阵列复制

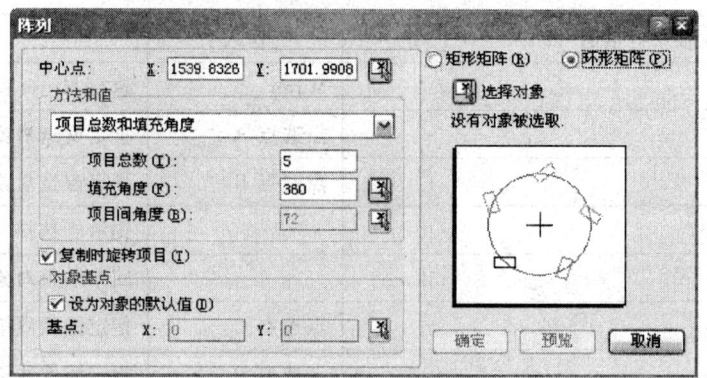

图 4-46　阵列命令对话框

表 4-24　阵列命令操作步骤

命令行及对话框信息	输入	解释
命令：	Array	执行 Array 命令打开图 4-46 所示对话框,选择环形阵列
中心点：	点选点 C	指定环形阵列中心
项目总数：	5	指定环阵项数
填充角度：	360	指定阵列角度
[选择对象]	鼠标操作	选择对象
选取阵列对象：	点选点 A	指定窗选对象的第一点
另一角点：	点选点 B	指定窗选对象的第二点
选择集当中的对象：2		提示已选择对象数
选取阵列对象：	回车	回车结束对象选择
[确定]	点击确定钮	结束命令

关于环形阵列的含义和功能说明如下：

环形阵列（P）：通过指定圆心或基准点来创建环形阵列。系统将以指定的圆心或基准点来复制选定的对象，创建环形阵列，如图4-47所示。

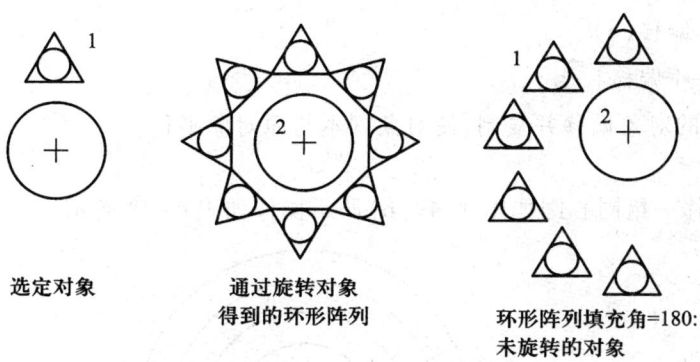

图 4-47　环形阵列示意

矩形阵列的操作与环形阵列基本相似，复制选定的对象后，为其指定行数和列数创建阵列，如图4-48所示。

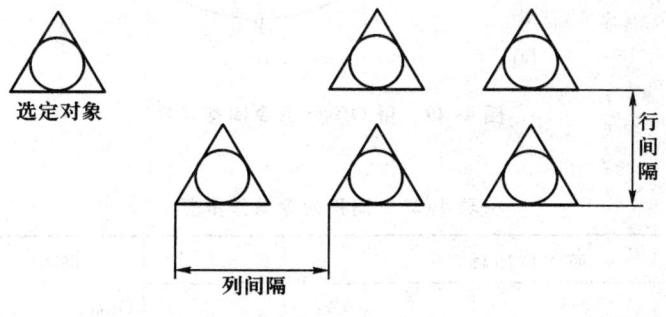

图 4-48　矩形阵列示意

3. 注意事项

环形阵列时，阵列角度值若输入正值，则以逆时针方向旋转，若为负值，则以顺时针方向旋转。阵列角度值不允许为0，选项间角度值可以为0，但当选项间角度值为0时，将看不到阵列的任何效果。

探讨

- 如何用阵列命令创建一个楼梯剖面图？
- 如何用矩形阵列命令创建一个机房多列设备放置平面图？

4.3.7 偏移

1．操作接口

命令行：Offset(O)

菜单：[修改]→[偏移(S)]

工具栏：[修改]→[偏移]

指定距离将选取的对象偏移并复制，使对象副本与原对象平行。

2．操作步骤

用 Offset 命令偏移一组同心圆如图 4-49(b)所示操作如表 4-25 所示。

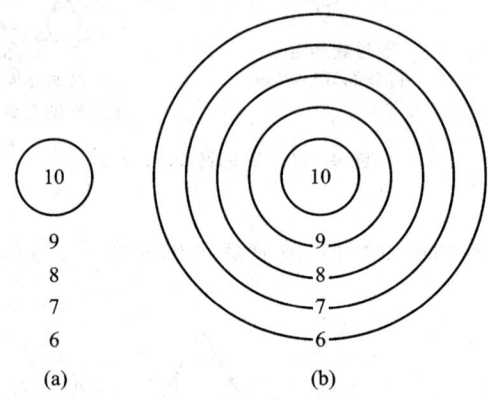

图 4-49　用 Offset 命令偏移对象

表 4-25　偏移命令操作步骤

命令行信息	输入	解释
命令：	Offset	执行 Offset 命令
指定偏移距离或[通过(T)/拖拽(D)/删除(E)/图层(L)]<通过>：	2	指定偏移距离为 2
选择要偏移的对象，或[退出(E)/放弃(U)]<退出>：	选择圆	选择待偏移的对象
指定要偏移的那一侧上的点，或[退出(E)/多个(M)/放弃(U)]<退出>：	M	选择多次偏移
指定要偏移的那一侧上的点，或[退出(E)/放弃(U)]<下一个对象>：	选取圆外一点	偏移出第一个圆
指定要偏移的那一侧上的点，或[退出(E)/放弃(U)]<下一个对象>：	选取圆外一点	偏移出第二个圆
指定要偏移的那一侧上的点，或[退出(E)/放弃(U)]<下一个对象>：	选取圆外一点	偏移出第三个圆
指定要偏移的那一侧上的点，或[退出(E)/放弃(U)]<下一个对象>：	选取圆外一点	偏移出第四个圆
指定要偏移的那一侧上的点，或[退出(E)/放弃(U)]<下一个对象>：	回车	结束命令

表 4-25 中偏移命令的选项各项提示的含义和功能说明如下：

① 偏移距离：设定偏移距离。

② 通过(T)：以指定点创建通过该点的偏移副本。

③拖拽(D):以拖拽的方式指定偏移距离,创建偏移副本。
④删除(E):在创建偏移副本之后,删除或保留源对象。
⑤图层(L):控制偏移副本是创建在当前图层上还是源对象所在的图层上。

3. 注意事项

(1)偏移命令是一个单对象编辑命令,在使用过程中,只能以直接拾取方式选择对象。

(2)偏移命令不可用于块的偏移,如对块中对象进行操作,要在使用该命令前将块打散。

(3)偏移命令不仅可用于如绘制同心圆等的圆偏移,还可用于绘制如等距线列等的线偏移。

4.3.8 缩放

1. 命令格式

命令行:Scale(SC)

菜单:[修改]→[缩放(L)]

工具栏:[修改]→[缩放]

将选中对象按比例放大或缩小。

2. 操作步骤

用 Scale 命令将图 4-50(a)中的五角星放大至图 4-50(b)中五角星大小,操作如表 4-26 所示。

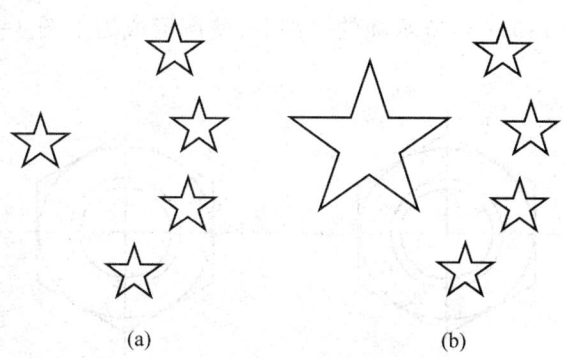

图 4-50 用 Scale 命令缩放图形

表 4-26 缩放命令操作步骤

命令行信息	输入	解释
命令:	Scale	执行 Scale 命令
选择对象:	点选图形左上角点	指定窗选对象的第一点
另一角点:	点选图形右下角点	指定窗选对象的第二点
选择集当中的对象:10		提示已选择对象数
选择对象:	选中后回车	结束对象选择
指定基点:	点选五角星中心点	指定缩放基点

表4-26中缩放命令的选项各项提示的含义和功能说明如下:

① 比例因子:以指定的比例值放大或缩小选取的对象。当输入的比例值大于1时,则放大对象,若为0和1之间的小数,则缩小对象。或指定的距离小于原来对象大小时,缩小对象;指定的距离大于原对象大小,则放大对象。

② 复制(C):在缩放对象时,创建缩放对象的副本。

③ 参照(R):按参照长度和指定的新长度缩放所选对象。

3. 注意事项

(1) Scale 命令与 Zoom 命令有区别,前者可改变实体的尺寸大小,后者只是缩放显示实体,并不改变实体的尺寸值。

(2) 实际缩放的时候要注意基点及缩放对象的选择,另外缩放的顺序也必须注意。

4.3.9 打断

1. 命令格式

命令行:Break(BR)

菜单:[修改]→[打断(K)]

工具栏:[修改]→[打断]

将选取的对象在两点之间打断。

2. 操作步骤

用 Break 命令删除图 4-51(a)所示圆的一部分,使图形成为如图 4-51(b)所示的螺母,操作如表 4-27 所示。

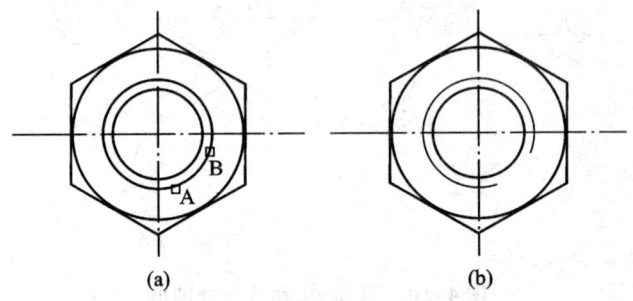

图 4-51 用 Break 命令删除图形

表 4-27 打断命令操作步骤

命令行信息	输入	解释
命令:	Break	执行 Break 命令
选取切断对象:	点选点 A	指定要切断的第一点
第一切断点(F)/同第一点(@):		状态提示
<第二切断点>:	点选点 B	指定要切断的第二点

表 4-27 中打断命令的选项各项提示的含义和功能说明如下：

① 第一切断点(F)：在选取的对象上指定要切断的起点。

② 第二切断点(S)：在选取的对象上指定要切断的第二点。若用户在命令行输入 Break 命令后第一条命令提示中选择了 S(第二切断点)，则系统将以选取对象时指定的点为默认的第一切断点。

3．注意事项

（1）系统在使用 Break 命令切断被选取的对象时，一般是切断两个切断点之间的部分。当其中一个切断点不在选定的对象上时，系统将选择离此点最近的对象上的一点为切断点之一来处理。

（2）若选取的两个切断点在一个位置可以应用打断于点的命令，可将对象切开，但不删除某个部分。也可继续使用打断命令指定同一点完成操作，还可以在选择第二切断点时，在命令行提示下输入@字符，这样可以达到同样的效果。但这样的操作不适合圆（打断于点命令可以），要切断圆，必须选择两个不同的切断点。

（3）在切断圆或多边形等封闭区域对象时，系统默认以逆时针方向切断两个切断点之间的部分。

4.3.10 倒角

1．命令格式

命令行：Chamfer(CHA)

菜单：[修改]→[倒角(C)]

工具栏：[修改]→[倒角]

在相交叉的两条线上建立倒角。

2．操作步骤

用 Chamfer 命令将图 4-52(a)所示的螺栓前端进行倒角，使其如图 4-52(b)所示，具体操作步骤如表 4-28 所示。

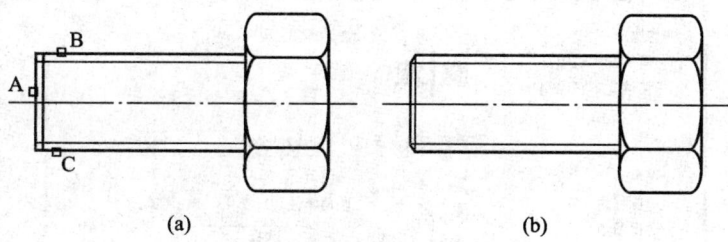

图 4-52 用 Chamfer 命令绘制图形

表 4-28 倒角命令操作步骤

命令行信息	输入	解释
命令：	Chamfer	执行 Chamfer 命令
选择连接的圆弧，直线，开放多段线，椭圆弧，倒角（距离 1=10，距离 2=10)：设置(S)/多段线(P)/距离(D)/角度(A)/修剪(T)/方式(M)/多个(U)/<选取第一个对象>：	D	选择倒角距离

续表

命令行信息	输入	解释
第一个对象的倒角距离 <10>：	1	设置的倒角距离（水平方向）为1
第二个对象的倒角距离 <1>：	回车	接受默认（竖直方向）距离为1
倒角（距离1=1，距离2=1）：设置（S）/多段线（P）/距离（D）/角度（A）/修剪（T）/方式（M）/多个（U）/<选取第一个对象>：	U	选择多次倒角
倒角（距离1=1，距离2=1）：设置（S）/多段线（P）/距离（D）/角度（A）/修剪（T）/方式（M）/多个（U）/<选取第一个对象>：	点选A直线	选取第一个倒角对象
选取第二个对象：	点选B直线	选取第二个倒角对象
倒角（距离1=1，距离2=1）：设置（S）/多段线（P）/距离（D）/角度（A）/修剪（T）/方式（M）/多个（U）/<选取第一个对象>：	点选A直线	再选下一个的第一个倒角对象
选取第二个对象：	点选C直线	选取第二个倒角对象
倒角（距离1=1，距离2=1）：设置（S）/多段线（P）/距离（D）/角度（A）/修剪（T）/方式（M）/多个（U）/<选取第一个对象>：	回车	结束命令

表4-28中倒角命令的选项各项提示的含义和功能说明如下：

设置（S）：开启"绘图设置"对话框的"对象修改"选项卡，用户可在其中选择倒角的方法，并设置相应的倒角距离和角度，如图4-53所示。

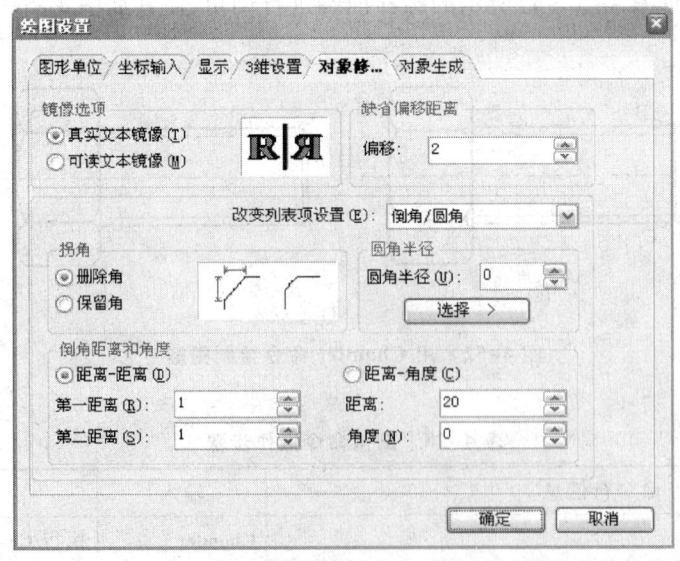

图4-53　对象修改设置

多段线(P):为整个二维多段线进行倒角处理。

距离(D):创建倒角后,设置倒角到两个选定边的端点的距离。

角度(A):指定第一条线的长度和第一条线与倒角后形成的线段之间的角度值。

修剪(T):由用户自行选择是否对选定边进行修剪,直到倒角线的端点。

方式(M):选择倒角方式。倒角处理的方式有两种,"距离-距离"和"距离-角度"。

多个(U):可为多个两条线段的选择集进行倒角处理。

3. 注意事项

(1) 若要做倒角处理的对象没有相交,系统会自动修剪或延伸到可以做倒角的情况。

(2) 若为两个倒角距离指定的值均为0,选择的两个对象将自动延伸至相交。

(3) 用户选择"放弃"时,使用倒角命令为多个选择集进行的倒角处理将全部被取消。

4.3.11 圆角

1. 命令格式

命令行:Fillet(F)

菜单:[修改]→[圆角(F)]

工具栏:[修改]→[圆角]

为两段圆弧、圆、椭圆弧、直线、多段线、射线、样条曲线或构造线以及三维实体创建以指定半径的圆弧形成的圆角。

2. 操作步骤

用 Fillet 命令将图 4-54(a)所示的槽钢进行倒圆角,使其如图 4-54(b)所示,具体操作步骤如表 4-29 所示。

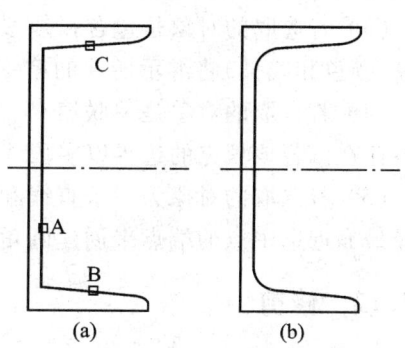

图 4-54 用 Fillet 命令绘制图形

表 4-29 圆角命令操作步骤

命令行信息	输入	解释
命令:	fillet	执行 fillet 命令
圆角(F)(半径=0):设置(S)/多段线(P)/半径(R)/修剪(T)/多个(U)/<选取第一个对象>:	R	输入 R 选择圆角半径
圆角半径 <0>:	10.5	设置的圆角半径为 10.5
圆角(F)(半径=10.5):设置(S)/多段线(P)/半径(R)/修剪(T)/多个(U)/<选取第一个对象>:	U	选择多次圆角
圆角(F)(半径=10.5):设置(S)/多段线(P)/半径(R)/修剪(T)/多个(U)/<选取第一个对象>:	点选 A 直线	选取第一个圆角对象
选取第二个对象:	点选 B 直线	选取第一个圆角对象
圆角(F)(半径=10.5):设置(S)/多段线(P)/半径(R)/修剪(T)/多个(U)/<选取第一个对象>:	点选 A 直线	再选下一个的第一个倒角对象
选取第二个对象:	点选 C 直线	选取第二个倒角对象
圆角(F)(半径=10.5):设置(S)/多段线(P)/半径(R)/修剪(T)/多个(U)/<选取第一个对象>:	回车	结束命令

表 4-29 中圆角命令的选项各项提示的含义和功能说明如下：

设置(S)：选择"设置"选项，开启"绘图设置"对话框，如图 4-53 所示。

多段线(P)：在二维多段线中的每两条线段相交的顶点处创建圆角。

半径(R)：设置圆角弧的半径。

修剪(T)：在选定边后，若两条边不相交，选择此选项确定是否修剪选定的边使其延伸到圆角弧的端点。

多个(U)：为多个对象创建圆角。

3．注意事项

（1）若选定的对象为直线、圆弧或多段线，系统将自动延伸这些直线或圆弧直到它们相交，然后再创建圆角。

（2）若选取的两个对象不在同一图层，系统将在当前图层创建圆角线。同时，圆角的颜色、线宽和线型的设置也是在当前图层中进行。

（3）若选取的对象是包含弧线段的单个多段线。创建圆角后，新多段线的所有特性（例如图层、颜色和线型）将继承所选的第一个多段线的特性。

（4）若选取的对象是关联填充（其边界通过直线线段定义），创建圆角后，该填充的关联性不再存在。若该填充的边界以多段线来定义，将保留其关联性。

（5）若选取的对象为一条直线和一条圆弧或一个圆，可能会有多个圆角的存在，系统将默认选择最靠近选中点的端点来创建圆角。

4.3.12 修剪

1．命令格式

命令行：Trim(TR)

菜单：[修改]→[修剪(T)]

工具栏：[修改]→[修剪]

清理所选对象超出指定边界的部分。

2．操作步骤

用 Trim 将图 4-55(a)所示的五角星内的直线剪掉成图 4-55(b)所示图形，具体操作步骤如表 4-30 所示。

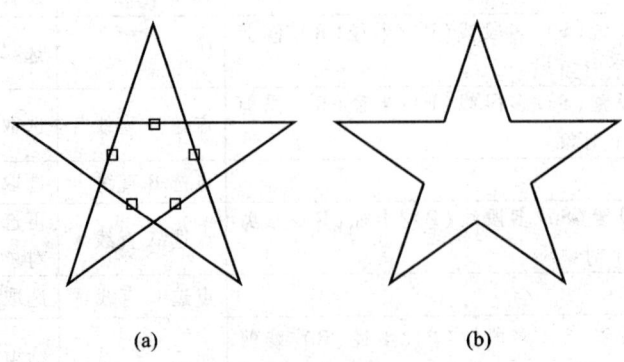

(a)　　　　　　(b)

图 4-55　用 Trim 命令将直线部分剪掉

表 4-30 修剪命令操作步骤

命令行信息	输入	解释
命令：	Trim	执行 Trim 命令
选取切割对象作修剪<回车全选>：	回车	全选对象
用全部对象作修剪边界		提示选择对象数量
选择要修剪的实体,或按住 Shift 键选择要延伸的实体,或［边缘模式(E)/围栏(F)/窗交(C)/投影(P)/删除(R)］：	点选图形内一直线	指定要删除的一个对象
选择要修剪的实体,或按住 Shift 键选择要延伸的实体,或［边缘模式(E)/围栏(F)/窗交(C)/投影(P)/删除(R)/撤消(U)］：	点选图形内一直线	指定要修剪的一个对象
选择要修剪的实体,或按住 Shift 键选择要延伸的实体,或［边缘模式(E)/围栏(F)/窗交(C)/投影(P)/删除(R)/撤消(U)］：	点选图形内一直线	指定要删除的一个对象
选择要修剪的实体,或按住 Shift 键选择要延伸的实体,或［边缘模式(E)/围栏(F)/窗交(C)/投影(P)/删除(R)/撤消(U)］：	点选图形内一直线	指定要删除的一个对象
选择要修剪的实体,或按住 Shift 键选择要延伸的实体,或［边缘模式(E)/围栏(F)/窗交(C)/投影(P)/删除(R)/撤消(U)］：	点选图形内一直线	指定要删除的一个对象
选择要修剪的实体,或按住 Shift 键选择要延伸的实体,或［边缘模式(E)/围栏(F)/窗交(C)/投影(P)/删除(R)/撤消(U)］：	回车	结束命令

表 4-30 中修剪命令的选项各项提示的含义和功能说明如下：

要修剪的对象：指定要修剪的对象。

缘模式(E)：修剪对象的假想边界或与之在三维空间相交的对象。

围栏(F)：指定围栏点,将多个对象修剪成单一对象。

窗交(C)：通过指定两个对角点来确定一个矩形窗口,选择该窗口内部或与矩形窗口相交的对象。

投影(P)：指定在修剪对象时使用的投影模式。

删除(R)：在执行修剪命令的过程中将选定的对象从图形中删除。

撤消(U)：撤消使用 TRIM 最近对对象进行的修剪操作。

3. 注意事项

在用户按 Enter 键结束选择前,系统会不断提示指定要修剪的对象,所以用户可指定多个对象进行修剪。在选择对象的同时按 Shift 键可将对象延伸到最近的边界,而不修剪它。

4.3.13 延伸

1. 命令格式

命令行：Extend(EX)

菜单：［修改］→［延伸(D)］

工具栏：［修改］→［延伸］

延伸线段、弧、二维多段线或射线,使之与另一对象相连。

2. 操作步骤

用 Extend 命令延伸图 4-56(a)，使之成为图 4-56(b) 所示的图形，具体操作步骤如表 4-31 所示。

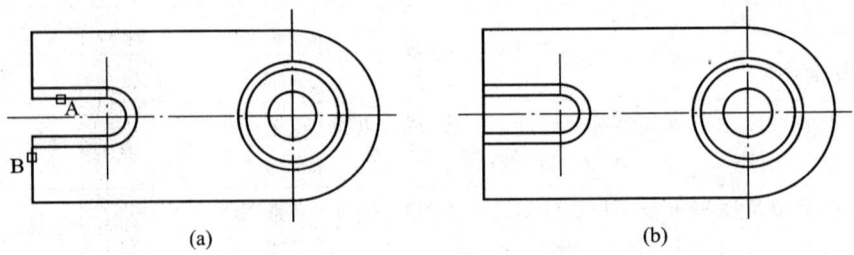

图 4-56　用 Extend 命令延伸图

表 4-31　延伸命令操作步骤

命令行信息	输入	解释
命令：	Extend	执行 Extend 命令
选取边界对象作延伸<回车全选>：	点选点 A	指定延伸边界
选择集当中的对象：1		提示选择对象数量
选取边界对象作延伸<回车全选>：	回车	结束对象选择
选择要延伸的实体，或按住 Shift 键选择要修剪的实体，或［边缘模式(E)/围栏(F)/窗交(C)/投影(P)/删除(R)］：	点选点 B	指定延伸对象
选择要延伸的实体，或按住 Shift 键选择要修剪的实体，或［边缘模式(E)/围栏(F)/窗交(C)/投影(P)/删除(R)/撤消(U)］：	回车	结束命令

表中延伸命令的选项各项提示的含义和功能说明如下：

边界对象：选定对象，使之成为对象延伸的边界的边。

延伸的实体：选择要进行延伸的对象。

边缘模式(E)：若边界对象的边和要延伸的对象没有实际交点，但又要将指定对象延伸到两对象的假想交点处，可选择"边缘模式"。

围栏(F)：进入"围栏"模式，可以选取围栏点，围栏点为要延伸的对象上的开始点，延伸多个对象到一个对象。

窗交(C)：进入"窗交"模式，通过从右到左指两个点定义选择区域内的所有对象，延伸所有的对象到边界对象。

投影(P)：选择对象延伸时的投影方式。

删除(R)：在执行 Extend 命令的过程中选择对象将其从图形中删除。

撤消(U)：放弃之前使用 Extend 命令对对象的延伸处理。

3. 注意事项

在选择时，用户可根据系统提示选取多个对象进行延伸。同时，还可按住 Shift 键选定对象将其修剪到最近的边界边。若要结束选择,按 Enter 键即可。

4.3.14 分解

1. 命令格式

命令行:Explode(X)

菜单:[修改]→[分解(X)]

工具栏:[修改]→[分解]

将由多个对象组合而成的合成对象(例如块、多段线等)分解为独立对象。

2. 操作步骤

用 Explode 命令炸开矩形,令其成为 4 条单独的直线,如图 4-57 所示,具体操作步骤如表 4-32 所示。

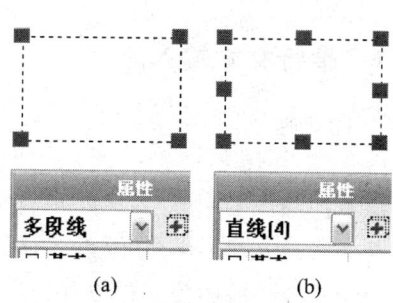

图 4-57 用 Explode 命令分解图形

表 4-32 分解命令操作步骤

命令行信息	输入	解释
命令:	Explode	执行 Explode 命令
选择对象:	点选矩形	指定分解对象
选择集当中的对象:1		提示选择对象数量
选择对象:	回车	结束命令

3. 注意事项

(1)系统可同时分解多个合成对象,并将合成对象中的多个部件全部分解为独立对象。但若使用的是脚本或运行时扩展函数,则一次只能分解一个对象。

(2)分解后,除了颜色、线型和线宽可能会发生改变,其他结果将取决于所分解的合成对象的类型。

(3)将块中的多个对象分解为独立对象,但一次只能删除一个编组级。若块中包含一个多段线或嵌套块,那么对该块的分解就首先分解为多段线或嵌套块,然后再分别分解该块中的各个对象。

重点掌握

- 熟练应用基本编辑命令,对点、线、弧等图形元素进行符合要求的操作、修改。
- 熟练掌握常用对象编辑命令的快捷键。

4.4　CAD 文本编辑

4.4.1　单行文本输入

1. 命令格式

命令行：Text
菜单：[绘图]→[文字]→[单行文字]
工具栏：[文字]→[单行文字] A

Text 可为图形标注一行或几行文本，每一行文本作为一个实体。该命令同时设置文本的当前样式、旋转角度（Rotate）、对齐方式（Justify）和字高（Resize）等。

2. 操作步骤

用 Text 命令在图中标注文本"CAD 制图基础"如图 4-58 所示，其操作步骤如表 4-33 所示。

图 4-58　用 Text 命令标注文本

表 4-33　单行文本命令操作步骤

命令行信息	输入	解释
命令：	Text	执行 Text 命令
文字：对正（J）/样式（S）/<起点>：	S	选择样式选项
? 列出有效的样式/<文字样式> <STYLE1>：	Standard	设定当前字型为 Standard
文字：样式（S）/对齐（A）/拟合（F）/中心（C）/中间（M）/右边（R）/调整（J）/<起点>：	J	选择调整选项
文字：样式（S）/对齐（A）/拟合（F）/中心（C）/中间（M）/右边（R）/左中（TL）/顶部中心（TC）/右中（TR）/左中（ML）/中心（MC）/右中（MR）/左下（BL）/底部中心（BC）/右下（BR）/<起点>：	MC	选择 MC（中心）对齐方式
文字中心点：	拾取文字中心点	设置文本中心点与拾取中心对齐
文字旋转角度 <180>：	0	设置文字旋转角度为 0°
文字：	CAD 制图基础	输入标注文本
命令：	回车	结束文本输入

表4-33中单行文本命令的选项各项提示的含义和功能说明如下：

样式(S)：此选项用于指定文字样式，即文字字符的外观。执行选项后，系统出现提示信息"？列出有效的样式/<文字样式> <Standard>："输入已定义的文字样式名称或单击回车键选用当前的文字样式；也可输入"？"，系统提示"输入要列出的文字样式<*>："，单击回车键后，屏幕转为文本窗口列表显示图形定义的所有文字样式名、字体文件、高度、宽度比例、倾斜角度、生成方式等参数。

拟合(F)：标注文本在指定的文本基线的起点和终点之间保持字符高度不变，通过调整字符的宽度因子来匹配对齐。

对齐(A)：标注文本在用户的文本基线的起点和终点之间保持字符宽度因子不变，通过调整字符的高度来匹配对齐。

中心(C)：标注文本中点与指定点对齐。

中间(M)：标注文本的文本中心和高度中心与指定点对齐。

右边(R)：在图形中指定的点与文本基线的右端对齐。

左上(TL)：在图形中指定的点与标注文本顶部左端点对齐。

中上(TC)：在图形中指定的点与标注文本顶部中点对齐。

右上(TR)：在图形中指定的点与标注文本顶部右端点对齐。

左中(ML)：在图形中指定的点与标注文本左端中间点对齐。

正中(MC)：在图形中指定的点与标注文本中部中心点对齐。

右中(MR)：在图形中指定的点与标注文本右端中间点对齐。

左下(BL)：在图形中指定的点与标注文本底部左端点对齐。

中下(BC)：在图形中指定的点与字符串底部中点对齐。

右下(BR)：在图形中指定的点与字符串底部右端点对齐。

ML、MC、MR 三种对齐方式中所指的中点均是文本大写字母高度的中点，即文本基线到文本顶端距离的中点；Middle 所指的文本中点是文本的总高度（包括如 j、y 等字符的下沉部分）的中点，即文本底端到文本顶端距离的中点，如图4-59所示。如果文本串中不含 j、y 等下沉字母，则文本底端线与文本基线重合，MC 与 Middle 相同。

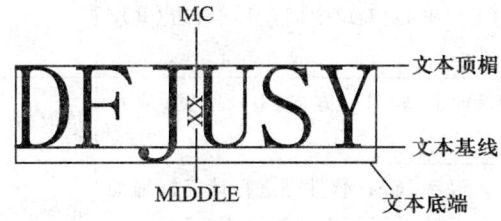

图4-59 文本底端到文本顶端距离的中点

3. 注意事项

（1）在"？列出有效的样式/<文字样式> <Standard>："提示后输入"？"，需列出清单的直接回车，系统将在文本窗口中列出当前图形中已定义的所有字型名及其相关设置。

（2）用户在输入一段文本并退出 Text 命令后，若再次进入该命令（无论中间是否进行了其他命令操作)将继续前面的文字标注工作,上一个 Text 命令中最后输入的文本将呈高亮显示,且字高、角度等文本特性将沿用上次的设定。

4.4.2 多行文本输入

1. 命令格式

命令行:Mtext(MT、T)

菜单:[绘图]→[文字]→[多行文字]

工具栏:[绘图]→[多行文字]A

Mtext 可在绘图区域用户指定的文本边界框内输入文字内容,并将其视为一个实体。此文本边界框定义了段落的宽度和段落在图形中的位置。

2. 操作步骤

用 Mtext 命令在图 4-60 中标注所示文本,其操作步骤如表 4-34 所示。

通信工程设计与概预算基础
通信工程设计与概预算实务

图 4-60 用 Mtext 命令标注文本

表 4-34 多行文本命令操作步骤

命令行信息	输入	解释
命令:	Mtext	执行 Mtext 命令
多行文字:字块第一点:在屏幕上拾取一点 选择段落文本边界框的第一角点对齐方式(J)/旋转(R)/样式(S)/字高(H)/方向(D)/字宽(W)/<字块对角点>:	S	设定样式
字型(或'?')<Standard>:	仿宋	设定当前样式为仿宋
文字:样式(S)/对齐(A)/拟合(F)/中心(C)/中间(M)/右边(R)/调整(J)/<起点>:	J	选择调整选项
对齐方式(J)/旋转(R)/样式(S)/字高(H)/方向(D)/字宽(W)/<字块对角点>:	拾取另一点	选择 MC(中心)对齐方式
选择字块对角点,弹出对话框输入汉字"CAD 软件是进行计算机辅助施工图设计的基础,CAD 软件极大地提升了工程制图的效率"	拾取文字中心点	设置文本中心点与拾取中心对齐
单击[OK]按钮结束文本输入		完成退出命令

3. 注意事项

(1) Mtext 命令与 Text 命令有所不同,Mtext 输入的多行段落文本是作为一个实体,只能对其进行整体选择、编辑;Text 命令也可以输入多行文本,但每一行文本单独作为一个实体,可以分别对每一行进行选择、编辑。Mtext 命令标注的文本可以忽略字型的设置,只要用户在文本标签页中选择了某种字体,那么不管当前的字型设置采用何种字体,标注文本都将采用用户选择的字体。

(2)用户若要修改已标注的 Mtext 文本,可选取该文本后,单击鼠标右键,在弹出的快捷菜单中选"参数"项,即弹出"对象属性"对话框进行文本修改。

(3)输入文本的过程中,可对单个或多个字符进行不同的字体、高度、加粗、倾斜、下画线、上画线等设置,这点与字处理软件相同。其操作方法是:按住并拖动鼠标左键,选中要编辑的文本,然后再设置相应选项。

- 可以在图纸指定位置键入所需的文字,并符合图纸要求。

4.5 CAD 尺寸标注

4.5.1 尺寸标注的组成

一个完整的尺寸标注由尺寸界线、尺寸线、尺寸文字、尺寸箭头、中心标记等部分组成,如图 4-61 所示。

尺寸界线:从图形的轮廓线、轴线或对称中心线引出,有时也可以利用轮廓线代替,用以表示尺寸起止位置。一般情况下,尺寸界线应与尺寸线相互垂直。

尺寸线:为标注指定方向和范围。对于线性标注,尺寸线显示为一直线段;对于角度标注,尺寸线显示为一段圆弧。

尺寸箭头:表征尺寸线到尺寸界线的起始终止位置,建筑制图中用"/"表示。

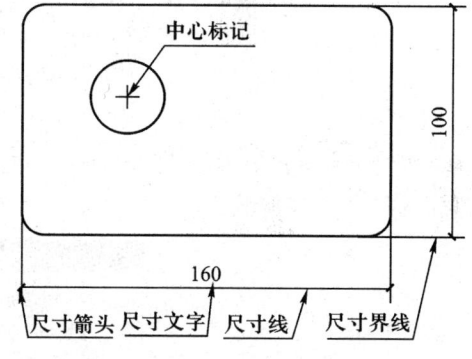

图 4-61 完整的尺寸标注

尺寸文字:显示测量值的字符串,可包括前缀、后缀和公差等。

中心标记:指示圆或圆弧的中心。

尺寸标注的操作很多,并且操作方式基本类似,本章以通信绘图中常用的几项基本操作为例进行讲解。

4.5.2 尺寸标注的设置

1. 命令格式

命令行:Ddim(D)

菜单:[格式]→[标注样式]

工具栏:[标注]→[标注样式]

用户在进行尺寸标注前,应首先设置尺寸标注格式,然后再用这种格式进行标注,这样才能获得满意的效果。

如果用户开始绘制新的图形时选择了公制单位,则系统默认的格式为ISO-25(国际标准组织),用户可根据实际情况对尺寸标注格式进行设置,以满足使用的要求。

2. 操作步骤

执行 Ddim 命令后,将出现如图4-62所示"标注样式管理器"对话框。在"标注样式管理器"对话框中,用户可以按照国家标准的规定以及具体使用要求,新建标注格式。同时,用户也可以对已有的标注格式进行局部修改,以满足当前的使用要求。

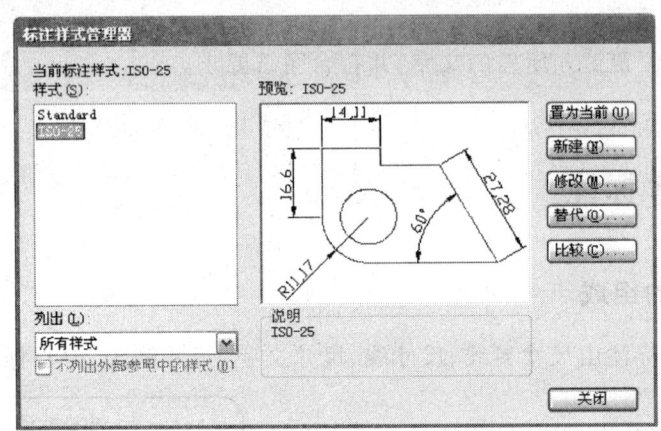

图4-62 "标注样式管理器"对话框

点击"新建"按钮、系统打开"创建新标注样式"对话框,如图4-63所示。在该对话框中可以创建新的尺寸标注样式。

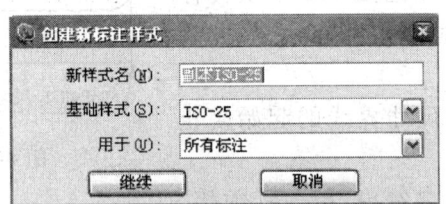

图4-63 "新建标注样式"对话框

然后单击"继续"按钮,系统打开"新建标注样式"对话框,如图4-64所示。
"新建标注样式"选项卡中的经常用到的项设置说明如下:
(1)"直线和箭头"选项卡

此区域用于设置和修改直线和箭头的样式,如图4-64所示,箭头改成建筑标记。

尺寸线颜色:下拉列表框用于显示标注线的颜色,用户可以在下拉框列表中选择。

超出标记:用于设置尺寸界线超出标注的距离。

箭头:选择第一、第二尺寸箭头的类型。与第一尺寸界线相连的,即第一尺寸箭头;反之则为第二尺寸箭头。用户也可以设计自己的箭头形式,并存储为块文件,以供使用。图中选中的是通

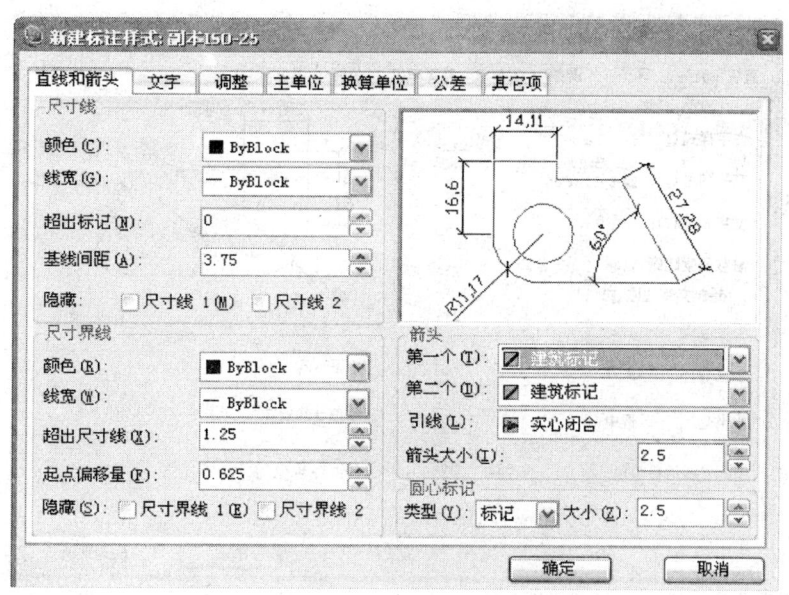

图 4-64 新建标注样式对话框

信制图中常用的箭头样式,建筑标记。

引线:选择旁注线箭头样式,一般为实心闭合箭头。

箭头大小:设置尺寸箭头的尺寸。输入的数值可控制尺寸箭头长度方向的尺寸,尺寸箭头的宽度为长度的 40%。

圆心标记:设置与尺寸界线相交的斜线的长度。

屏幕预显区:从该区域可以了解用上述设置进行标注可得到的效果。

(2)"文字"选项卡

此对话框用于设置尺寸文本的字型、位置和对齐方式等属性,如图 4-65 所示。

文本样式:用户可以在此下拉式列表框中选择一种字体类型,供标注时使用。也可以点击右侧的按钮,系统打开"文字样式"对话框,在此对话框中对文字字体进行设置。

文字颜色:选择尺寸文本的颜色。用户在确定尺寸文本的颜色时,应注意尺寸线、尺寸界线和尺寸文本的颜色最好一致。

文字高度:设置尺寸文本的高度。此高度值将优先于在字体类型中所设置的高度值。

分数高度比例:设置尺寸文本中分数高度的比例因子。只有当用户选中"在应用上标于"编辑框时,此选项才能使用。

文字位置在垂直方向有 4 种选项:置中、上方、外部、JIS。

文字位置在水平方向共有五种选项:置中、第一条尺寸界线、第二条尺寸界线、第一条尺寸界线上方、第二条尺寸界线上方与尺寸线对齐:尺寸文本与尺寸线对齐。文字位置选项同上。

文字对齐:设置文本对齐方式。

水平:设置尺寸文本沿水平方向放置。

ISO 标准:尺寸文本按 ISO 标准。文字位置选项同上。

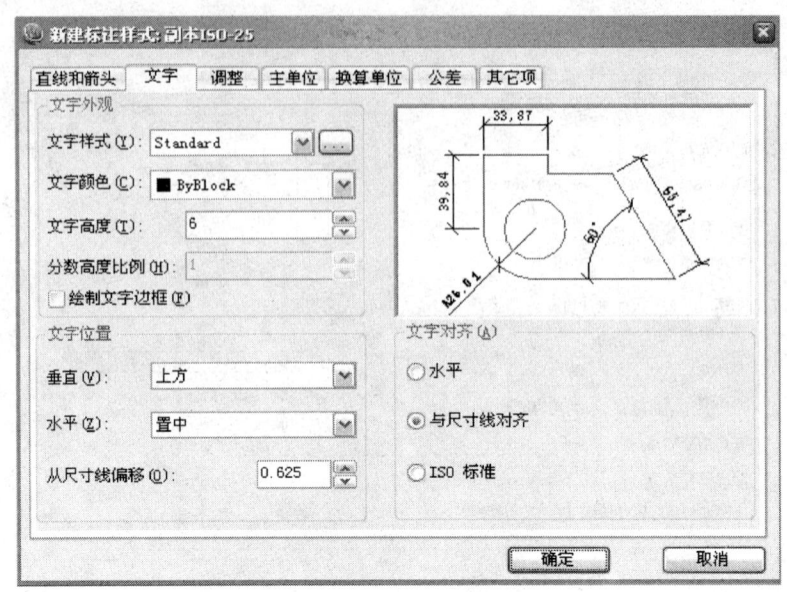

图 4-65　文字选项卡对话框

屏幕预显区：从该区域可以了解用上述设置进行标注可得到的效果。

（3）"调整"选项卡

该对话框用于设置尺寸文本与尺寸箭头的有关格式，如图 4-66 所示。

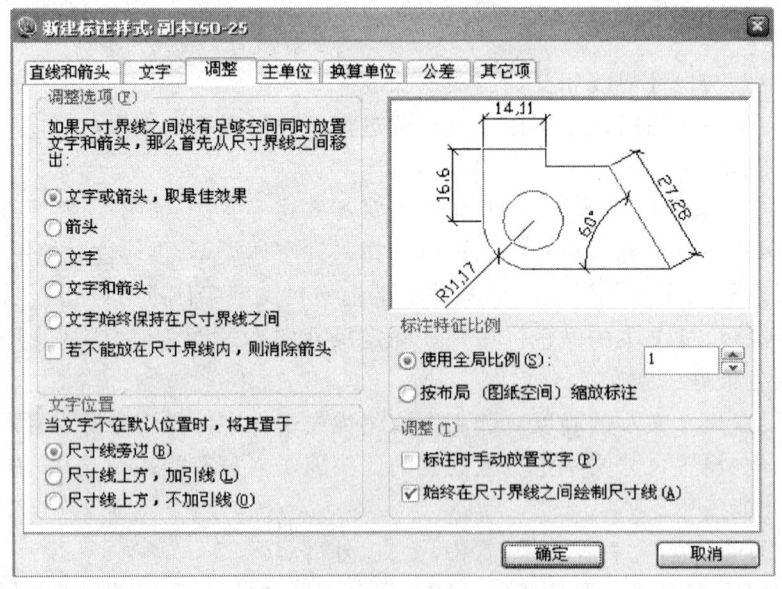

图 4-66　调整选项卡对话框

调整选项：该区域用于调整尺寸界线、尺寸文本与尺寸箭头之间的相互位置关系。在标注尺寸时，如果没有足够的空间将尺寸文本与尺寸箭头全写在两尺寸界线之间时，可选择以下的摆放形式,来调整尺寸文本与尺寸箭头的摆放位置。

文字或箭头,取最佳效果:选择一种最佳方式来安排尺寸文本和尺寸箭头的位置。

箭头:选择当尺寸界线间空间不足时,将尺寸箭头放在尺寸界线外侧。

文字:选择当尺寸界线间空间不足时,将尺寸文本放在尺寸界线外侧。

文字和箭头:选择当尺寸界线间空间不足时,将尺寸文本和尺寸箭头都放在尺寸界线外侧。

标注文字从尺寸线偏移:用于设置当前文字与尺寸线的间距。

标注时手动放置文字:在标注尺寸时,如果上述选项都无法满足使用要求,则可以选择此项,用手动方式调节尺寸文本的摆放位置。

文字位置:该区域用来设置特殊尺寸文本的摆放位置。如果尺寸文本不能按上面所规定的位置摆放时,可以通过下面的选项来确定其位置。

尺寸线旁边:将尺寸文本放在尺寸线旁边。

尺寸线上方,加引线:将尺寸文本放在尺寸线上方,并用引出线将文字与尺寸线相连。

尺寸线上方,不加引线:将尺寸文本放在尺寸线上方,而且不用引出线与尺寸线相连。

(4)"主单位"选项卡

该对话框用于设置线性标注和角度标注时的尺寸单位和尺寸精度,如图4-67所示。下面将常用设置项进行说明。

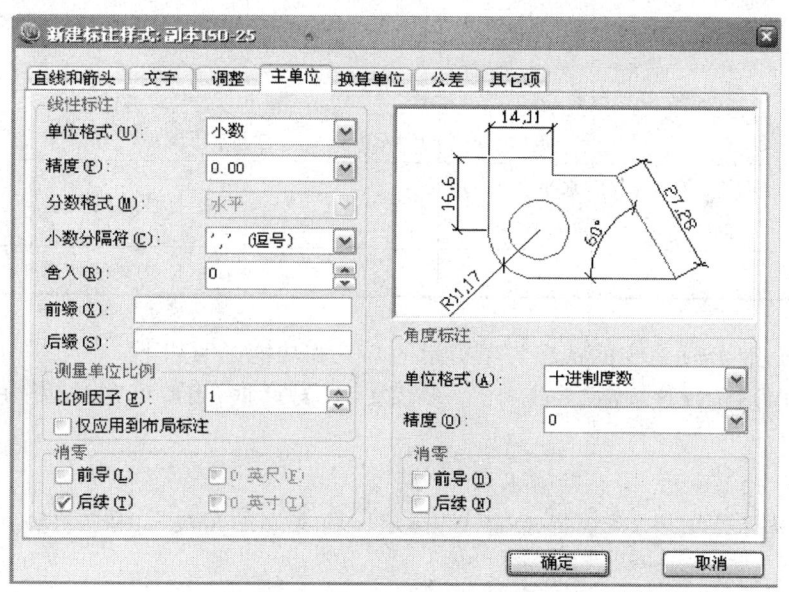

图4-67 主单位选项卡对话框

单位格式:设置标注单位格式:包含科学、小数、工程等。

精度:设置尺寸标注的精度。

比例因子:根据绘制图纸比例选用比例因子,如比例尺为1∶100,则比例因子设为100,其他情况依次类推。

4.5.3 线性标注

1. 命令格式

命令行：Dimlinear（DIMLIN）

菜单：[标注]→[线性(L)]

工具栏：[标注]→[线性标注]

线性标注指标注图形对象在水平方向、垂直方向或指定方向上的尺寸，它又分为水平标注、垂直标注和旋转标注三种类型。在创建一个线性标注后，可以添加"基线标准"或者"连续标注"。基线标注是以同一尺寸界线来测量的多个标注。连续标注是首尾相连的多个标注。

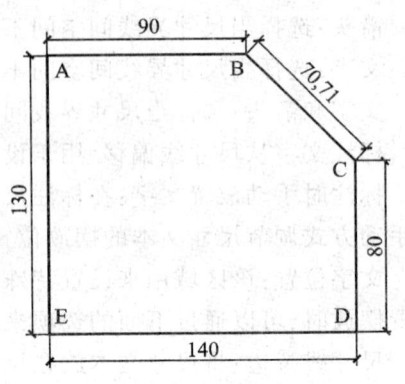

图4-68 用线性标注

2. 操作步骤

用Dimlinear标注如图4-68所示AB、CD、DE和AE段尺寸，具体操作步骤如表4-35所示。

表4-35 线性标注命令操作步骤

命令行信息	输入	解释
命令：	Dimlinear	执行Dimlinear命令
指定第一条尺寸界线原点或<选择对象>：	选取A点	标注度量起始点
第二条延伸线起始位置：	选取B点	标注度量终点
[多行文字(M)/文字(T)/角度(A)/水平(H)/垂直(V)/旋转(R)]：	指定一点	确定标注线的位置
标注文字 = 90：		提示标注文字是90

表4-35中线性标注命令的选项各项提示的含义和功能说明如下：

多行文字(M)：选择该项后，系统打开"多行文字"对话框，用户可在对话框中输入指定的尺寸文字。

文字(T)：选择该项后，可直接输入尺寸文字。

角度(A)：选择该项后，系统提示输入"指定标注文字的角度"，用户可输入标注文字的新角度。

水平(H)：选择该项，系统将使尺寸文字水平放置。

垂直(V)：选择该项，系统将使尺寸文字垂直放置。

旋转(R)：该项可创建旋转尺寸标注，在命令行输入所需的旋转角度。

3. 注意事项

（1）用户在选择标注对象时，必须采用点选法，如果同时打开目标捕捉方式，可以更准确、快速地标注尺寸。

（2）许多用户在标注尺寸时，总结出鼠标三点法：点起点、点终点、然后点尺寸位置，标注完成。

4.5.4 对齐标注

1. 命令格式

命令行：Dimaligned（DAL）

菜单：[标注]→[对齐(G)]

工具栏：[标注]→[对齐标注]

对齐标注用于创建平行于所选对象或平行于两尺寸界线源点连线直线型尺寸。

2. 操作步骤

用 Dimaligned 命令标注如图 4-68 所示 BC 段的尺寸，具体操作步骤如表 4-36 所示。

表 4-36　对齐标注命令操作步骤

命令行信息	输入	解释
命令：	Dimaligned	执行 Dimaligned 命令
指定第一条尺寸界线原点或<选择对象>：	鼠标选取 B 点	标注度量起始点
第二条延伸线起始位置：	鼠标选取 C 点	标注度量终点
[多行文字(M)/文字(T)/角度(A)]：	在线段 BC 右上方点取一点	确定尺寸线的位置，完成标注
标注文字 = 70.71：		提示标注文字是 70.71

表 4-36 中对齐标注命令的选项各项提示的含义和功能说明如下：

多行文字(M)：选择该项后，系统打开"多行文字"对话框，用户可在对话框中输入指定的尺寸文字。

文字(T)：选择该项后，命令栏提示："标注文字 <当前值>："，用户可在此后输入新的标注文字。

角度(A)：选择该项后，系统提示输入"指定标注文字的角度："，用户可输入标注文字角度的新值来修改尺寸的角度。

3. 注意事项

对齐标注命令一般用于倾斜对象的尺寸标注。标注时系统能自动将尺寸线调整为与被标注线段平行，而无需用户自己设置。

4.5.5 基线标注

1. 命令格式

命令行：Dimbaseline（DIMBASE）

菜单：[标注]→[基线(B)]

工具栏：[标注]→[基线标注]

基线标注以一个统一的基准线为标注起点，所有尺寸线都以该基准线为标注的起始位置，以继续建立线性、角度或坐标的标注。

2. 操作步骤

用 Dimbaseline 命令标注如图 4-69 所示图形中 B 点、C 点、D 点距 A 点的长度尺寸。基线标注命令操作步骤如表 4-37 所示。

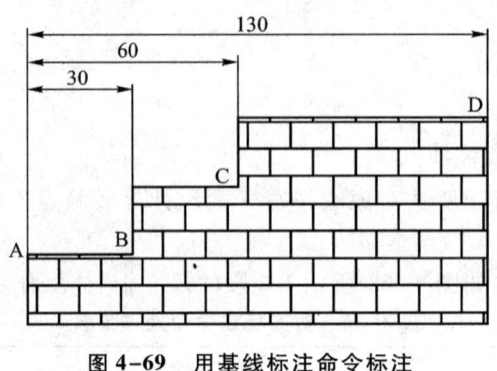

图 4-69　用基线标注命令标注

表 4-37　基线标注命令操作步骤

命令行信息	输入	解释
命令：	Dimlinear	执行 Dimlinear 命令
指定第一条尺寸界线原点或<选择对象>：	选取 A 点	标注度量起始点
第二条延伸线起始位置：	选取 B 点	标注度量终点
[多行文字(M)/文字(T)/角度(A)/水平(H)/垂直(V)/旋转(R)]：	指定一点	确定标注线的位置
标注文字 = 30：		提示标注文字是 30
命令：	Dimbaseline	执行 Dimbaseline 命令
指定第二条尺寸界线原点或 [放弃(U)/选择(S)] <选择>：	点选 C 点	选择尺寸界线定位点
标注文字 = 60：		提示标注文字是 60
指定第二条尺寸界线原点或 [放弃(U)/选择(S)] <选择>：	点选 D 点	选择尺寸界线定位点
标注文字 = 130：		提示标注文字是 130
指定第二条尺寸界线原点或 [放弃(U)/选择(S)] <选择>：	回车	完成基线标注，退出命令

3．注意事项

(1) 在进行基线标注前，必须先创建或选择一个线性、角度或坐标标注作为基准标注。

(2) 在使用基线标注命令进行标注时，尺寸线之间的距离由用户所选择的标注格式确定，标注时不能更改。

4.5.6 连续标注

1. 命令格式
命令行:Dimcontinue(DCO)
菜单:[标注]→[连续(C)]
工具栏:[标注]→[连续标注]

连续标注命令可以创建一系列端对端放置的标注,每个连续标注都从一个标注的第二个尺寸界限处开始。和基线标注一样在进行连续标注之前,必须先创建一个线性、坐标或角度标注作为基准标注,以确定连续标注所需的前一尺寸界限。

2. 操作步骤
用连续标注命令标注图 4-70 所示图形中 A 点、B 点、C 点、D 点之间的长度尺寸。基线标注命令操作步骤如表 4-38 所示。

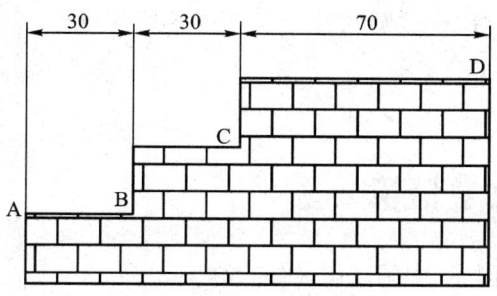

图 4-70 用连续标注命令标注

表 4-38 基线标注命令操作步骤

命令行信息	输入	解释
命令:	Dimlinear	执行 Dimlinear 命令
指定第一条尺寸界线原点或<选择对象>:	选取 A 点	标注度量起始点
第二条延伸线起始位置:	选取 B 点	标注度量终点
[多行文字(M)/文字(T)/角度(A)/水平(H)/垂直(V)/旋转(R)]:	指定一点	确定标注线的位置
标注文字 = 30:		提示标注文字是 30
命令:	Dimcontinue	执行 Dimcontinue 命令
指定第二条尺寸界线原点或[放弃(U)/选择(S)]<选择>:	点选 C 点	选择尺寸界线定位点
标注文字 =30:		提示标注文字是 30
指定第二条尺寸界线原点或[放弃(U)/选择(S)]<选择>:	点选 D 点	选择尺寸界线定位点

命令行信息	输入	解释
标注文字 =70：		提示标注文字是 70
指定第二条尺寸界线原点或 ［放弃（U）/选择（S）］<选择>：	回车	完成连续标注，退出命令

3．注意事项

（1）在进行连续标注前，必须先创建或选择一个线性、角度或坐标标注作为基准标注。

（2）当然标注命令还有很多，如直径标注、半径标注、圆心标记、角度标注及引线标注等。这些命令与上述标注命令使用格式相似，在此就不作过多陈述。

探讨

- 如何应用恰当的标注命令，标注圆的直径、半径、圆弧、角度？
- 各种标注操作的快捷键。

4.6 实做项目及教学情境

实做项目一：绘制美国国旗、中国国旗及组合体三视图。

目的：掌握绘制、编辑等命令基本使用方法。

实做项目二：绘制管道高程图、路由图、设备摆放图。

目的：掌握各种绘制、编辑命令综合运用，熟悉快捷键的使用。

本章小结

本章主要介绍通信工程制图的基础知识及 CAD 软件的基本操作，主要包括：

1．CAD 软件的使用环境及基本配置方法。
2．CAD 软件绘制点、线等的基本操作方法。
3．CAD 软件移动、剪切等编辑命令的使用方法。
4．CAD 软件的文本、标注基本操作方法。

复习思考题

4-1 简述 CAD 软件的基本配置方法。

4-2 运用 CAD 软件绘制组合体三视图及基本通信图纸。

4-3 总结归纳 CAD 快捷键。

第 5 章 CAD实务

本章内容

- 通信工程图纸绘制规范
- 通信线路和管道工程图纸绘制
- 通信设备工程图纸绘制

本章重点

- 通信工程识图
- 线路和管道工程路由图的绘制
- 机房设备布局图的绘制

本章难点

- 线路和管道工程路由图的绘制
- 机房设备布局图的绘制

本章学习目的和要求

- 掌握通信工程制图的基本规范及其使用方法
- 掌握线路、管道和设备机房图纸绘制方法、步骤和要求

本章学时数

- 建议 8 学时

5.1 通信工程图纸基础知识

5.1.1 通信工程图纸

（1）图幅和图框

使用计算机运行 CAD 软件绘制通信工程图纸时，要依据 YD/T 5015—2007《电信工程制图与图形符号规定》等规范中的有关规定，一般可采用其规定的图纸幅面。

图幅即图纸幅面，指绘制图样的图纸的大小，分为基本幅面和加长幅面。基本幅面共有五

种:A0、A1、A2、A3 和 A4。当上述幅面不能满足要求时,可将所绘制内容分割分别绘制在若干图纸上,也可以采用加长幅面,加长幅面的尺寸由基本幅面的短边成整数倍增加后得出。

幅面的选择应根据表述对象的大小、复杂程度、详细程度、有无图衔和注释数量等情况加以考虑。在 CAD 工程图纸中,依据规范都必须绘制图框线和标题栏等,并且对于图幅和图框之间的间距和标题栏的位置都有明确规定。

在工程制图中,图框是指图纸上限定绘图区域的线框。图纸上用粗实线画出图框。图框格式有留装订边和不留装订边两种,分别如图 5-1 和图 5-2 所示,但同一产品图样只能采用一种格式。

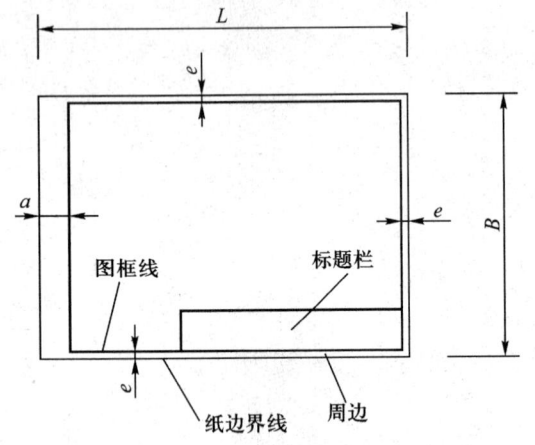 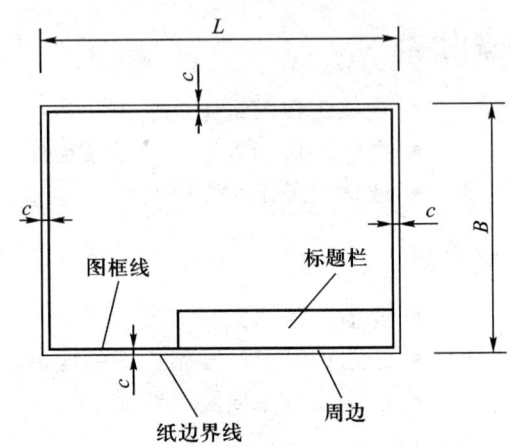

图 5-1 带装订边的图纸幅面图　　　　　图 5-2 不带装订边的图纸幅面图

在带装订边的图纸中又根据不同图幅,对于图框和图幅之间的边距有不同要求,具体内容见表 5-1 中图幅与图框间距所示。

表 5-1 图幅与图框间距表

幅面代号	A0	A1	A2	A3	A4
L×B	1189×841	841×594	594×420	420×297	297×210
e	20		10		
c	10			5	
a	25				

注:绘图中,图纸需加长加宽时,按基本幅面短边 B 成整数倍增加,如 A3×3 表示 420×891 的图纸(891 = 297×3),单位 mm。

(2) 比例

在通信工程图纸中,有些图纸带有比例,有一些则没有比例。划分规则为:不论建筑平面图、平面布置图、管道及光电缆线路图等图纸,一般都要按比例绘制;而方案示意图、系统框图、原理图、电路图等可不严格按比例绘制,图中对于重点强调的部分可以适当放大比例,不重要部分可以适度缩小,但一般仍应反映各组成部分之间大致的位置关系和大小关系。

通信工程图纸中,对于平面布置图、线路图和区域规划性质的图纸,推荐比例为:1:10、1:20、1:50、1:100、1:200、1:500、1:1 000、1:2 000、1:5 000、1:10 000、1:50 000等。

对于设备加固和零部件加工等图纸推荐比例为1:2,1:4等。应根据图纸表达内容的范围和深度以及图幅,合理选择比例。

特别注意,对于通信线路工程和通信管道工程图纸,为了方便表达周围环境情况,可采用沿线路方向按照一种比例,而周围环境的横向距离采用另外比例或基本按照示意图绘制。

(3) 字体及写法

通信工程图纸中图中文字(含数字、字母、汉字、符号等)均应字体工整、笔画清晰、排列整齐、间隔均匀。其书写位置应根据画面妥善安排,文字一般放在图的下方或右侧。

文字内容按照阅读习惯从左向右书写,标点符号占用一个汉字的位置,书写汉字要采用国家颁布的正规的简化字体,推荐采用宋体和仿宋体。

图中"技术要求"、"说明"、"注"等字样,应放在具体内容的左上方,并使用比文字内容大一号的字体书写。标题下不用画横线,具体内容要分项编写时,依次编号如下:

1、2、3、…

(1)、(2)、(3)、…

①、②、③、…

图中涉及的数字均采用阿拉伯数字表示,计量单位采用国家颁布的法定计量单位。

(4) 图线

通信工程图纸中,根据绘制内容的不同选用不同的图线,选用一般规则为新装设备用实线绘制,扩容设备位置用虚线绘制,墙中线等用单点长画线,按照功能把图纸划分为几部分时可采用点画线绘制功能图框,而从点画线功能图框中减去的部分可以采用双点画线绘制,线型分类及其用途见表5-2。

表5-2 线型分类及其用途

图线名称	图线型式	一般用途
实线	———	基本线条:图纸主要内容用线,可见轮廓线
虚线	- - - - - -	辅助线条:屏蔽线,机械连接线、不可见轮廓线、计划扩展内容用线
点画线	—·—·—	图框线:表示分界线、结构图框线、功能图框线、分级图框线
双点画线	—··—··—	辅助图框线:表示更多的功能组合或从某种图框中区分不属于它的功能部件

图线的常用宽度一般选用:0.25 mm、0.35 mm、0.5 mm、0.7 mm、1.0 mm、1.4 mm,通常只选用两种宽度的图线,粗线宽度是细线宽度的两倍,主要图线粗,次要图线细。

复杂图形也可以用粗、中、细三种线宽,线宽按照2的倍数依次递减,但线宽种类不宜过多。

细实线是最常用的线条,在以细实线为主的图纸上,粗实线主要用于绘制图纸的图框和需要突出的部分。指引线和尺寸标注线用细实线。需要区分新安装设备时,粗线表示新建,细线表示原有设施,虚线表示规划预留部分。

平行线之间的最小间距不宜小于粗线的两倍,同时最小不能小于0.7 mm。

选用的图线绘图时,应使得图形比例和配线协调恰当,重点突出,主次分明。同一张图纸上,不同比例绘制的图样和同类图形的图线粗细应保持一致。

(5) 图衔

电信工程勘察设计制图的图衔绘制在图框的右下方,图衔样例图如图 5-3 所示。

其中,图名是本图纸的名称,一般由工程所在地、所属单位、所属专业和工程的期次等信息组成。图号由四部分组成,其编号的规则为:

工程计划号—设计阶段代号—专业代号—图纸编号

其中:工程计划号为可使用上级下达、客户要求或自行编排的计划号。

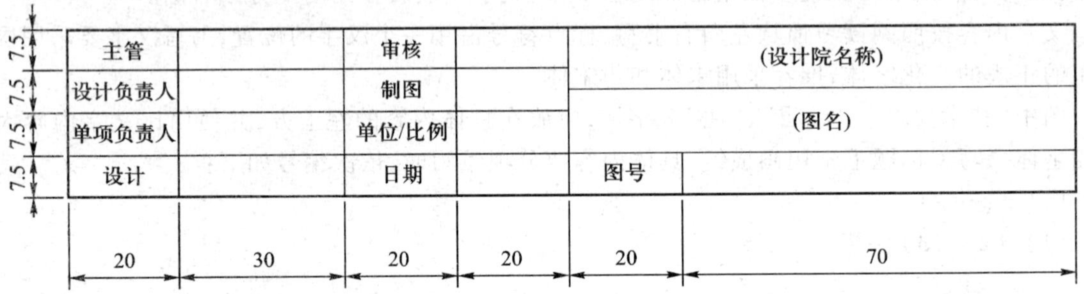

主管		审核		(设计院名称)	
设计负责人		制图			
单项负责人		单位/比例		(图名)	
设计		日期		图号	
20	30	20	20	20	70

图 5-3 图衔样例图

设计阶段代号规定如表 5-3 所示。

表 5-3 设计阶段代号表

设计阶段	代号	设计阶段	代号	设计阶段	代号
可行性研究	Y	初步设计	C	技术设计	·J
规划设计	G	方案设计	F	设计投标书	T
勘察报告	K	初设阶段的技术规范书	CJ	修改设计	在原代号后加 X
咨询	ZX	施工图设计一阶段设计	S		

专业代号结合其拼音首字母规定,如表 5-4 所示。

表 5-4 常用专业代号表

名称	代号	名称	代号
光缆线路	GL	电缆线路	DL
海底光缆	HGL	通信管道	GD
光传输设备	GS	移动通信	YD
无线接入	WJ	交换	JH

续表

名称	代号	名称	代号
数据通信	SC	计费系统	JF
网管系统	WG	微波系统	WB
卫星通信	WD	铁塔	TT
同步网	TBW	信令网	XLW
通信电源	DY	电源监控	DJK

在一些大中型项目或情况复杂的项目中,存在同计划号、同设计阶段、同专业而多册出版的情况,为避免编号重复可对设计阶段代号后增加标志符号 n,专业代号后增加标识符号 m,具体形式如下:

$$\boxed{工程计划号}—\boxed{设计阶段代号}—\boxed{专业代号}—\boxed{图纸编号}$$

其中:

"设计阶段代号 n"中的"n"用于大型工程中分省、分业务区编制时的区分标识,可以是数字 1、2、3 或拼音字母的字头等。

"专业代号 m"中的 m 用于区分同一单项工程中不同的设计分册(如不同的站册),一般用数字(分册号)、站名拼音字头或相应汉字表示。

图纸编号为工程计划号、设计阶段代号、专业代号相同的图纸间的区分号,应采用阿拉伯数字编制(同一图号的系列图纸,应给出本图纸的编号和其在系列中的序号,分别作为分数的分子和分母来表示)。

(6) 指北符

在图纸的右上方要绘制指北符号以标明方向,并要求指针头部增加"北"或"N"的文字说明。阅读图纸的人员可以通过图纸中的指北符号识别方向,并进一步确定图中建筑、设备或其他参照物的位置和朝向等信息。指北符的样式图如图 5-4 所示。

(7) 标注

一个完整的尺寸标注应由尺寸数字、尺寸界线、尺寸线及其终端等组成。

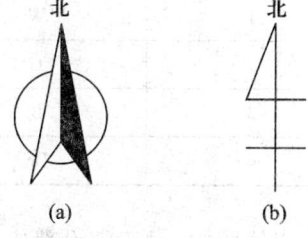

图 5-4　指北符的样式图

CAD 工程图纸中,除标高和管线长度以 m 为单位外,其他尺寸均以 mm 为单位,按照此原则标注的尺寸均可以不加单位,若采用其他单位时应在尺寸数值后给出单位。

尺寸界线用细实线绘制。由图形的轮廓线、轴线或对称中心线引出,也可利用轮廓线、轴线或对称中心线作尺寸界线。尺寸线一般应与尺寸线垂直。尺寸线用细实线绘制,两端绘出尺寸箭头,指到尺寸界线上,表示尺寸的起止。

尺寸线的终端可以采用箭头或斜线两种形式。采用箭头形式时,两端应画出尺寸箭头,指到尺寸界线上,表示尺寸的起止。尺寸箭头宜用实心箭头,箭头的大小应按可见轮廓线选定,其大小在图中应保持一致。采用斜线形式时,尺寸线与尺寸界线必须相互垂直。斜线用细实线,且方向及长短应保持一致。斜线方向为以尺寸线为准,逆时针方向旋转 45°,斜线长短约等于尺寸数字的高度。

箭头大小应按照可见轮廓线选定,大小在图中保持一致。通信工程图纸基于建筑图纸绘制时,尺寸箭头一般情况下用斜短线,圆弧直径和半径用箭头。常用的尺寸线终端如图 5-5 所示。

尺寸数值顺着尺寸线方向并符合视图方向,尺寸线为竖直时,尺寸数字注写在尺寸线左侧,字头朝左;其他任何方向,尺寸数字也应保持向上,且注写在尺寸线上方,不推荐斜线区注写。尺寸数值的高度方向应与尺寸线保持垂直,并不得被任何图线穿过,无法避免时应把图线断开,断开处填写数字。

在标注半径时,如半径为 20 应写为 R20;在标注直径时,如直径为 20 应写为 φ20。有关建筑用尺寸标注,可参照 GB/T 50104—2001《建筑制图标准》要求标注。

(8) 注释与说明

在通信工程设计中,文件名称和图纸编号多已明确,在项目代号和文字标注方面可适当简化,推荐做法如下:

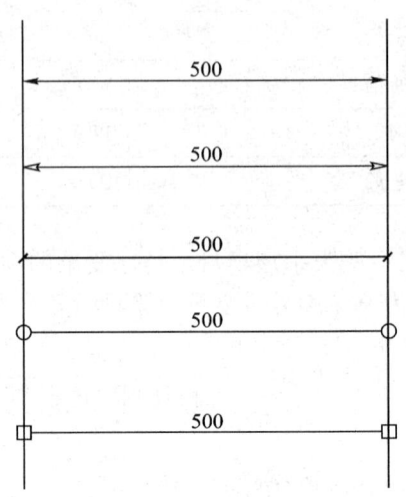

图 5-5　常用的尺寸线终端

平面布置图中通过对位置、设备给出代号,表格中对这些位置和设备给出尺寸、规格、安装方式等情况的说明。对安装方式的标注应符合表 5-5 的规定。

表 5-5　安装方式标注代号表

序号	代号	安装方式	英文说明
1	W	壁装式	Wall mounted type
2	C	吸顶式	Ceiling mounted type
3	R	嵌入式	Recessed type
4	DS	管吊式	Conduit suspension type

走线图中,对于敷设部位应符合表 5-6 的规定。

表 5-6　敷设部位标注代号表

序号	代号	安装方式	英文说明
1	M	钢索敷设	Supported by messenger wire
2	AB	沿梁或跨梁敷设	Along or across beam
3	AC	沿柱或跨柱敷设	Along or across column
4	WS	沿墙面敷设	On wall surface
5	CE	沿天棚面顶板面敷设	Along ceiling or slab

续表

序号	代号	安装方式	英文说明
6	SC	吊顶内敷设	In hollow spaces of ceiling
7	BC	暗敷设在梁内	Concealed in beam
8	CLC	暗敷设在柱内	Concealed in column
9	BW	墙内埋设	Burial in wall
10	F	地板或地板下敷设	In floor
11	CC	暗敷设在屋面或顶板内	In ceiling or slab

系统方框图中可使用图形符号或用方框加文字符号来表示,必要时也可二者兼用。

接线图应符合国家关于接线图的相关规定。

图纸中存在图形无法完整表示含义的地方,可以采用注释文字加以补充说明。当图中出现多个注释或大段说明性注释时,应当把注释按顺序放在相关需要说明的图形附近并靠近边框放置。当注释文字不在需要说明的对象附近时,应使用指引线(细实线)指向说明图形对象。

标志和技术数据应该放在图形符号的旁边。图形符号有方框时,较少的数据可以放在图形符号的方框内(例如继电器的电阻值),数据多时可用分式表示或用表格形式列出。

当用分式表示时,可采用以下模式

$$N\frac{A-B}{C-D}F$$

其中:N 为设备编号,一般靠前或靠上放;A、B、C、D 为不同的标注内容,可增可减;F 为敷设方式,一般靠后放。

当设计中需表示本工程前后有变化时,可采用斜杠方式:(原有数)/(设计数);

当设计中需表示本工程前后有增加时,可采用加号方式:(原有数)+(增加数)。

常用的标注方式见表 5-7。图中的文字代号应以工程中的实际数据代替。

表 5-7 常用标注方式表

序号	标注方式	说明
01	（N / P / P1/P2 | P3/P4）	对直接配线区的标注方式 注:图中的文字符号应以工程数据代替(下同)其中:N——主干电缆编号,例如:0101 表示 01 电缆上第一个直接配线区; P——主干电缆容量(初设为对数;施设为线序); P1——现有局号用户数;P2——现有专线用户数,当有不需要局号的专线用户时,再用+(对数)表示; P3——设计局号用户数;P4——设计专线用户数

续表

序号	标注方式	说明
02	N / (n) / P / P1/P2|P3/P4 (圆圈内)	对交接配线区的标注方式， 注：图中的文字符号应以工程数据代替（下同）其中：N——交接配线区编号 例如：J22001 表示 22 局第一个交接配线区； n——交接箱容量。例如：2400（对）； P1、P2、P3、P4——含义同 01 注
03	m+n, L, N1, N2	对管道扩容的标注，其中： m——原有管孔数，可附加管孔材料符号； n——新增管孔数，可附加管孔材料符号； L——管道长度；N1、N2——人孔编号
04	L / H*Pn-d	对市话电缆的标注，其中： L——电缆长度； H*——电缆型号； Pn——电缆百对数；d——电缆芯线线径
05	L, N1, N2	对架空杆路的标注，其中： L——杆路长度；N1、N2——起止电杆编号 （可加注杆材类别的代号）
06	L / H*Pn-d / N-X, N1, N2	对管道电缆的简化标注，其中： L——电缆长度； H*——电缆型号； Pn——电缆百对数；d——电缆芯线线径； X——线序； 斜向虚线——人孔的简化画法； N1 和 N2——起止人孔号； N——主杆电缆编号
07	(L) N-S / L-P	加感线圈表示方式，其中： N——加感编号； S——荷距段长； L——加感量，mH；P——线对数
08	N-B / C | d/D	分线盒标注方式，其中： N——编号；B——容量；C——线序； d——现有用户数；D——设计用户数
09	N-B / C ‖ d/D	分线箱标注方式 注：字母含义同 08
10	WN-B / C ‖ d/D	壁龛式分线箱标注方式 注：字母含义同 08

（9）定位轴线

定位轴线用于较大面积和较复杂的建筑物，一般情况下不许分区编号。

标注定位轴线的编号圆的直径为"8~10 mm"。建筑图纸中标识开间和进深时需要使用定位轴线，如图 5-6 所示，①②③④⑤⑥⑦分别标示竖直方向上的轴线，水平方向轴线也类似，采用字母标识。

5.1 通信工程图纸基础知识

一层平面图：

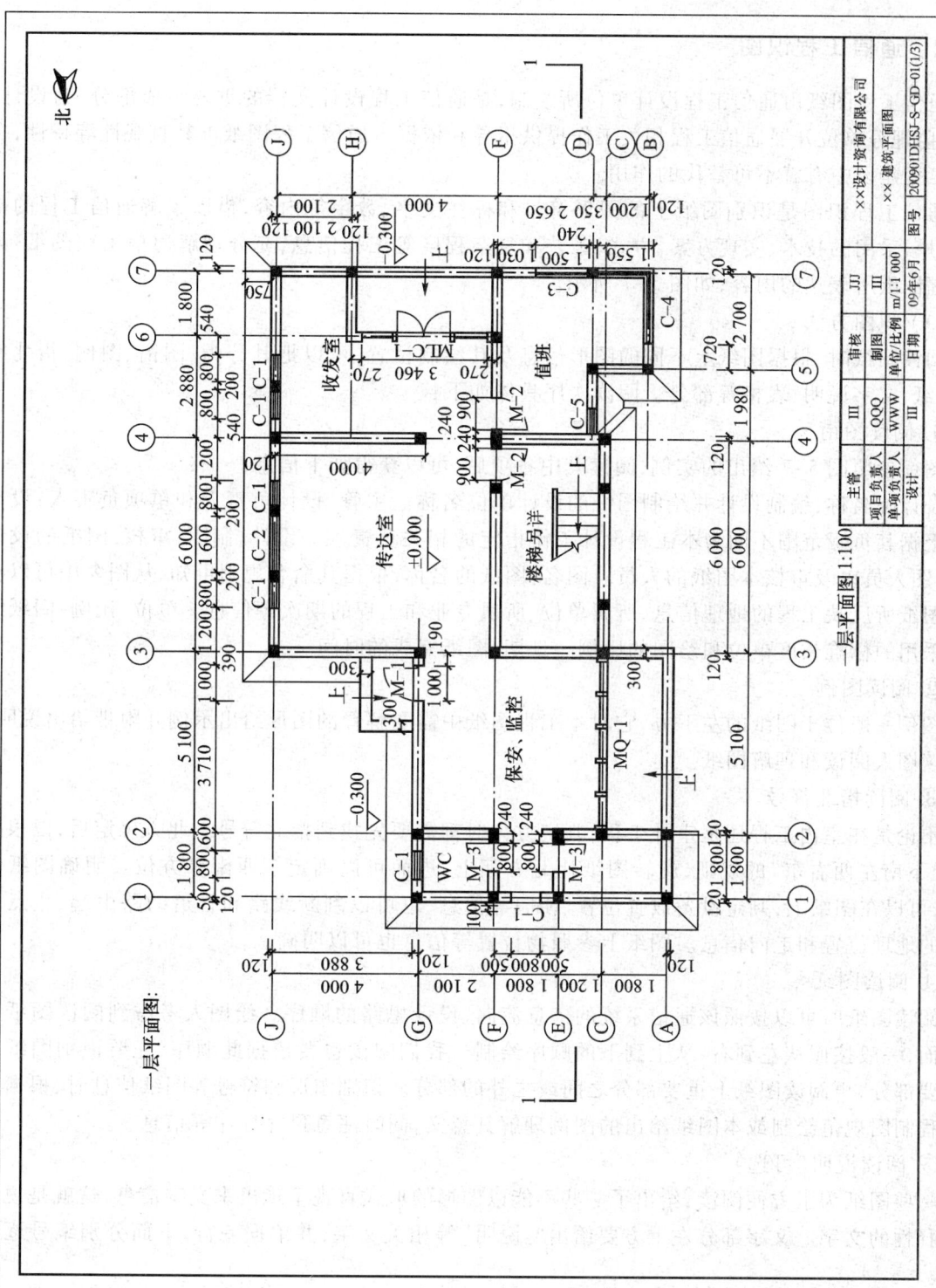

图 5-6 某建筑平面图（含定位轴线）

5.1.2 通信工程识图

通信工程图纸由通信工程设计单位所绘制,是通信工程设计文档的重要组成部分,为设计、施工、监理等单位开展通信工程相关工作提供指导和依据。通信工程图纸以其直观性等特性,在通信工程建设中有着不可替代的作用。

通信工程识图是识别图纸上的图形符号和标注文字、数字等内容,借以了解通信工程的范围、规模、采用的技术、实现方案、方式、工艺和复杂程度等工程信息,充分理解通信工程图纸,最终掌握图纸所表达的内容,如图 5-7 所示。

(1) 识图方法

阅读图纸时,根据图纸上不同的图形信息及其绘制位置,可以把其分为:图衔、图例、指北符号、图纸、文字说明、表格等部分。阅读次序具体如下:

① 阅读图衔

图衔参照图 5-7 给出的实例,阅读其中各项后,可以获得如下信息:

设计院名称:编制设计并绘制图纸的设计单位名称。主管、设计负责人和单项负责人:设计单位根据其负责范围不同为本工程设计工作指定的相关负责人。设计、制图、审核:图纸的设计人、绘图人员以及审核本图纸的人员。图名:图纸的名称,根据其命名规则可知,从图名中可以获得本图纸所反映工程的地理信息、所属单位、所属专业和工程的期次等信息。单位、比例:图纸绘制时采用的标准长度单位和绘图的比例。日期:图纸完成的时间。

② 阅读图例

图例一般位于图纸的左下方,它对本工程图纸中需要解释的图形给出示例并附带给出说明,方便读图人阅读和理解图纸。

③ 阅读指北符号

不论是在室内工程还是室外工程,判定方位时都需要先找到指北符号。北方确定后,以根据"上北下南左西右东"的规则,旋转图纸让北方朝上,进而可以确定东西南等方位。明确图纸方位后,可以在图纸上,判定设备放置位置、朝向等信息,也可以判断线路和管道的路由起、止点和拐点的地理位置和走向信息。图纸上参照物位置等信息也可以明确。

④ 阅读图纸

阅读图纸时可以按照该通信系统的信息流向、设计思路的顺序。绘图人考虑到阅读图纸人的方面,一般按照从左到右、从上到下的顺序绘制。我们阅读也要依据此顺序,先要识别图纸中的重要部分,再阅读图纸上重要部分之间或之外的部分。识别图形和符号等图纸信息时,根据通信工程制图规范绘制或本图纸给出的图例理解其意义,同时注意尺寸标注等信息。

⑤ 阅读说明(可选)

一些图纸为了方便阅读,给出了一些不能以图形的形式直观呈现出来文字信息,这就是说明和解释性的文字。文字部分左上方要给出"说明"等相关文字,并单据一行,下面分别编号逐项说明。

⑥ 阅读表格(可选)

图纸中的一些信息(如:一些设备、材料和工程量清单)无法直接以图形的形式绘制,而用说明文字需要大段篇幅且层次不清晰。分析这些文字,主要是在描述一些事物的各个属性值,且可

5.1 通信工程图纸基础知识

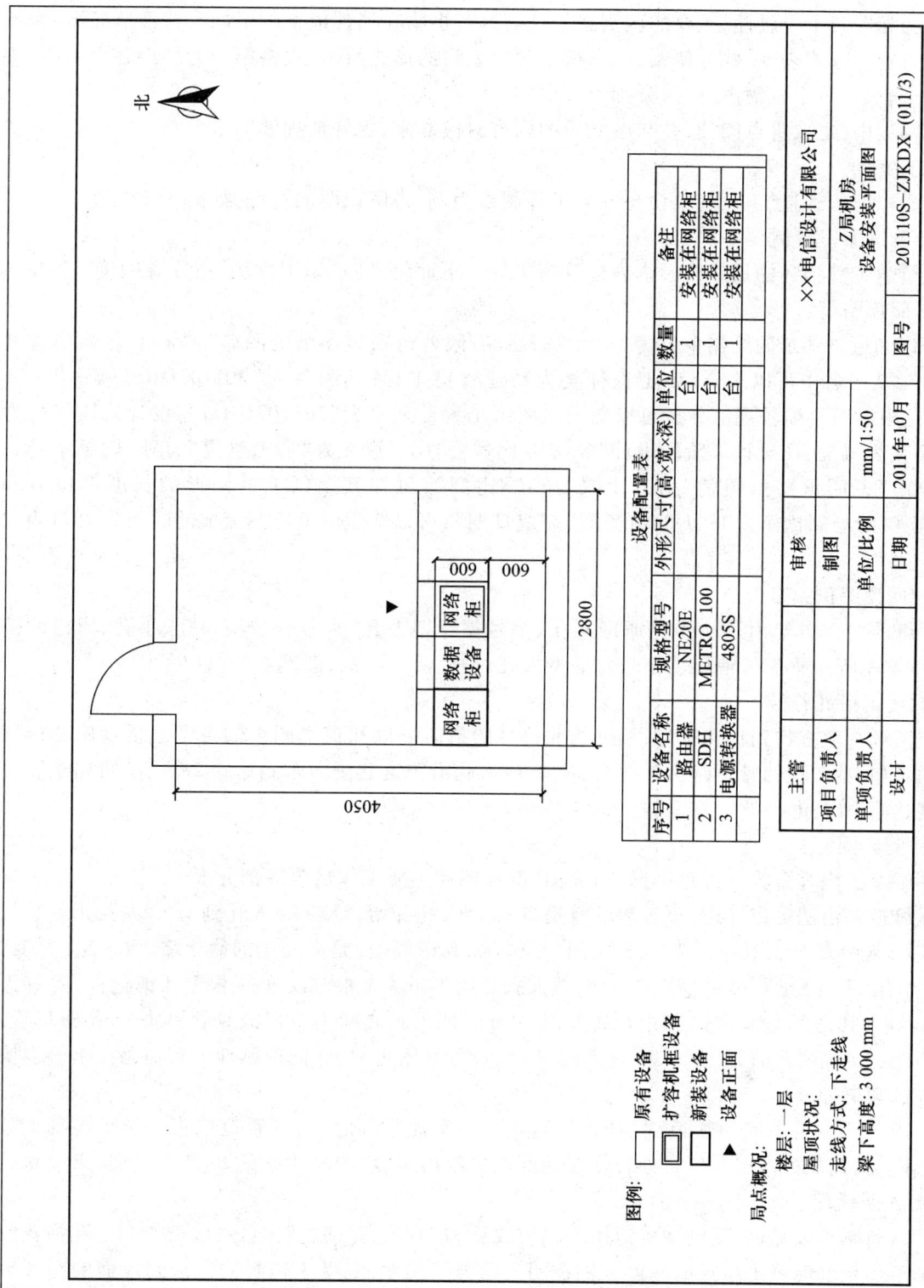

图 5-7 某局机房设备安装平面图

以归纳为相同若干个属性,主要的区别在于说明这些事物在属性值上的不同。这种情况下,为了以更加直观的方式表现,并方便阅读,图纸中常以表格的形式给出,表格第一行列出各个属性,从表格第二行起,每个事物占一行,分别予以说明。

在阅读中,也要重点阅读,并与图纸中的内容对应起来,更好地理解图纸。

(2) 案例

这里以通信管道工程、通信设备安装工程图纸为例,讲解识图的过程,如图5-8所示。

① 管道工程案例

该管道工程描述的是某校园内新建管道工程。下面就按照"识图方法"按步骤阅读该图纸。

- 阅读图衔:

可以知道该图纸的绘制单位为"××电信设计有限公司";该图纸的图名为"××校区新建管道路由图",从图名中可以知道,该工程种类为新建管道工程;其图号为"201102DHSJ-S-GD-01(1/1)",根据图号编号规范分析可以知道该图纸工程计划号为"201102DHSJ",设计阶段代号为"S"(意义为"施工图设计一阶段设计"),专业代号为"GD"意义为"通信管道"专业,图纸编号为"01(1/1)"说明该路由图就一张;读取"单位/比例",可知其图纸上的图形的长度单位为 m(米),图纸的绘制比例为 1∶1000;读取"完成日期",可以知道图纸绘制完成的时间为2011年2月。

- 阅读图例:

图纸的左下方给出了小号直通型人孔、小号拐弯型人孔、小号分歧型人孔、手孔、栅栏的图例,其中本工程根据需要使用了小号直通型人孔、栅栏两个图例,图例右侧给出了说明。

- 阅读指北符号:

在图纸右上方找到指北符号,根据指北符号的指向可以知道本图中的各个通信设施的位置和走向。如:本工程的管道路由走向为,从新1#人孔沿跑道北侧向东到达新2#人孔,再向东穿过栅栏到达原1#人孔。

- 阅读图纸:

图纸上的内容分为管道路由图、断面图、剖面图和主要工作量表等部分。

从管道路由图可以知道,该工程的管道自新1#人孔开始,经新2#人孔到原1#人孔止。总长度200 m,其中新1#人孔到新2#人孔之间为100 m,其中砼(砼是混凝土的简化字,意思是"人工"制作的"石"头,读音为tóng)路面40 m,两人孔之间管道为1根波纹管,1根七孔梅花管;新2#人孔到原1#人孔之间为100 m,其中花砖路面50 m。两人孔之间为1根波纹管,1根七孔梅花管。本管道北侧的栅栏距管道15 m,平行走向,到原1#管井附近时,转向南延伸。管道路由南侧为操场跑道的弯道部分。

路由图下方正中间为管道剖面图,管道建立在水泥基础之上,在管道接头处做了混凝土包封,对管道起到保护作用。包封处长度在剖面图中给出,包封的尺寸参见 B-B 断面图,未包封处参见 A-A 断面图。

从断面图可以知道,图纸中管道由1根波纹管和1根七孔梅花管组成,波纹管和七孔梅花管之间的距离及其混凝土包封的厚度分别在图上给出了尺寸,混凝土包封的上沿到地面的距离也给出了最小距离。该管道沟断面为梯形,管道沟路面处的宽度的尺寸和底面的宽度尺寸已经分别给出。因为管道剖面图和断面图使用了和图衔不同的比例,所以在两图下方分别标示其比例

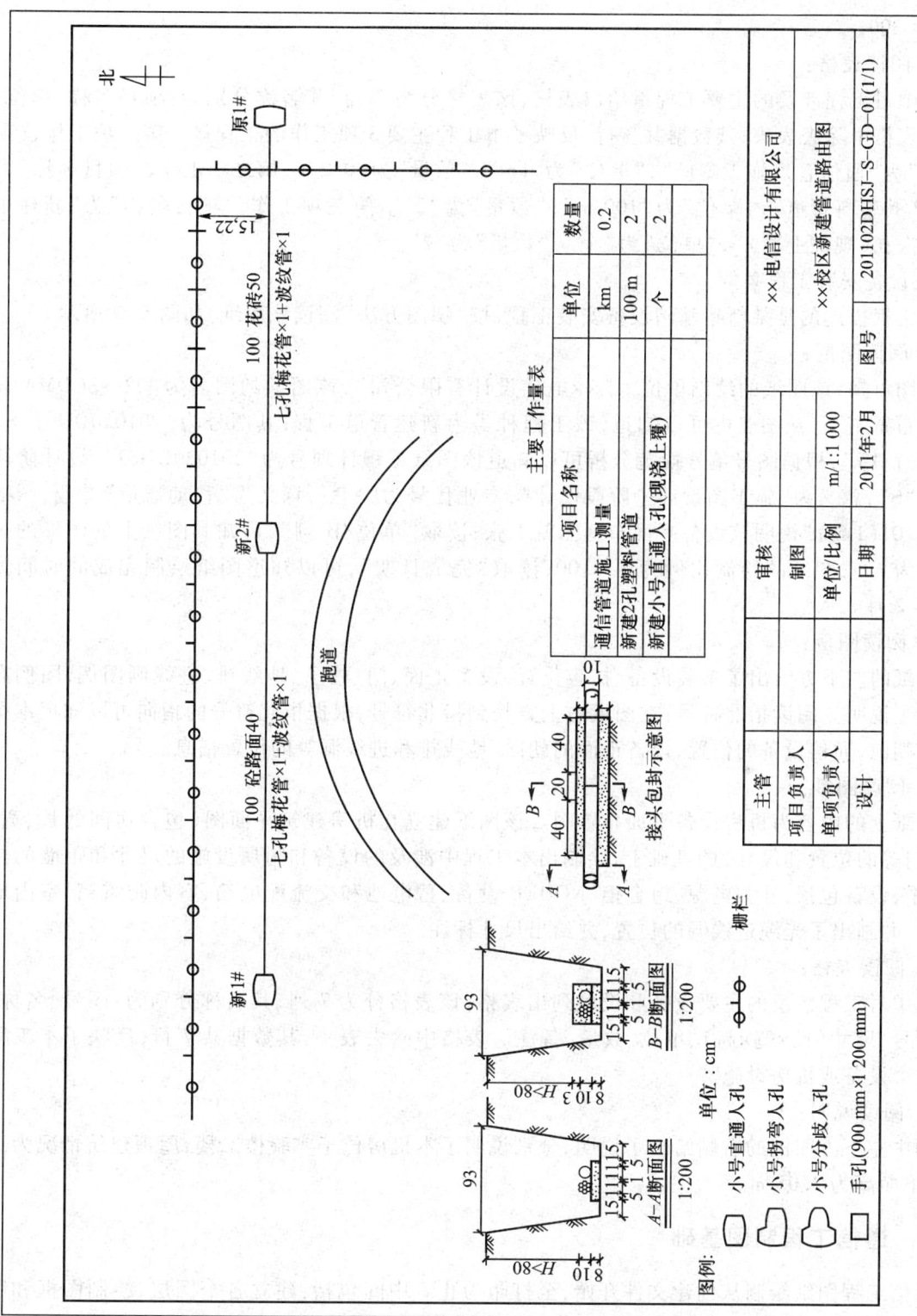

图 5-8 某管道工程图

同为1∶200。

- 阅读表格：

图中对工程涉及的主要工程量给出表格,该表格分为3列,其名称分别为:项目名称、单位、数量。表格中除去表头,其数据共3行,反映了本工程主要3项工作的工程量。第一项工作,"项目名称"为"通信管道施工测量","单位"为"km","数量"为"0.2"。第二项工作,"项目名称"为"新建2孔塑料管道","单位"为"100 m","数量"为"2"。第三项工作,"项目名称"为"新建小号直通人孔(现浇上覆)","单位"为"个","数量"为"2"。

② 设备安装工程案例

本工程描述的是某新建基站设备安装工程,按"识图方法"阅读该图纸,如图5-9所示。

- 阅读图衔：

由图可知,该图纸的绘制单位为"××电信设计有限公司",该图纸的图名为"TD-SCDMA设备平面布置图"。从图名中可以知道,该工程种类为新建管道工程；其图号为"201020DHSJ-S-YD-01(1/1)",根据图号编号规范分析可以知道该图纸工程计划号为"201020DHSJ",设计阶段代号为"S",意义为"施工图设计—阶段设计",专业代号为"YD",意义为"移动通信"专业,图纸编号为"01(1/1)"说明该设备平面布置图就1张；读取"单位/比例",可知其图纸上的图形的长度单位为mm,图纸的绘制比例为1∶100；读取"完成日期",可以知道图纸绘制完成的时间为2010年2月。

- 阅读图例：

图纸的左下方给出了新装设备、扩容位置、设备正面、门、柱子、地线排、进线洞图例,图例右侧给出了说明。阅读指北符号:在图纸右上方找到指北符号,根据指北符号的指向可以知道本图中门的朝向,通信设备的位置、设备正面的朝向、地线排和进线洞等的位置信息。

- 阅读图纸：

图纸上的内容为机房设备平面布置图。该图纸建立在机房建筑平面图(包含房间的长、宽,柱子、门等的位置和尺寸)的基础上,绘制出本工程中涉及的设备和附属设施的尺寸和距墙的位置,其中,设备包括:开关电源、组合柜、NODEB设备、蓄电池和交流配电箱、室内防雷箱、室内地线排等,并画出了光缆进线洞的位置,并给出尺寸标注。

- 阅读表格：

图中对工程涉及的主要设备和设施列出表格,该表格分为7列,其名称分别为:序号、名称、规格型号、尺寸(长×宽×高)、单位、数量、备注。表格中除去表头,其数据共7行,反映了本工程主要7个设备或机房设施。

- 阅读说明：

图中左下方图例的右侧给出了说明,分别说明了本机房位于实验楼二楼,屋顶建筑情况为浇注,梁下净高为3.05 m。

5.1.3 通信工程制图基础

通信工程图纸绘制从创建文件开始,至打印为止。中间包括:建立各个图层、绘制图框和图幅、图衔、指北符号、图例和绘制图纸,以及说明文字和表格等内容,下面分项给予说明。

(1) 创建文件

5.1 通信工程图纸基础知识

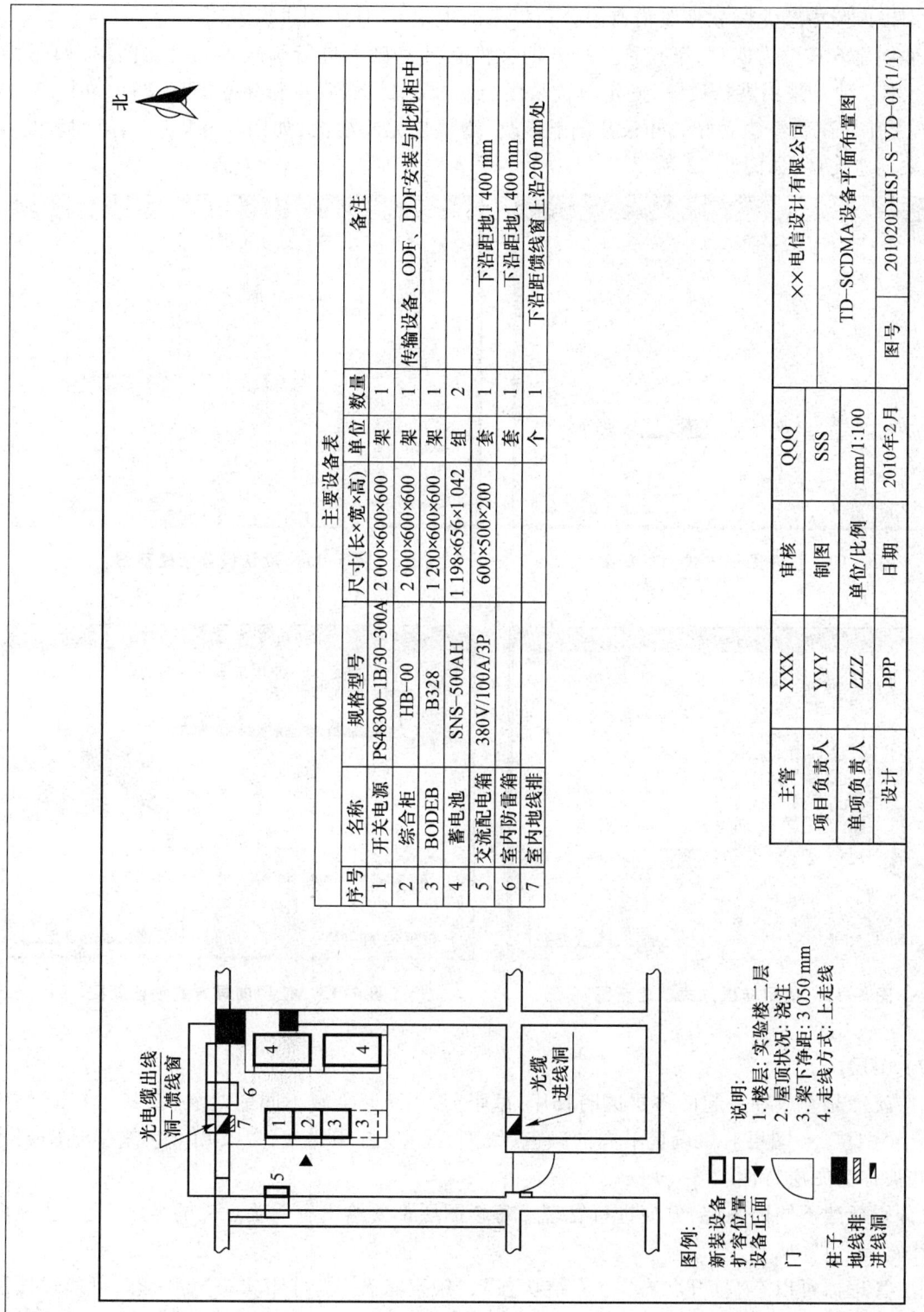

图 5-9 某基站机房设备平面图

本书以广州中望龙腾软件股份有限公司提供的中望 CAD 为例进行说明。

文件创建方式分为四种,第一种是打开旧文件在其基础上进行修改得到所需图形,如图 5-10 所示;第二种是采用默认设置,确定单位采用公制或英制,然后重新建立图形文件,如图 5-11 所示;第三种是在已经建立好的样板基础上修改、增加来完成绘图,如图 5-12 所示;第四种是使用向导来创建文件,如图 5-13 所示。

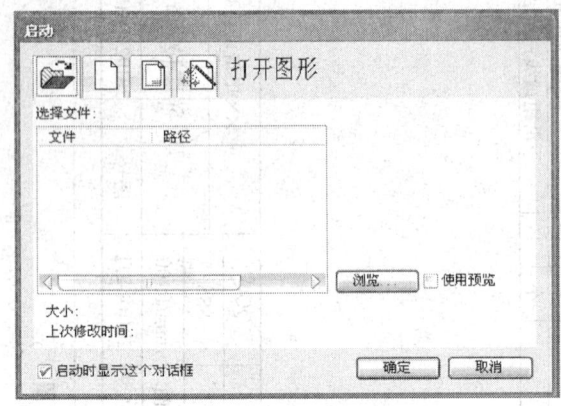

图 5-10　打开图形方式创建新图

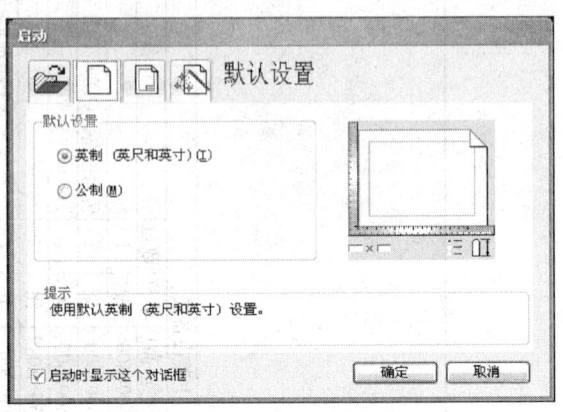

图 5-11　默认设置创建新图

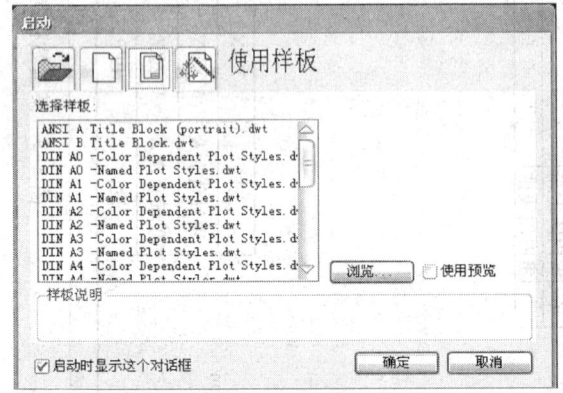

图 5-12　使用样板方式创建新图

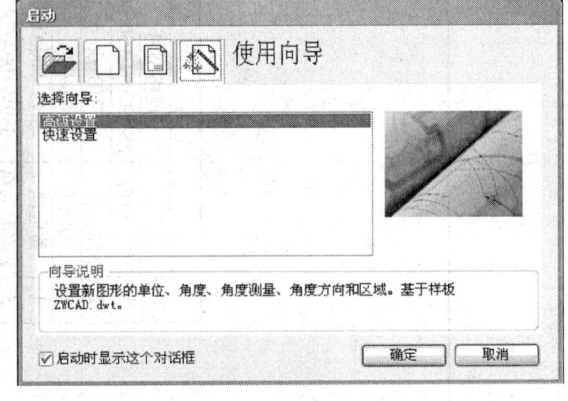

图 5-13　使用向导方式创建新图

（2）图层

图层就像是叠放在一起的多层透明胶片,每张"胶片"上绘制不同的对象,每张"胶片"均称之为一个"图层"。图层对象设置不同的颜色、线型、线宽、打印样式,以及用文字来描述图层含义,这些被称为图层特性。

要分别新建不同的图层,方便进行管理。每个图层都要给出有明确意义的名字,设置相应的线型、线宽、颜色等属性。

图层管理器可以有"打开状态"、"冻结状态"、"锁定状态"、"打印状态"等状态,可通过图层管理器对其分别进行设置可以得到不同效果,如图 5-14 所示。

打开状态: 当图层为打开状态时,可以显示和编辑该图层上的内容。当图层为关闭状态时,

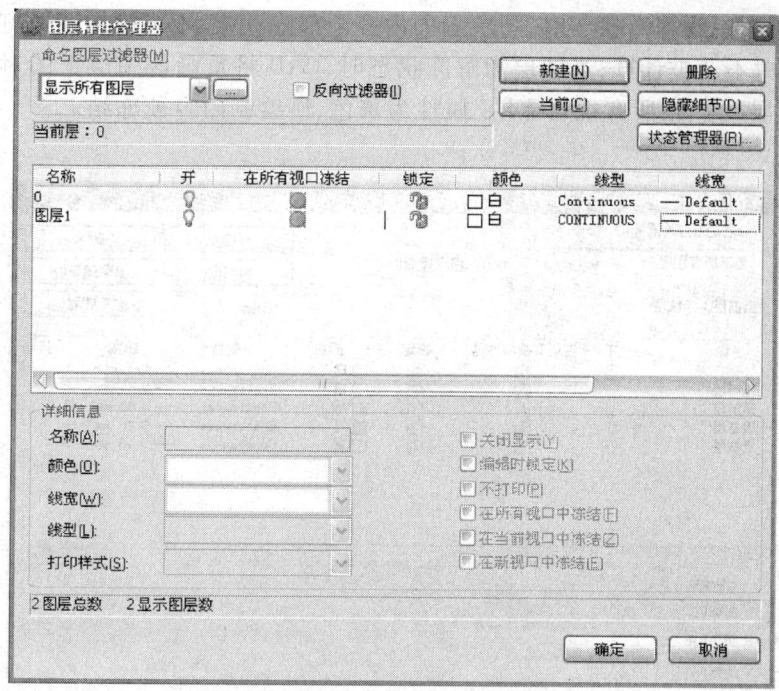

图 5-14　CAD 软件图层管理器

图层上的内容全部隐藏,且不可被选择、编辑或打印。如图 5-15 所示,"基础层"(选中图层)的"开"状态为关闭,即灯泡为灰色。

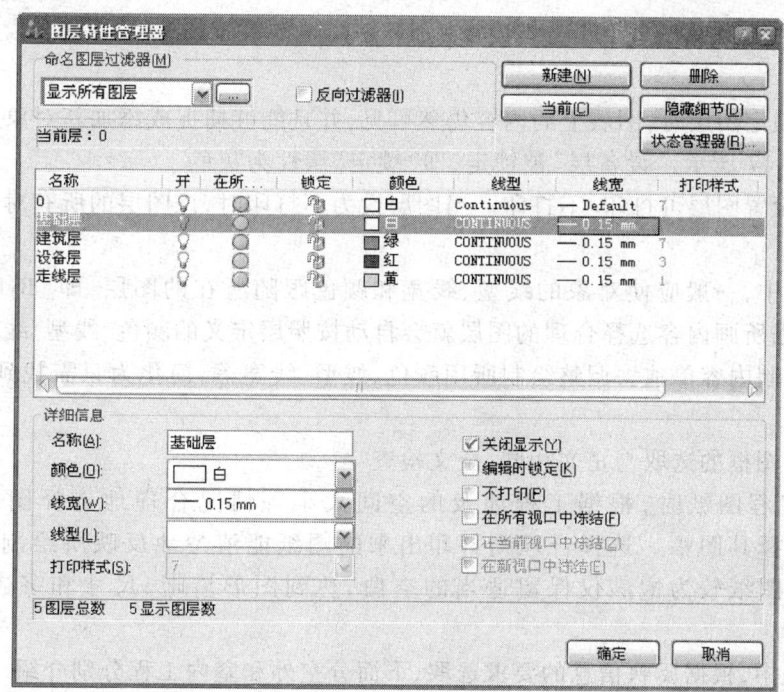

图 5-15　CAD 软件图层管理器"开"状态图

冻结状态：当图层为冻结状态时，图层上的内容全部隐藏，且不可被编辑或打印，同时冻结的对象在屏幕重生时不会被计算；当图层为解冻状态时，CAD将重画该图层上的对象。如图5-16所示，此时"建筑层"的"在所有视口冻结"属性为灰色，所绘制内容被冻结。

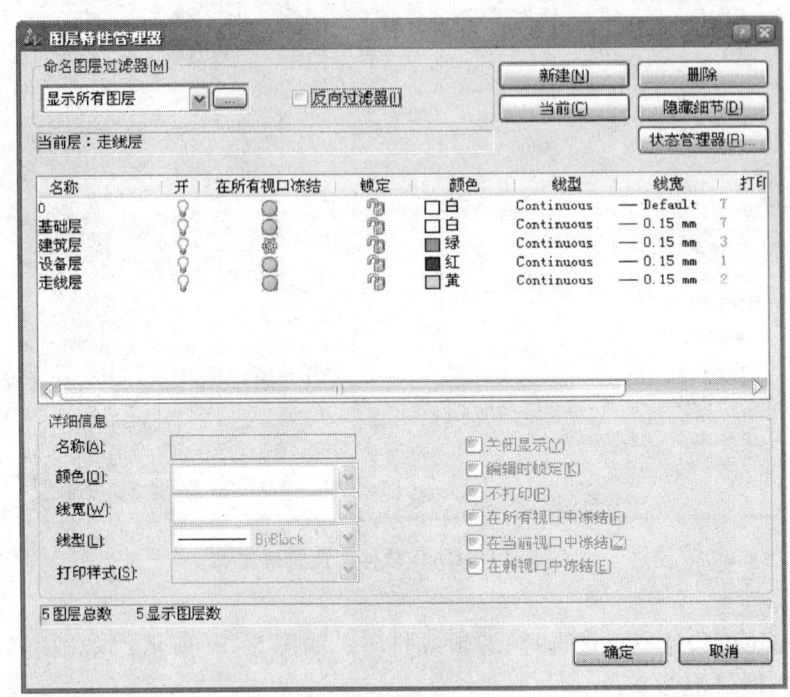

图5-16　CAD软件图层管理器"冻结"状态图

锁定状态：锁定图层时，图层上的内容仍然可见，并且能够捕捉或添加新对象，但不能被编辑和修改。如图5-17所示，"设备层"被锁定，即"锁定"属性为灰色。

打印状态：设置图层可打印/不打印。当图层设为不打印时，该图层的所有对象均不被打印，如图5-18所示。

在绘图过程中，一般应使对象的线型、线宽和颜色跟随所在的图层，即"ByLayer"（随层）。这样画图时，根据所画内容选择合理的图层就会自动按照层定义的颜色、线型、线宽等绘制，而不需要每次根据绘制内容单独去调整绘制所用颜色、线型、线宽等，简化为只需找到合适图层即可完成设置。

（3）图幅和图框的选取与正文相同，全文检查

绘制通信工程图纸时，根据工程涉及的空间大小等情况合理地选择图纸的单位和比例，并进一步选择其图幅。选择合理则打印出来的图纸能清楚地反映所绘制通信工程图形和标识等信息，图纸较为饱满仅保留适当的空白，达到图形清晰、尺寸和字迹清楚、图纸整洁的效果。

在通信工程中，根据反映信息的要求选取，下面分室外和室内工程分别介绍。

室外工程使用1∶1 000比例的图纸上，1 mm代表实体的1 m，据此可以选用图纸尺寸。比

5.1 通信工程图纸基础知识

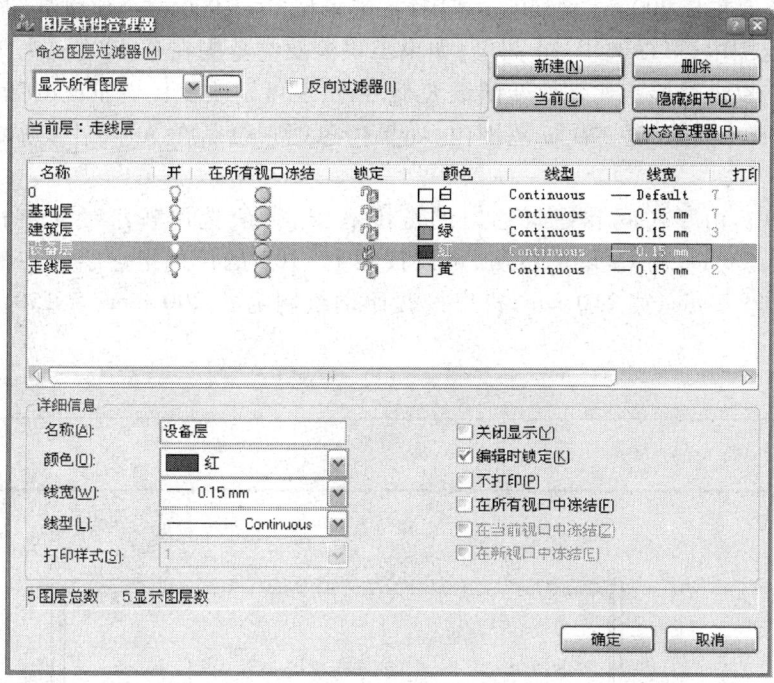

图 5-17 CAD 软件图层管理器"锁定"状态图

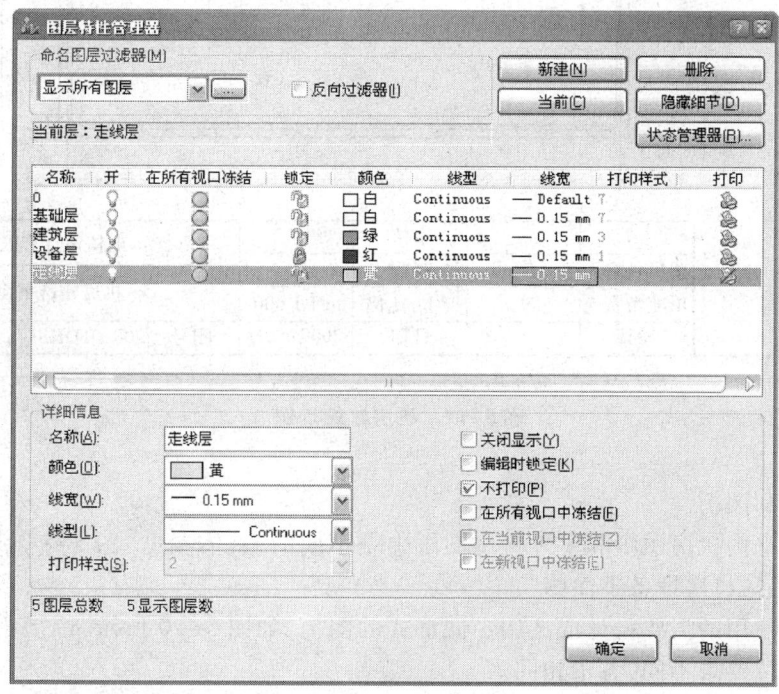

图 5-18 CAD 软件图层管理器"打印"状态图

如：工程涉及的范围在长 200 m、宽 150 m 范围内，则根据 1∶1 000 这个比例其图纸区域在长 200 mm、宽 150 mm 范围内，可以选用 A4 图纸；如果工程涉及的范围在长 400 m、宽 270 m 范围内可以选用 A3 图纸。以上是固定比例改变图纸大小，当然也可以改变比例不改变图纸大小，比如工程涉及的范围在长 400 m、宽 270 m 范围内，如果仍想把它绘制在 A4 纸上，则可以改变比例为 1∶2 000。

在室内工程中，由于房间和建筑物内的范围有限，一般选用较小的比例即可满足需要。比如：绘制一个长 20 m、宽 15 m 的机房，可以按照 1∶100 的比例把它绘制在 A4 图纸上。A4 图纸的大小为长 297 mm、宽 210 mm，机房按此比例绘制为长 200 mm、宽 150 mm，如图 5-19 所示。

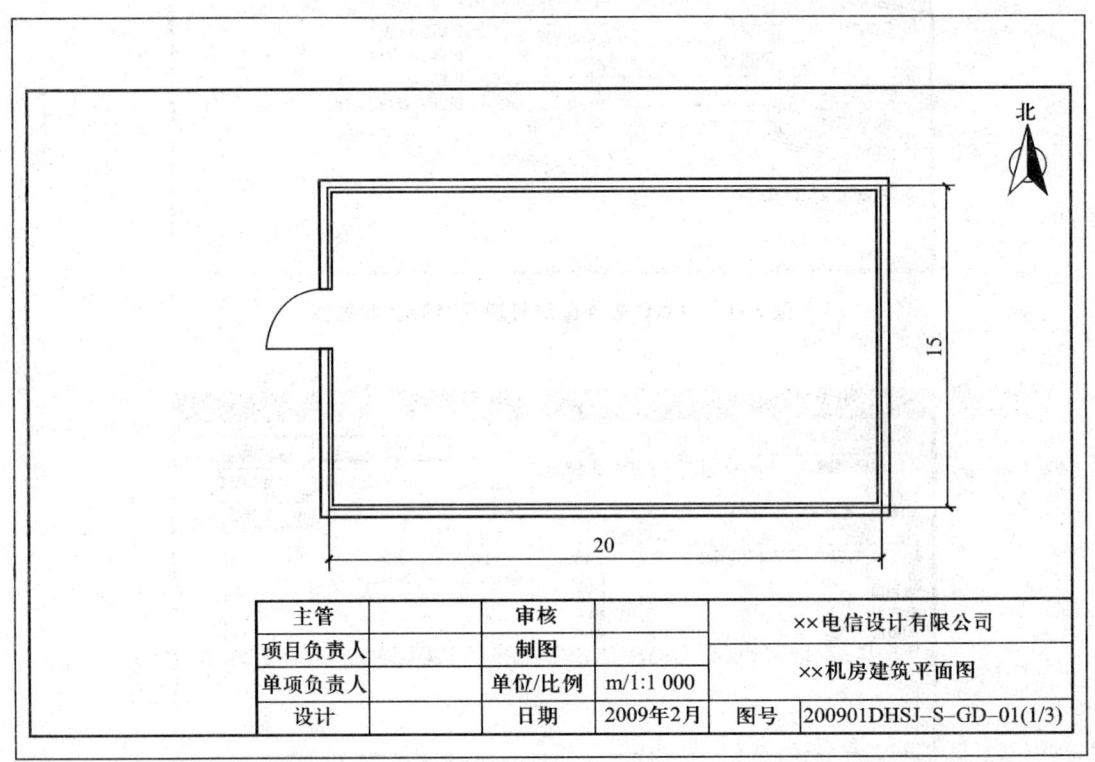

图 5-19　机房建筑示例

（4）指北符和图衔

指北符号在室内机房图纸和室外机房图纸中是不同的，具体参见"图 5-8　某管道工程图"和"图 5-9　某基站机房设备平面图"。

图衔可根据使用的需要设计或选用不同形式的图衔，如图 5-20 所示，图衔根据填写信息的不同和设计等单位要求不同，各不相同。

（5）图例和文字说明

图例是给出工程中使用的图形符号的范例，一般符合国家通信行业制图规范的图形符号不

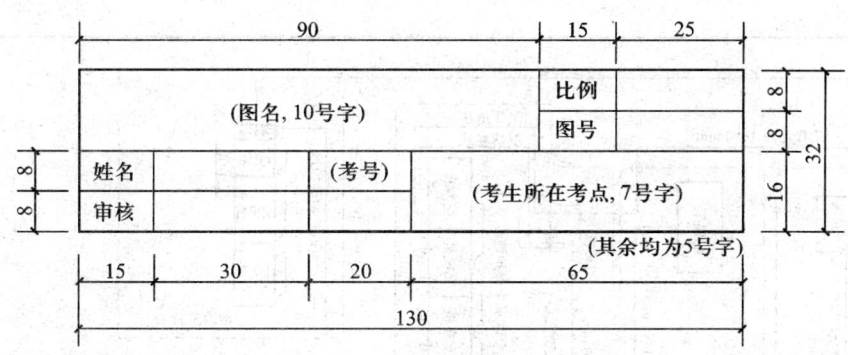

图 5-20 某图衔示例

需给出额外说明。

特殊的情况下,图纸上要表达的信息在国家规范中没有相关图形符号,需要自行定义,这时需要在图的左下方给出图例。

人、手孔图形的绘制在国家制图规范里已有定义,见"附录通信工程图例"中的通信管道,表5-8 所示为部分管道工程人手孔图例。

表 5-8 部分管道工程人手孔图例

名称	图例	说明
直通型人孔		人孔的一般符号
分歧人孔		
手孔		手孔的一般符号

绘制图形时如国家规范没有提供相关图例,则需要给出图例并进行说明。

图纸上有些信息无法反映出来,需要给出一些文字说明,这些说明一般放置在图形的下方,特殊情况下,根据图纸幅面占用情况插空添加。图 5-21 为某接地系统图,对于接地等情况进行了说明,见图 5-21 中右侧方框内的说明。

(6)表格和其他图纸信息

图纸上有些信息需要列出表格信息,如图 5-22 所示。通过表格,设计人员、施工人员可以清晰地看到本工程中对于此设备需要安装或配置的板卡的数量、性能等。

(7)绘图顺序

绘图可以从零开始绘图,也可以利用预先定义的模板绘制。

绘图时,一般都要按照工作顺序、线路走向、信息流向等顺序绘制各个组成部分,按照"先主

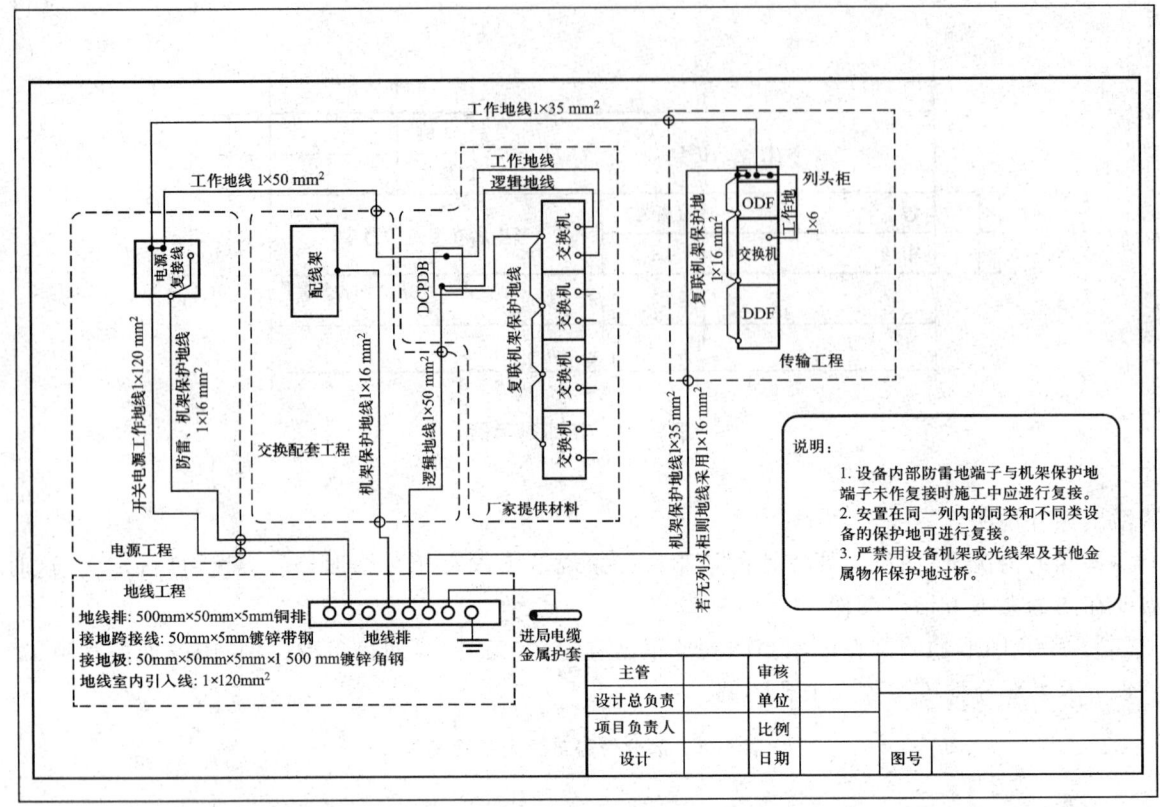

图 5-21 通信工程图纸中的说明实例

要,后次要"的原则绘制。一般情况下,在设备安装工程中,应先绘制设备后绘制走线设施和线缆;在线路工程中,应先绘制基础平面图再绘制线缆;管道工程也要先绘制人、手孔和接头等处的设施,后绘制管道。

(8)视图重画与图形重生

使用 CAD 软件绘图过程中遇到显示图形失真时,需要使用图形重生,来修正图形的失真,视图重画用于重画当前视图,删除编辑点标记,清理屏幕无关内容。

视图重画与图形重生成是不同的概念,视图重画只是简单地清理屏幕,不重新进行视图显示计算;而图形重生成则是重新进行图形显示计算,并刷新数据库,将结果重新显示在屏幕上,因而需要较多的处理时间。

(9)图形文件输出及其管理

输出就是将图形打印输出到纸张及其他打印介质,向他人直接提交图形电子文档,将图形链接到其他文档或程序中,输出到虚拟打印机,通过网络传递、发布图形等。这些不同形式的输出与图形文件的用途联系在一起,在通信工程中,主要是把图纸打印出来指导施工,这里主要介绍一下图纸如何打印。

在正确连接好打印机后,就可以开始打印了,调用打印命令的方式有:

命令行:Plot

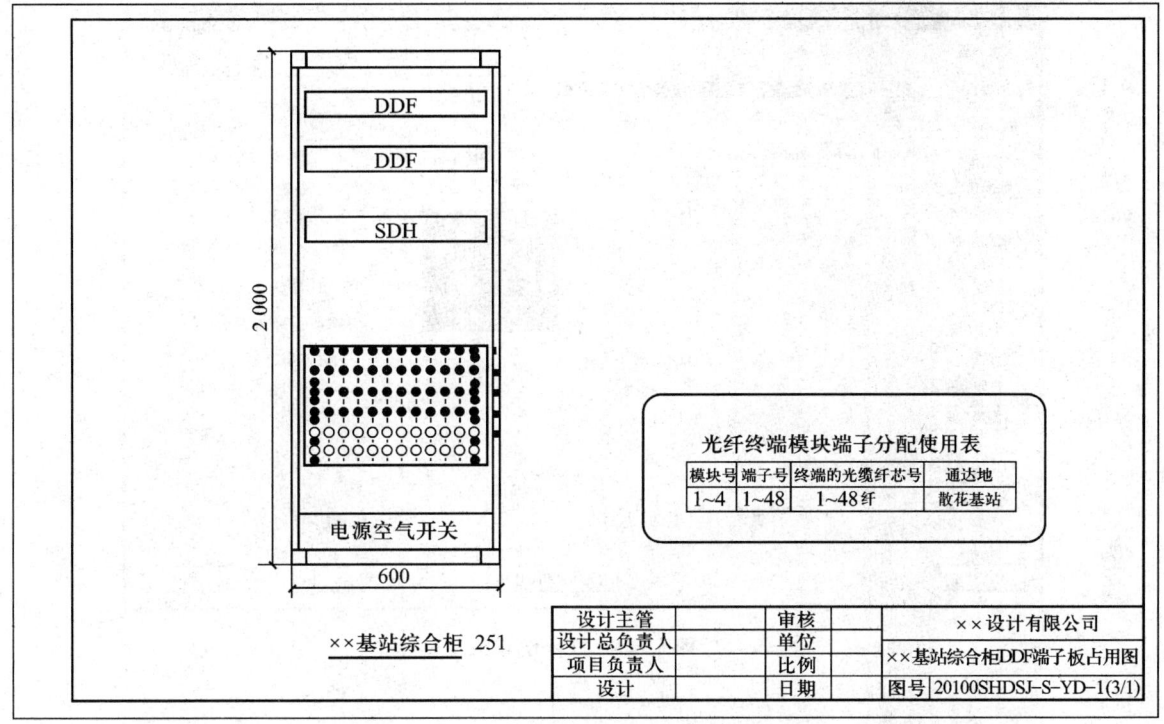

图 5-22　通信工程图纸中的表格说明实例

菜单：File→Plot

标准工具栏：打印机图标

键盘快捷键：Ctrl+P

右键菜单：在模型空间或图纸空间标签上右击，选择 Plot

以上这些方式，根据使用情况进行灵活选择，在第一次打印前要进行一下打印设置，在模型界面下进入打印设置如图 5-23 所示。

打印设置步骤如下：

（1）设置打印机：选择一台直接连接本机或通过局域网连接的打印机。

（2）选择打印纸张大小：如 A4 纸等。

（3）选择"打印区域"：选择打印区域的方式有窗口、显示、图形界限、范围等。

（4）设置打印比例为"布满图纸"或给出一个比例。

（5）选择打印样式，新建或使用默认的打印样式。

（6）设置图形方向：纵向或横向，并进一步可以根据朝向设置"反向打印"属性。

探讨

- 视图重画与图形重生在什么情况下使用，有何异同？
- 如何正确使用图层管理器设置各图层的属性及状态？

图 5-23 打印设置图

5.2 通信线路图纸绘制

通信线路工程主要涉及通信光(电)缆的直埋、架空、管道、海底等线路工程。在通信线路工程中,通过图纸标明线路的路由、施工方式等信息,方便施工单位和监理单位的使用。

通信线路工程图纸主要包括线路路由图、施工图等。

5.2.1 绘制前的准备

(1) 阅读勘察草图

通信工程图纸要根据线路工程的勘察草图,结合设计方案进行绘制。其中,勘察草图由勘察设计人员按设计单位要求,在施工现场实地勘察并测量后绘制,勘察草图又被称为底(草)图。绘制草图前,要确认线路周围环境的地理、地址信息,线路路由周围约 50 m 以内的自然条件要描述清楚。包括:村庄的名称、道路名称的标注;草地、树木、田地、地势、山、丘陵等地质和土质情况均应在施工图上标注;对线路穿(跨)越障碍物(如河流、桥梁、铁路、公路、山、沟等)的地点、方式、措施等更要在勘察草图上手绘并标注。

(2) 掌握常用图例

为规范线路工程图纸,国家制图规范对线路工程中需要绘制的光缆、通信线路、线路设施与分线设备、通信杆路、地形等均给出了图例,详见本书附录:"通信工程图例"中的一些常见线路工程图例,表 5-9 所示为部分通信工程地形图例。

表 5-9 通信工程地形图例

名称	图例	名称	图例
房屋		池塘	
在建房屋	建	阔叶独立树	
破坏房屋		天然草地	
一般公路			

一般通信线路,以及区分直埋、水底、架空等施工方式的图例如表 5-10 所示。

表 5-10 通信工程通信线路图例

名称	图例	说明
通信线路		通信线路的一般符号
直埋线路	或	
水下线路、海底线路		
架空线路		

线路工程中,采用架空方式实现时,需要在沿路由方向的电杆上布放线缆,根据电杆的固定方式不同分为带撑杆的电杆和带拉线的电杆,根据拉线的数量、方向,进一步可以分为单方拉线和双方拉线等。通信工程通信杆路图例如表 5-11 所示。

表 5-11 通信工程通信杆路图例

名称	图例	说明
电杆的一般符号		可以用文字符号(A-B)/C 标注,其中:A——杆路或所属部门;B——杆长;C——杆号
带撑杆的电杆		

续表

名称	图例	说明
带撑杆拉线的电杆	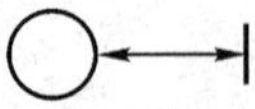	
通信电杆上装设避雷线		
单方拉线	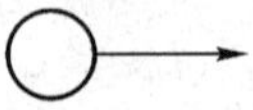	拉线的一般符号
双方拉线	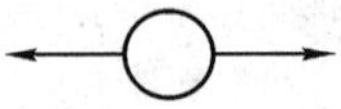	

通信工程光缆部分图例见表 5-12。

表 5-12　通信工程光缆部分图例

名称	图例	说明
光缆		光纤或光缆的一般符号
光缆参数标注	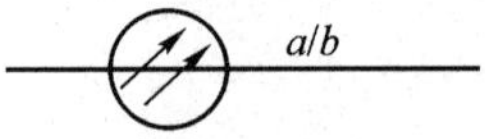 a/b	a——光缆芯数 b——光缆长度

线路工程中,根据施工需要在一些特殊地点盘留一些线缆,一些线路交接的地方使用交接箱,交接箱根据安装方式分为架空、落地、壁龛等,这些图例见表 5-13。

表 5-13　通信工程通信线路设施部分图例

名称	图例	说明
光缆电缆盘留	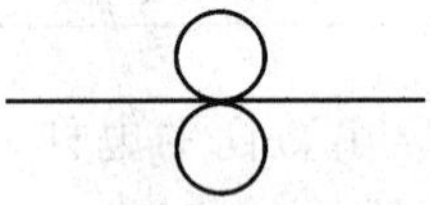	
架空交接箱	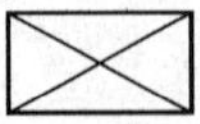	
落地交接箱		
壁龛交接箱		

查阅线路工程图例(见本书附录 2)并学习线路工程中常用图例的绘制方法。

- 分类总结通信线路工程图中使用的图例。

5.2.2 绘制图纸

在勘察草图基础上进一步明确设计方案后,就可以开始施工图的绘制。在通信线路工程施工图设计时,紧沿线路方向的参照物严格按比例绘制,在此之外的横向参照物采用另外比例或按示意性绘制。

参照物(环境、地理等信息)绘制完成后,接下来需要完成设计方案的绘制工作。通信线路工程涉及的主要工作包括:施工测量和开挖路面,敷设埋式光电缆,敷设架空光(电)缆,敷设管道及其他光(电)缆,光(电)缆接续与测试,安装线路设备,建筑与建筑群综合布线系统工程等,这些内容都能在工程设计图纸上得到一定程度的反映。

以连接基站间光缆工程为例进行图纸介绍。

(1) 勘察草图

以手绘勘察草图作为 CAD 制图的输入,勘察草图如图 5-24 所示。

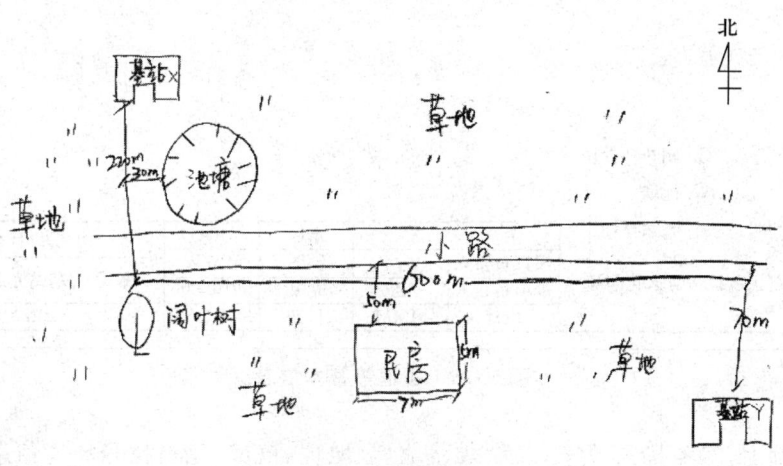

图 5-24 勘察草图

(2) 图纸信息设置

本光缆线路工程施工图选择 A4 幅面,采用 1∶2 000 比例,字体采用仿宋体。图面布局要合理,排列均匀,轮廓清晰,便于识别。从勘察草图可知,光缆线路路由以基站 X 为起点,以基站 Y 为终点。选用合适的图线宽度。线路施工图常用粗实线和细实线以及虚线进行绘图。一般新建光(电)缆用粗实线表示,虚线表示待建部分,其他用细实线表示。在绘图图形时,应正确使用图标和行标规定的图形符号。图形符号是工程语言,设计人员要了解和掌握每个图形符号的含义和性质。派生新图标时,要在合适的地方加以注明。按规定设置图衔,其中图纸应按规定的顺序编号。

(3) 图层设置

根据绘制图形的特征分别建立不同的图层,分层绘制,便于绘制、出图、使用和图纸的管理。在"基础层"内绘制图幅、图框、指北符、图衔等内容,在"地形层"绘制当地的山地、草地和树木等信息,在"线路层"绘制线杆和光缆等线路设施,在"标注层"标注尺寸,根据管理和其他需要还可以分别设置不同图层。

(4) 图纸绘制步骤

① 首先在基础层,绘制图框、指北符号和图衔等内容(经常使用的内容可以建立图纸模板,便于重复使用),绘制完成,如图 5-25 所示。

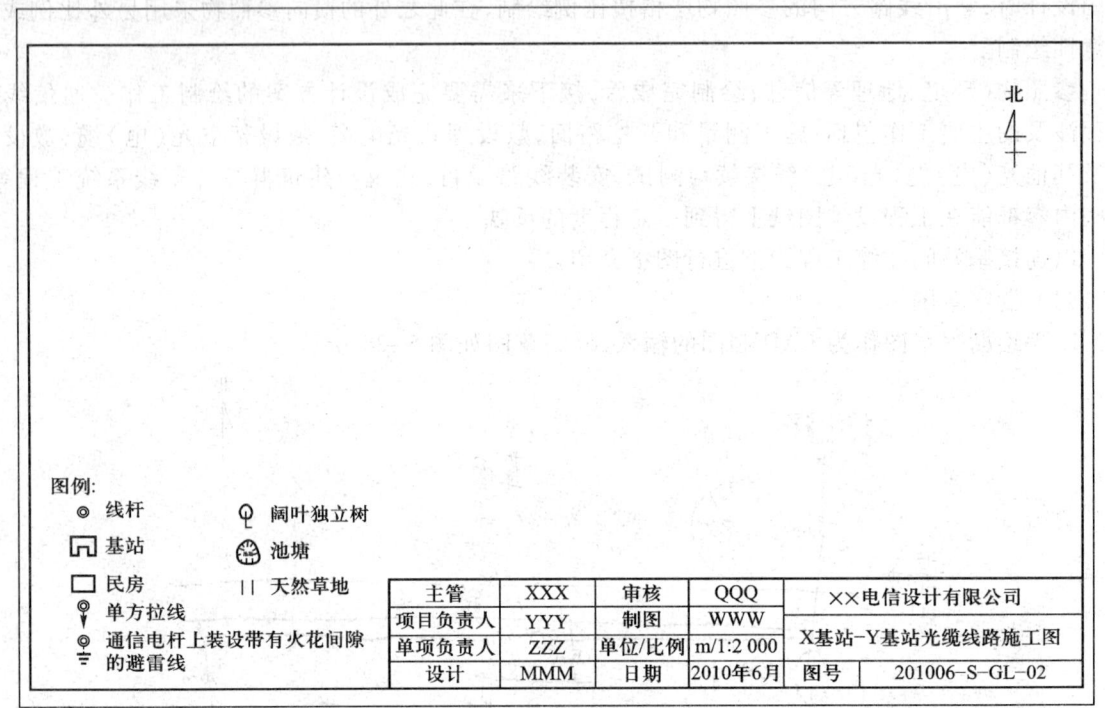

图 5-25　图框等基本信息

② 在此基础上,参考勘察草图,绘制线路地形、地理、植被、建筑物等环境信息,如图 5-26 所示。包括民房、池塘、基站 X 和基站 Y,以及公路和阔叶树和草坪。

③ 根据地形、建设单位要求等因素明确本工程走线路由、设计方案信息。方案为采用架空光缆把基站 X 与基站 Y 连接。根据线杆的档距和通信线路规范,确定并标识路由,并在路由方向上绘制线杆的位置、拉线、接地线等杆路信息。确定线杆的位置上,从 X 基站开始,对于线杆从 P1 至 P18 依次编号。

架空杆路对于过路部分采用塑料管套管保护,需要在图中标明。

给出绘图中使用的图例,绘制在图形文件的左下方,如图 5-27 所示。

④ 本次工程线路长度以 m 为单位,与图衔中给出单位一致,可不标注单位。若采用其他单位,应具体标明。

⑤ 对图中内容给出尺寸标注,如杆距(标示两线杆之间的距离),杆距应顺着线路路由方向标注,并符合视图方向,标明杆距方向应与线路路由方向协调一致,并不得被其他图线穿过,如图 5-28 所示。

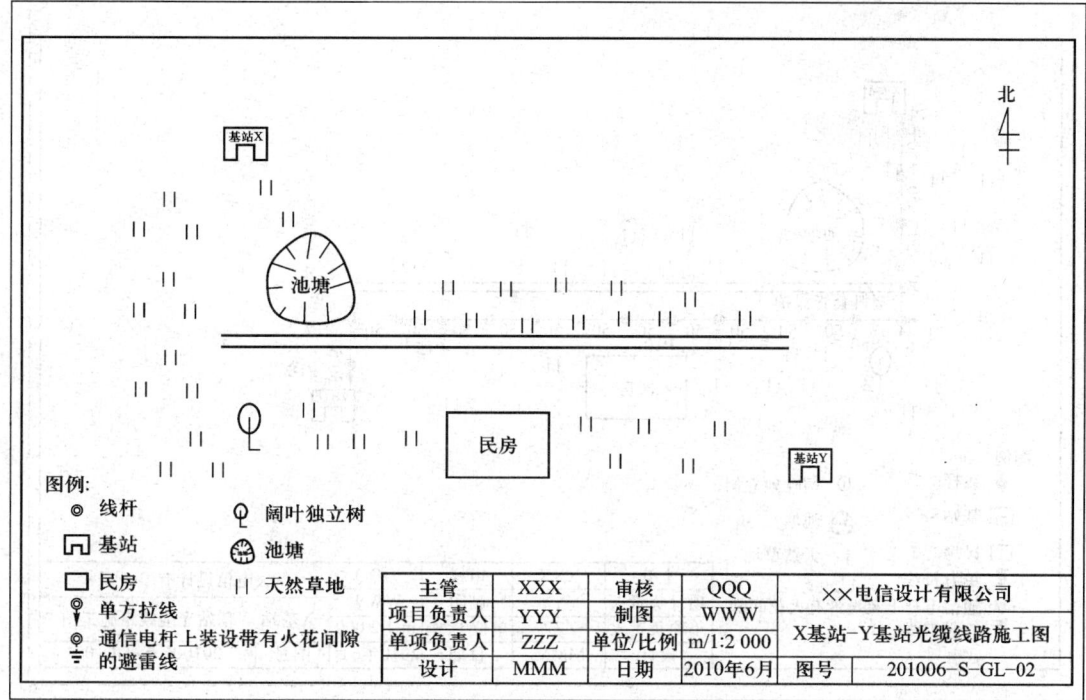

图 5-26 地理环境和植被等信息

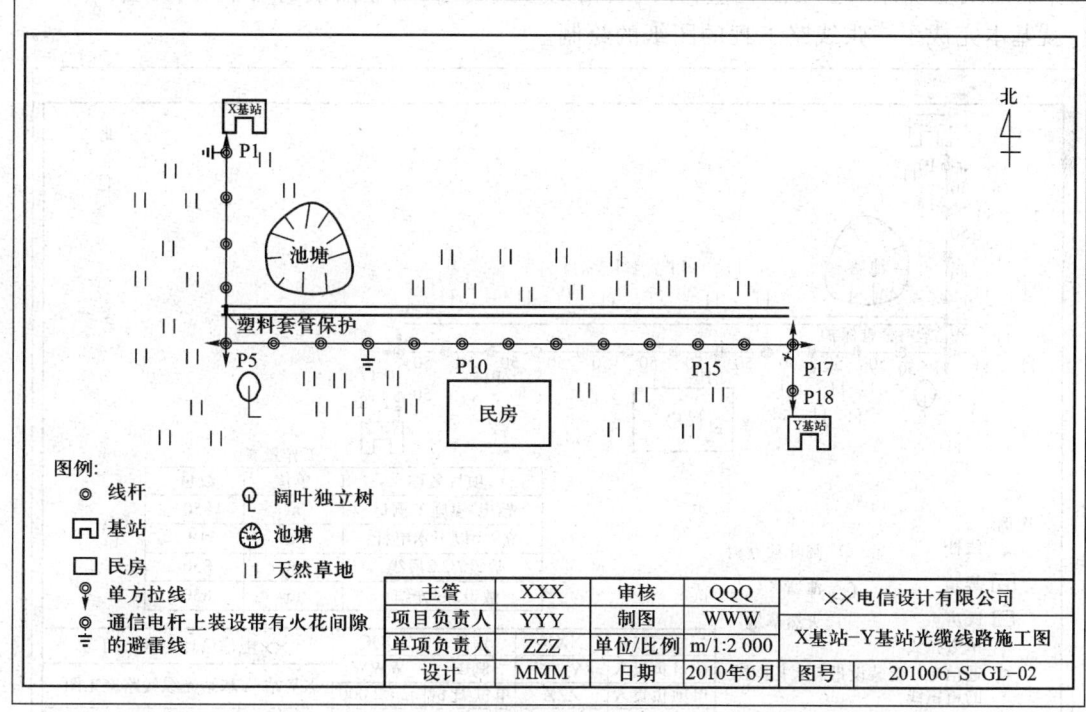

图 5-27 某线路工程路由图

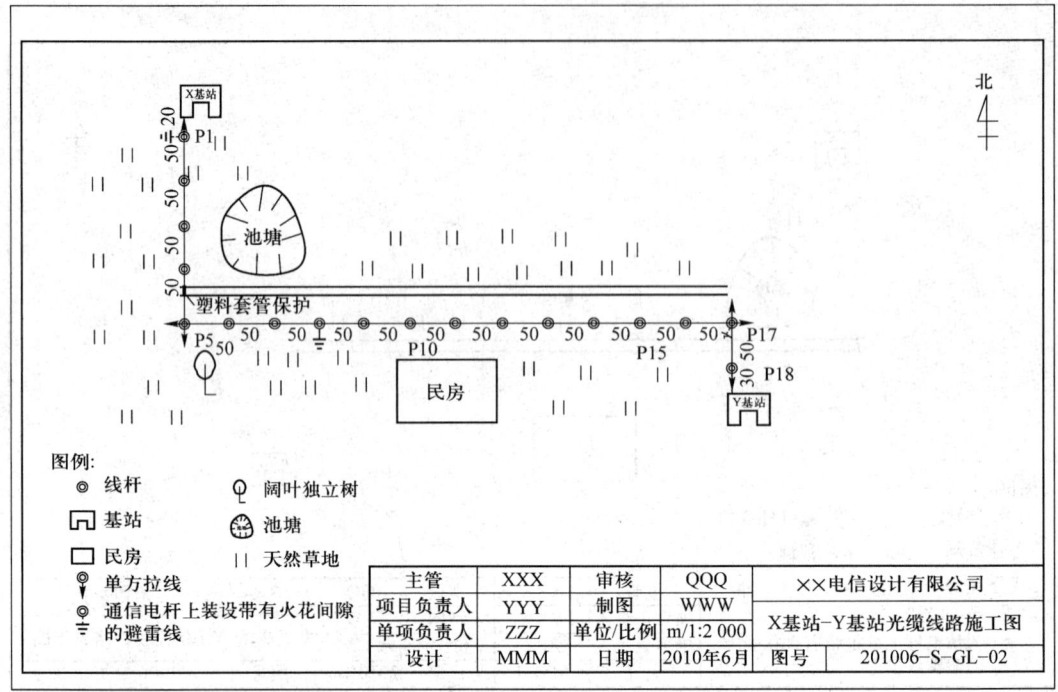

图 5-28 某线路工程路由图(标注尺寸)

⑥ 在图纸上统计出主要工程量,并用表格的形式给出,列在图纸的右下方,如图 5-29 所示。至此,就基本完成了一张线路工程的图纸的绘制。

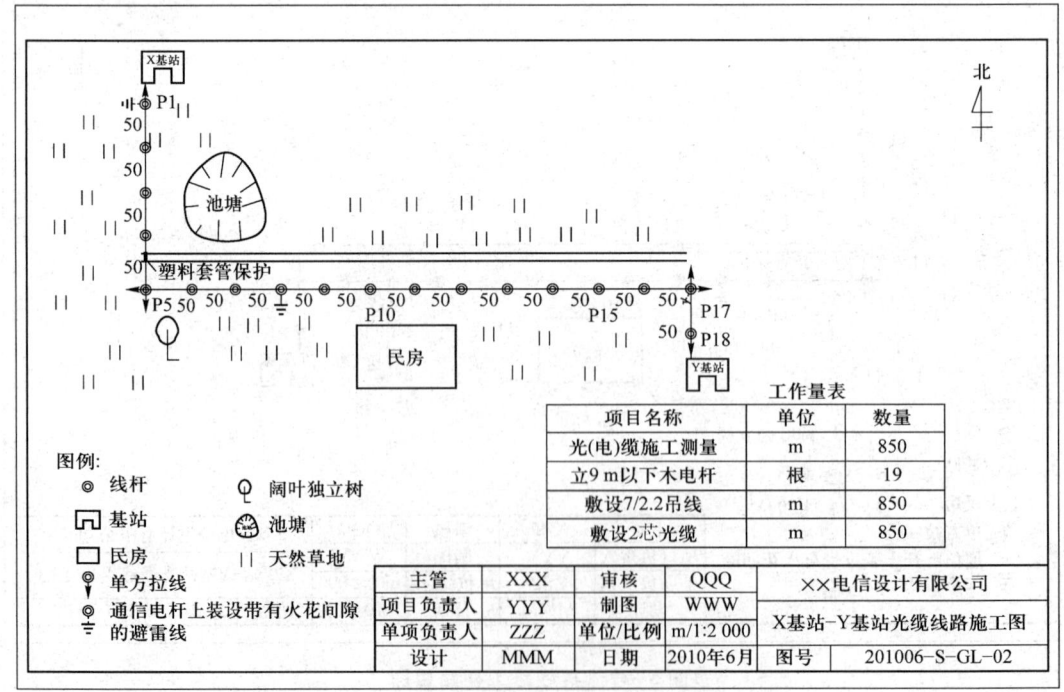

图 5-29 某线路工程路由图(统计工程量表)

- 线路工程图纸绘制方法和步骤。

5.3 通信管道图纸绘制

通信管道是通用管道中通信使用的管孔或专门修建的通信管道。在城市中,管道以其不影响街道整洁和影响城市美观,使用越来越普遍。管道工程中通过管道图纸来标志管道的路由和人、手孔的位置和距离等信息。为方便对管道光缆布放、日常管理和维护所设置的管井设施,较大的,人能下到管井内的称为人孔,较小的只能伸手进去的为手孔,人、手孔之间用塑料管相连的就是通信管道。

5.3.1 绘制图纸前的准备

通信工程图纸要根据管道工程的勘察草图,结合设计方案进行绘制。通信管道工程图纸还应反映管道路由附近的地理、地址信息。

管道工程中,管道用直线表示,人、手孔的绘制在通信工程规范中有专门图例,一般人、手孔符号见表 5-14。对于特殊的人、手孔,直角型和斜通型人孔也有专门的规定,参见表 5-14。这里只是给出部分图例,详见附录。

表 5-14 通信工程通信管道图例

名称	图例	说明
直通型人孔		人孔的一般符号
手孔		手孔的一般符号
斜通型人孔		

5.3.2 绘制图纸

在绘制管道图纸之前,首先创建基础层、管道层、标注层并在基础层内绘制图框和指北符和图衔并按照要求填写其内容。根据本管道工程中,各规格和型号人、手孔的使用情况,绘制相关的图例于图纸的左下方,见图 5-30 中左下方图例。

画出管道所在地的地理环境,主要包括管道路由附近的道路和建筑物等参照物,并标明其名称等信息,如图 5-31 所示。

从路由起点到终点,依次画出管道路由上的各个人、手孔,并按照各种人手、孔图例样式绘

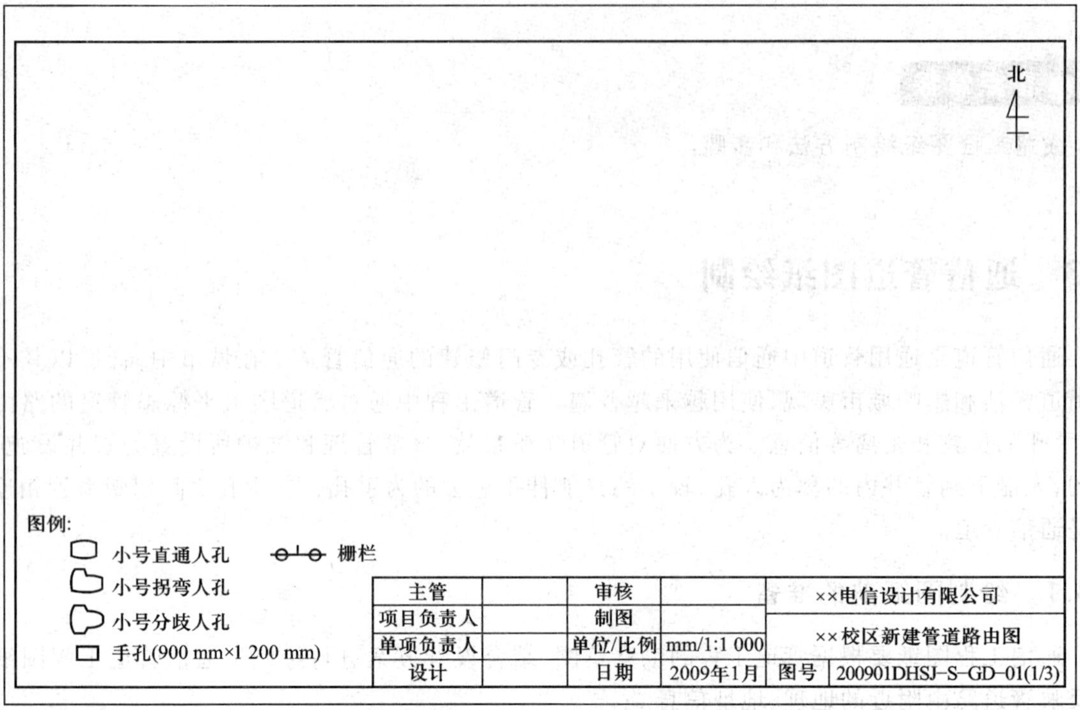

图 5-30 管道工程图图例

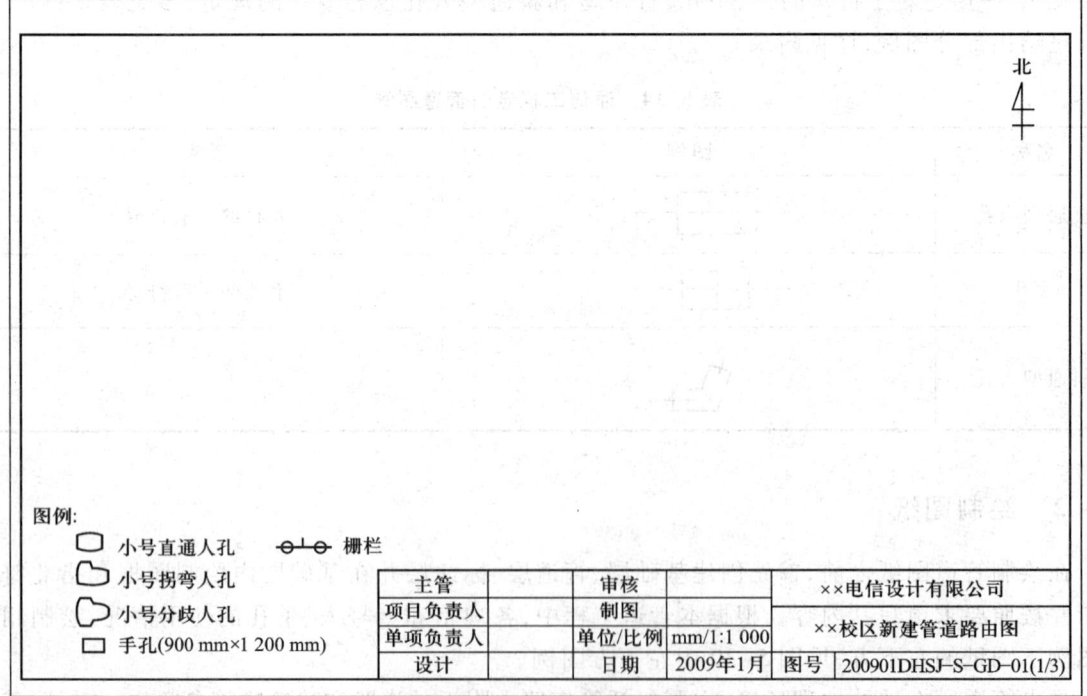

图 5-31 管道工程图参照物

制。标注人、手孔之间的距离。根据管道的实现形式,如果是塑料管道应在其上标明类型和数量,如:1 根七孔梅花管和 1 根波纹管可在路由上标志为"七孔梅花管×1+波纹管×1",如图 5-32 所示。

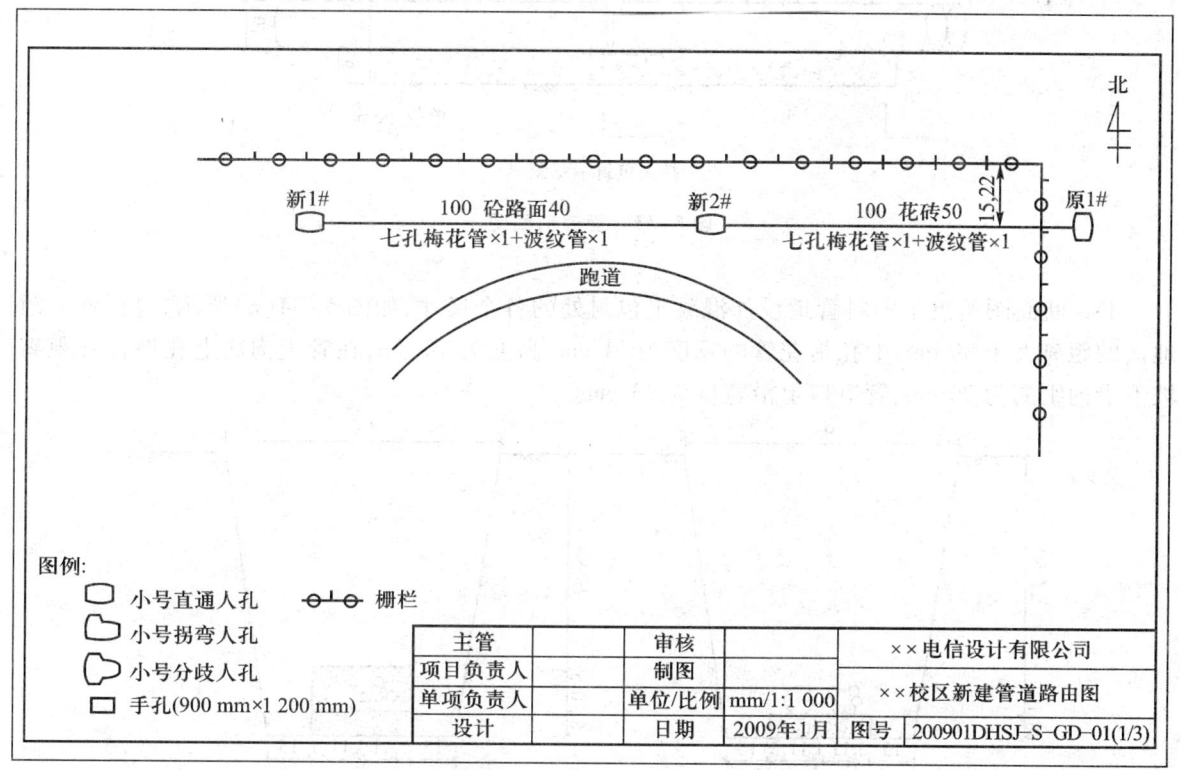

图 5-32 管道工程路由图

管道路由图只绘出了管道路由相对于参照物的走向等信息,而管道内各个管孔的排列及管道深度等信息没有表现,而这些信息需要在管道断面图和剖面图上表述。

一般情况下断面图和剖面图与管道路由图的比例和单位均不同,为使图纸能清晰显示管道构成情况,一般要给出较大的比例画出管道断面图和剖面图,且要标识单位。

管道断面图和剖面图一般绘制在整张图纸左方或下方,且位于图例的上方,并根据图纸的情况插空布放。

管道断面图和剖面图清楚地说明管道各组成部分的尺寸,要通过管道断面图画出地基和管道基础和塑料管道的数量和排列方式,接头处的混凝土包封情况。

为具体标志管道不包封处和包封处的尺寸,剖面图如图 5-33 所示,分别给出 A-A 断面图和 B-B 断面图,如图 5-33 所示,因为这里使用的单位与图衔中的默认单位 m 不同,所以在断面图和剖面图下分别给出了单位 cm。

管道剖面图清晰地绘制出了整条管道在接头处用混凝土包封,而在一般情况下没有采用包封的情况。从剖面图可以清晰地看到混凝土包封位于接头两侧各 50 cm 长,共 100 cm 长。管道上沿距包封顶部 5 cm 厚,管道下沿距包封底部 8 cm 厚,塑料管高度为 10 cm。

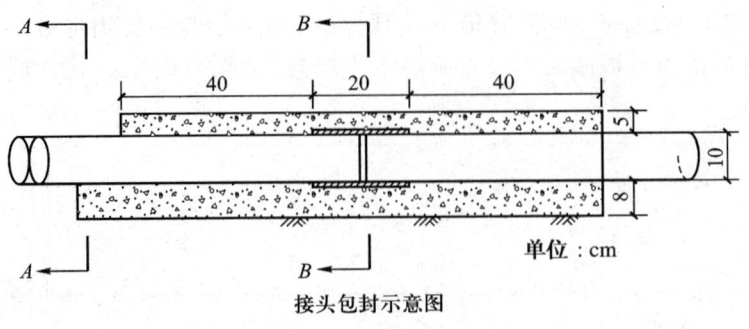

图 5-33 管道剖面图

$A-A$ 断面图给出了塑料管道没加混凝土包封处的各个尺寸,如图 5-34(a)所示,包括管道距地面的距离大于 80 cm,七孔梅花管的宽度为 11 cm,高度为 10 cm,在管道沟底七孔梅花管距离坡下沿的距离为 20 cm,管道口上沿宽度为 93 cm。

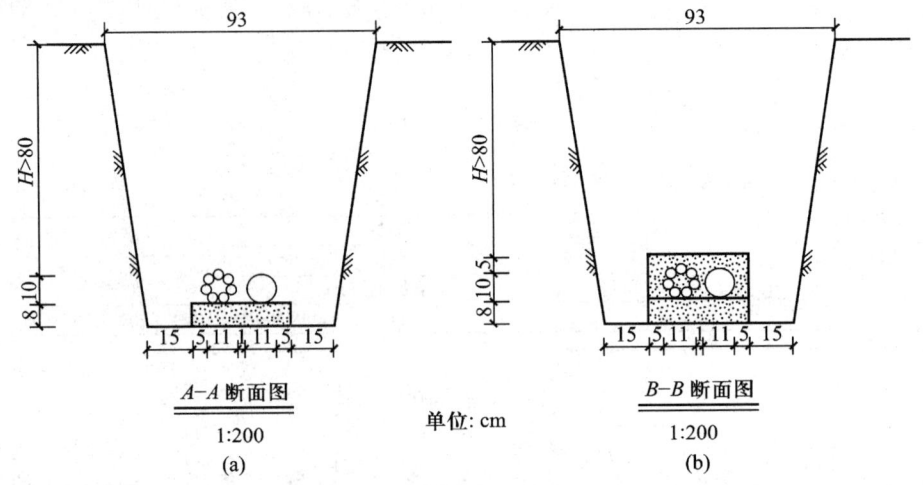

图 5-34 管道工程断面图

$B-B$ 断面图中,要求管道包封上沿到地面的距离大于 80 cm,七孔梅花管上沿到管道包封上沿的厚度为 5 cm,七孔梅花管到管道壁的厚度为 5 cm,七孔梅花管下沿道管道包封下沿的厚度为 8 cm。七孔梅花管宽为 11 cm,高为 10 cm,管道口上沿宽度为 93 cm,如图 5-34(b)所示。

整张图纸绘制完成之后,如图 5-35 所示。

重点掌握

- 管道工程图纸的内容组成。
- CAD 绘制管道工程图纸的方法。

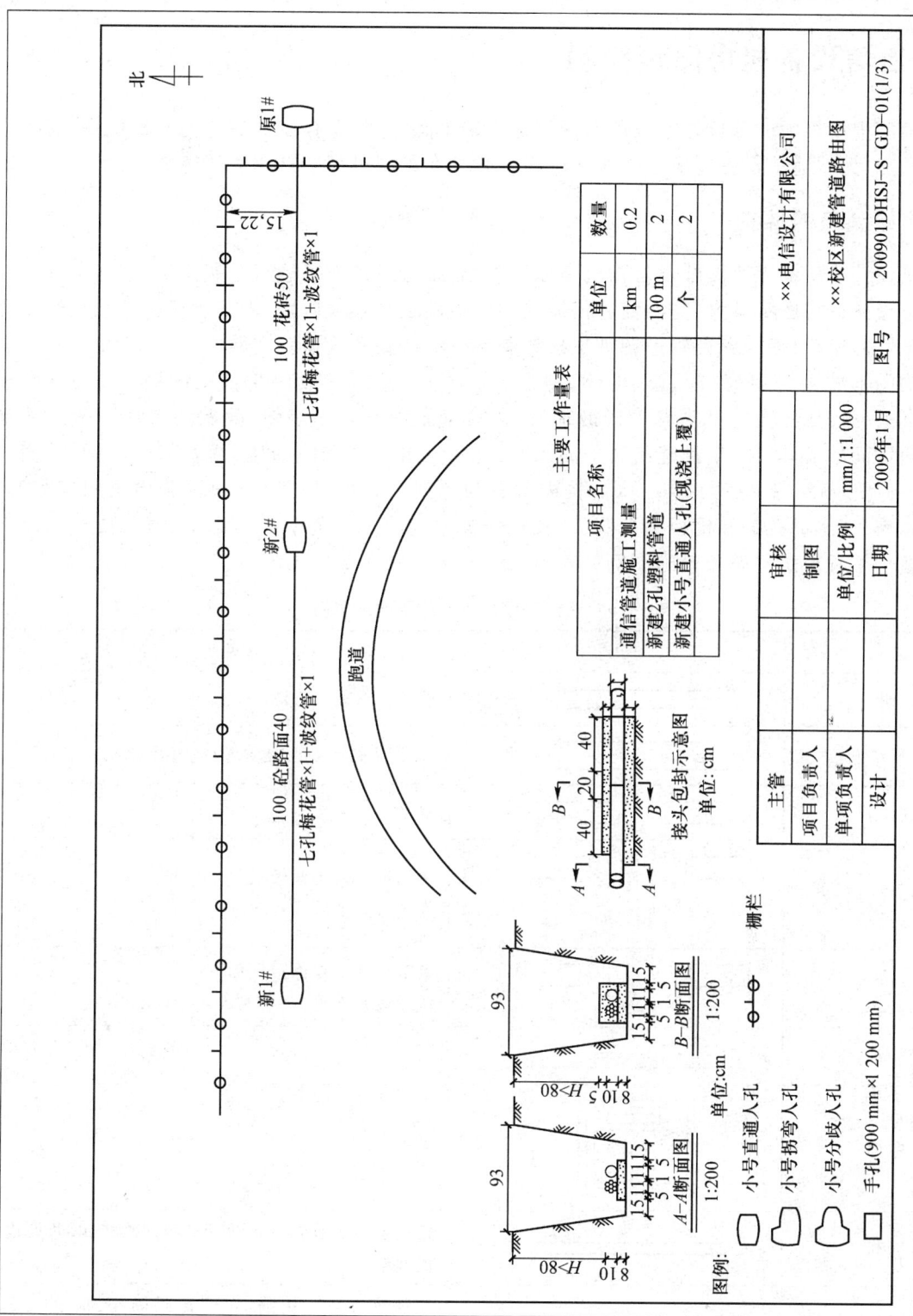

图 5-35 管道路由图、管道断面图和剖面图

5.4 通信设备机房图纸绘制

通信工程中很大一部分是室内机房的设备安装工程,这类工程设计需通信电源机房、有线通信设备机房、无线通信设备机房等。这些机房的图纸在绘制过程中有相通的地方。

5.4.1 绘制前的准备

通信设计机房的工程图纸要根据机房勘察草图,结合设计方案进行绘制。

通信设备机房图纸信息,与前面通信线路和管道图纸有较大区别,设备机房的图纸绘制主要内容位于室内机房,而线路和管道图纸主要绘制室外的线路和管道。

室内图形主要包括墙、门、窗、电梯、空洞、柱子等信息。一般建筑常见的墙有 240 mm 和 370 mm 等厚度。建筑物分为外墙和隔断墙,外墙为建筑物外表面墙体,隔断墙墙体一般为建筑物内分隔房间的墙体。在绘制建筑物平面图时,注意区分外墙和隔断墙,两者厚度不同,外墙一般 370 mm 厚,隔断墙厚度为 240 mm。楼内门分为单扇门、双扇门等,窗户区分单层固定窗等,电梯和楼梯,墙上的孔洞和楼板的孔洞,以及柱子等内容国家规范中都给出了图例,要按照图例绘制。通信工程机房建筑及设施图例见表 5-15。

表 5-15 通信工程机房建筑及设施图例

名称	图例	说明
墙		墙的一般表示方法
墙预留洞		尺寸标注可采用(宽×高)或直径形式
空门洞		
单扇门		包括平开或单面弹簧门 作图时开度可为 45°或 90°
双扇门		包括平开或单面弹簧门 作图时开度可为 45°或 90°
单层固定窗		
电梯		
隔断		包括玻璃、金属、石膏板等与墙的画法相同,厚度比墙窄
栏杆		与隔断的画法相同,宽度比隔断小,应有文字标注

名称	图例	说明
楼梯	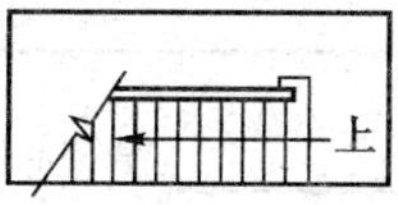	应标明楼梯上（或下）的方向
房柱	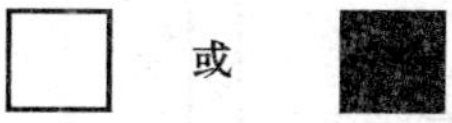 □ 或 ■	可依照实际尺寸及形状绘制，根据需要可选用空心或实心

这里仅以举例的形式给出了部分图例，机房内部使用的其他图例，参照附录。

5.4.2 绘制图纸

设备机房包括：电源机房、有线设备机房和无线设备机房等，其绘图过程总体较为相似。这里以某交换机房和数据机房为例进行说明。

1. 交换机机房

用户交换机属于有线通信设备，这里给出一个某单位的用户交换机房的图纸。在这个图纸中，需要先绘制图幅、图框、图衔、指北符，并建立图层，如：建筑层、走线架层、设备层、走线路由层、标注层、基础层（包括图框、指北符等）。在图纸左下方的图例中给出原有设备、新建设备、扩容设备、设备正面等图形画法和说明文字，如图5-36所示。

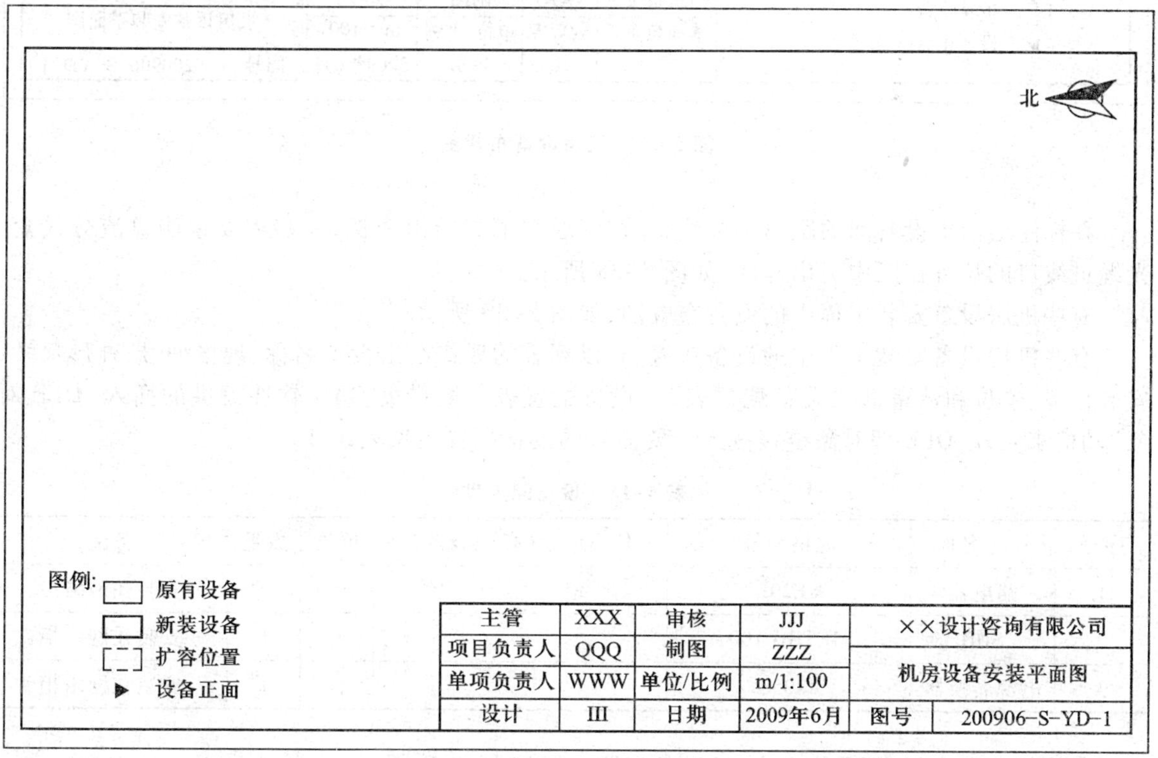

图5-36 机房基础图

接下来在建筑层绘制墙体、门、窗、走线洞,在走线架层绘制走线架,在设备层绘制交换机、配线柜、电源、蓄电池、直流分线盒等,在走线路由层标明走线路由信息,如图5-37所示。

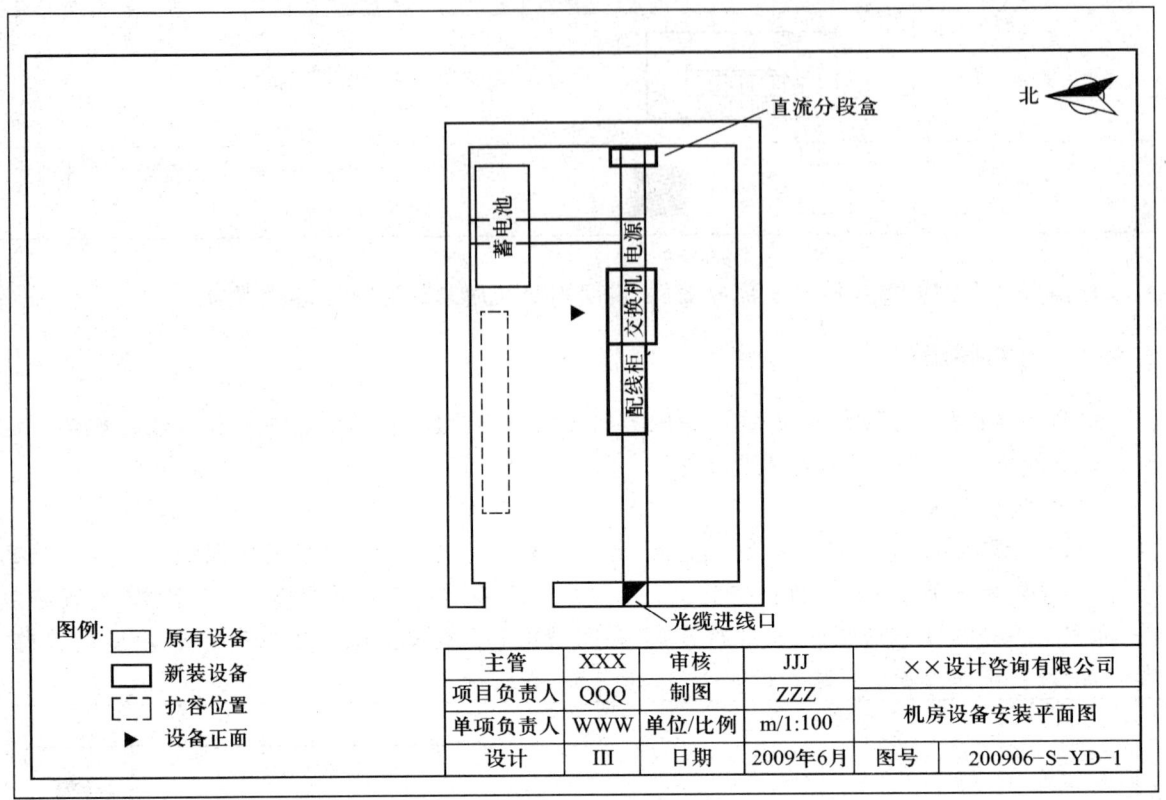

图 5-37 机房设备布置图

在标注层给出设备间的距离等标注,并在图的左下方给出图例,一些需要说明直流分线盒、光缆进线口的位置在图中引出标注,如图5-38所示。

有些机房设备安装工程中的设备布置图,如图5-39所示。

有些机房设备安装工程中的设备布置图,以列表的形式给出设备名称、规格型号、外形尺寸、安装位置、单位和数量,即"设备配置表"。设备配置表一般借助CAD软件提供的插入"OLE对象"功能来实现,OLE即对象链接嵌入。要嵌入的设备配置表见表5-16。

表 5-16 设备配置表

序号	设备名称	规格型号	外形尺寸(高×宽×深)	单位	数量	备注
1	路电器	NE20E		台	1	安装在网络柜
2	SDH	METRO 100		台	1	安装在网络柜
3	电源转换器	4805S		台	1	安装在网络柜

使用插入"OLE对象"的方法,把设备配置表添加在CAD图中。

5.4 通信设备机房图纸绘制

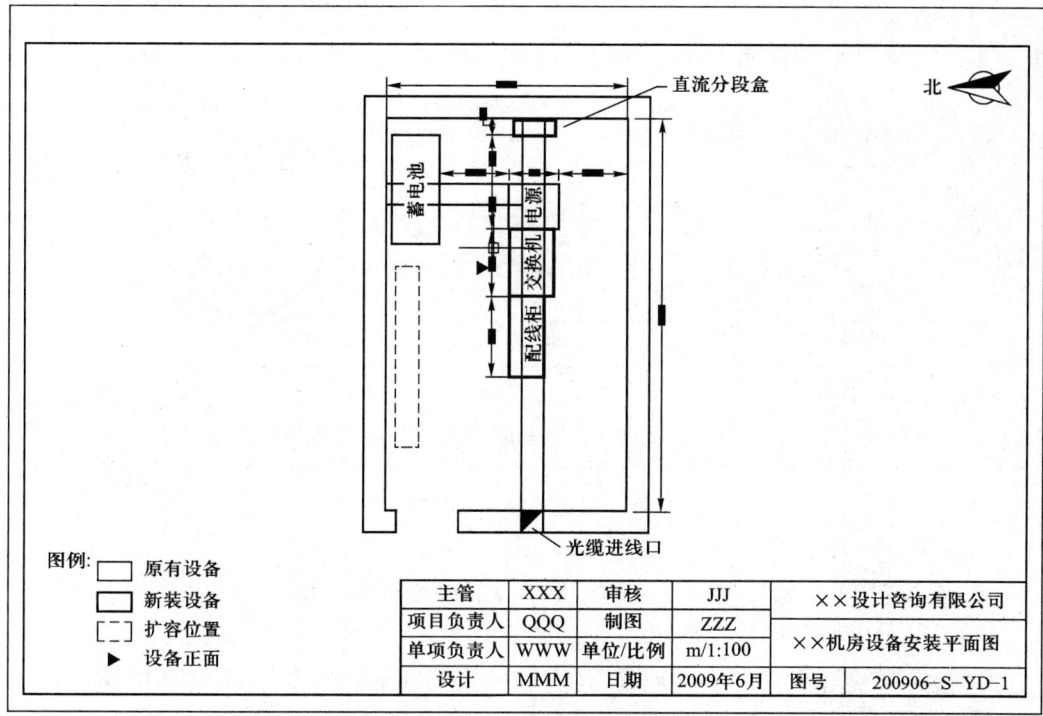

图 5-38 某交换机房设备布局图

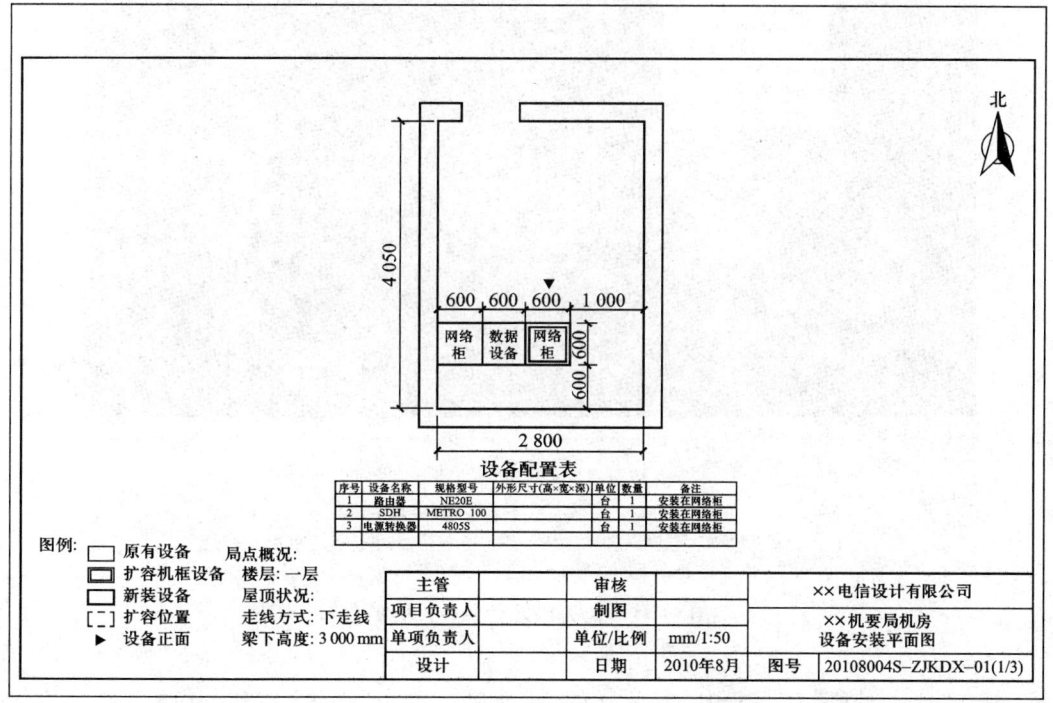

图 5-39 某数据机房设备布局图

插入的方法如下：

第一步，在 Excel 软件界面下制作表格，如图 5-40 所示，并保存在桌面命名为局机房.xls。

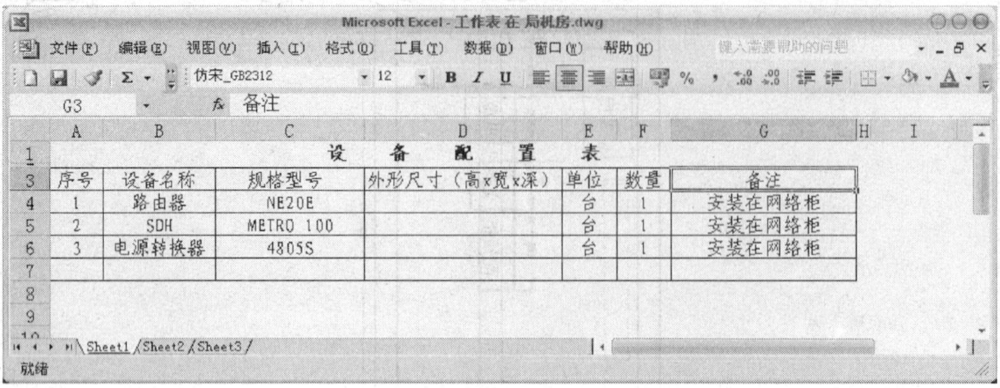

图 5-40　插入"OLE 对象"步骤一

第二步，在中望 CAD 软件界面下，选择"插入"菜单项下的"OLE 对象"，如图 5-41 所示，得到"插入对象"对话窗，如图 5-41 所示。

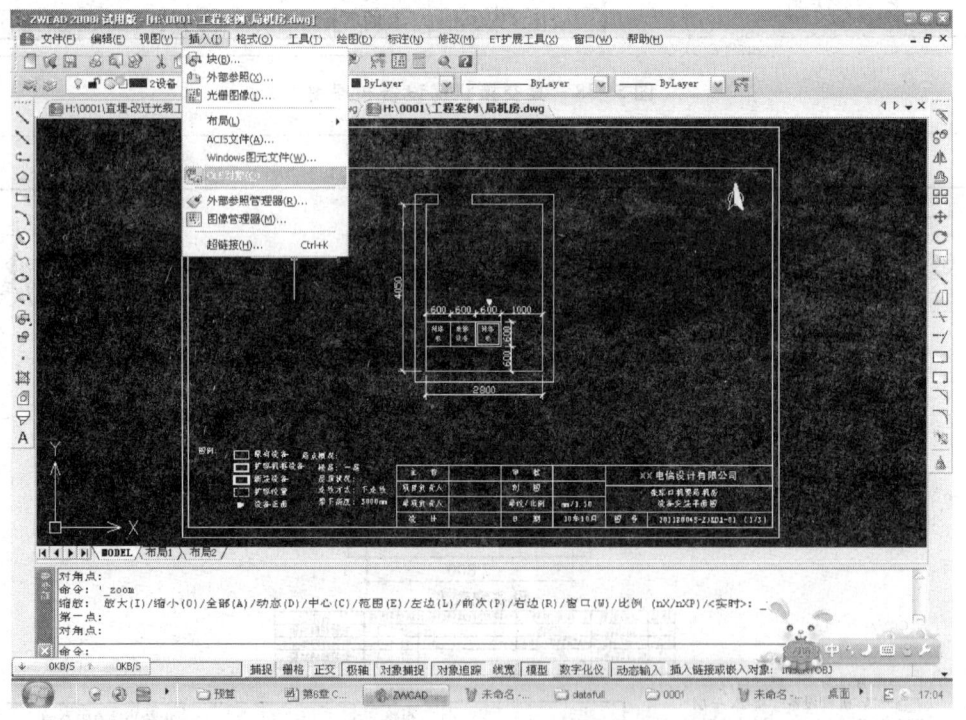

图 5-41　插入"OLE 对象"步骤二

第三步，"插入对象"对话窗内，选择"由文件创建"，单击"浏览"按钮，从弹出的窗体中选择"桌面\局机房.xls"，如图 5-42 所示。

第四步，选中文件后单击"打开"按钮，单击"确定"按钮。

5.4 通信设备机房图纸绘制

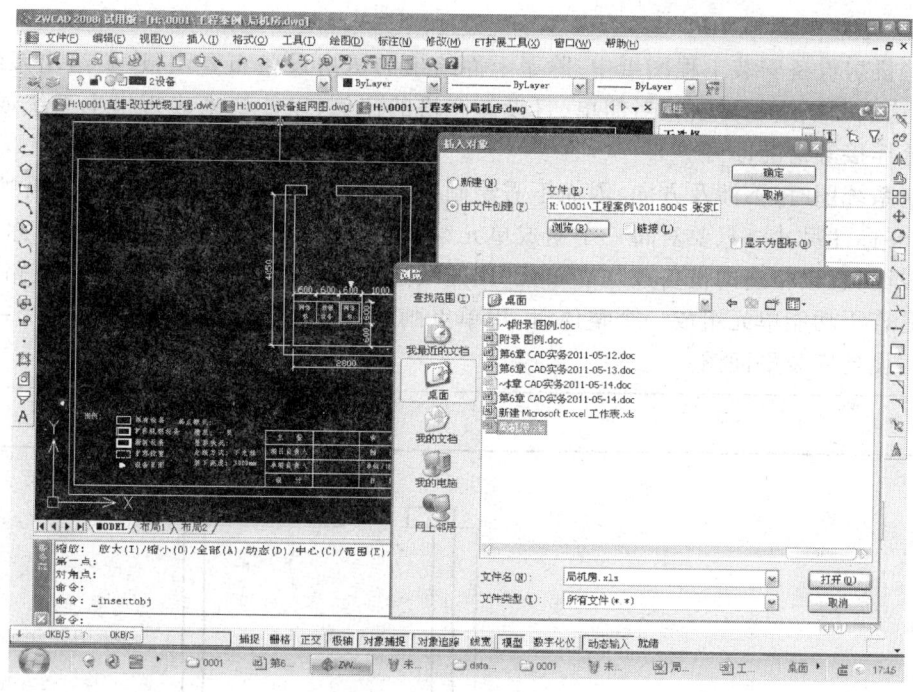

图 5-42 插入"OLE 对象"步骤三

这样就在 CAD 图纸中插入了一张表格,如图 5-43 所示。并且该表格上的数据可以方便地双击进入表格编辑状态修改。

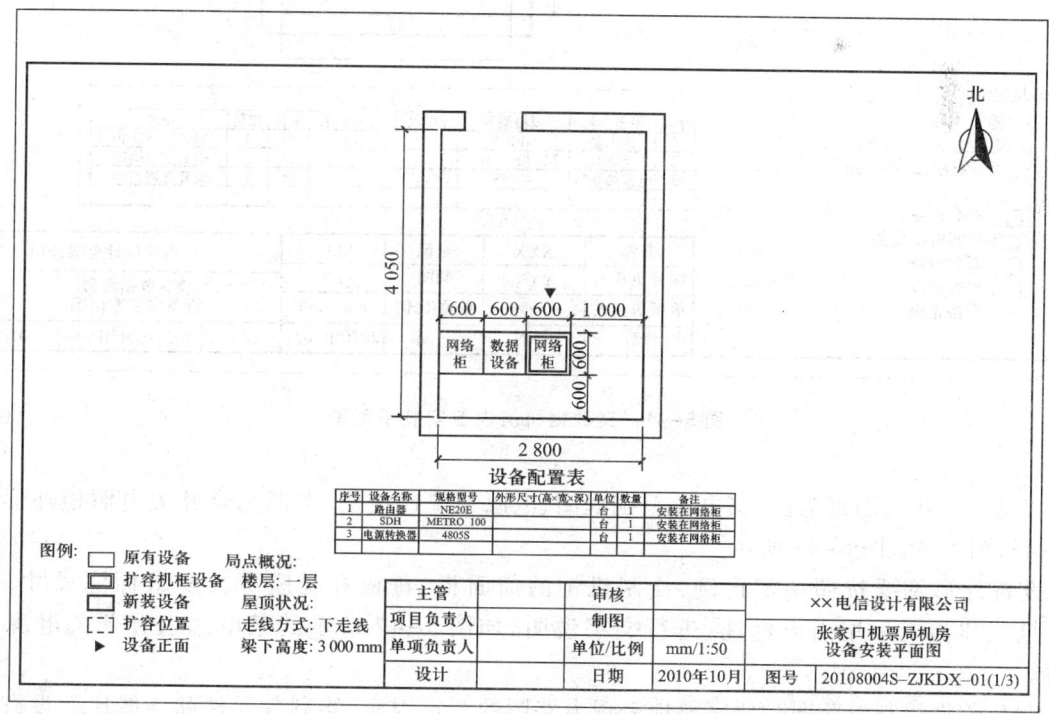

图 5-43 插入"OLE 对象"步骤四

2. 电源机房

在一些机房设备安装工程图纸中,除了上面给出的机房设备布置图,还要给出系统图、组网图等图纸,这些图纸绘制方法相对简单,且没有严格的比例,以能清晰表现出本系统或设备中各个组成部分连接等情况即可。

在绘制系统图时,不涉及方向,因而不需绘制指北符号。图中各个图形,也无需按照尺寸绘制,更不需要标注尺寸。只要对每一个组成单元绘制为一个方框,并对该方框的名称、特性等以文字给予说明;直接相连的设备或功能单元,用连线连接以代表其连接关系,对于链路的带宽,需要注意的是若干功能单元组成一个整体时,用单点画线框起来,并用文字标志。图 5-44 所示为某数据机房设备安装平面图。

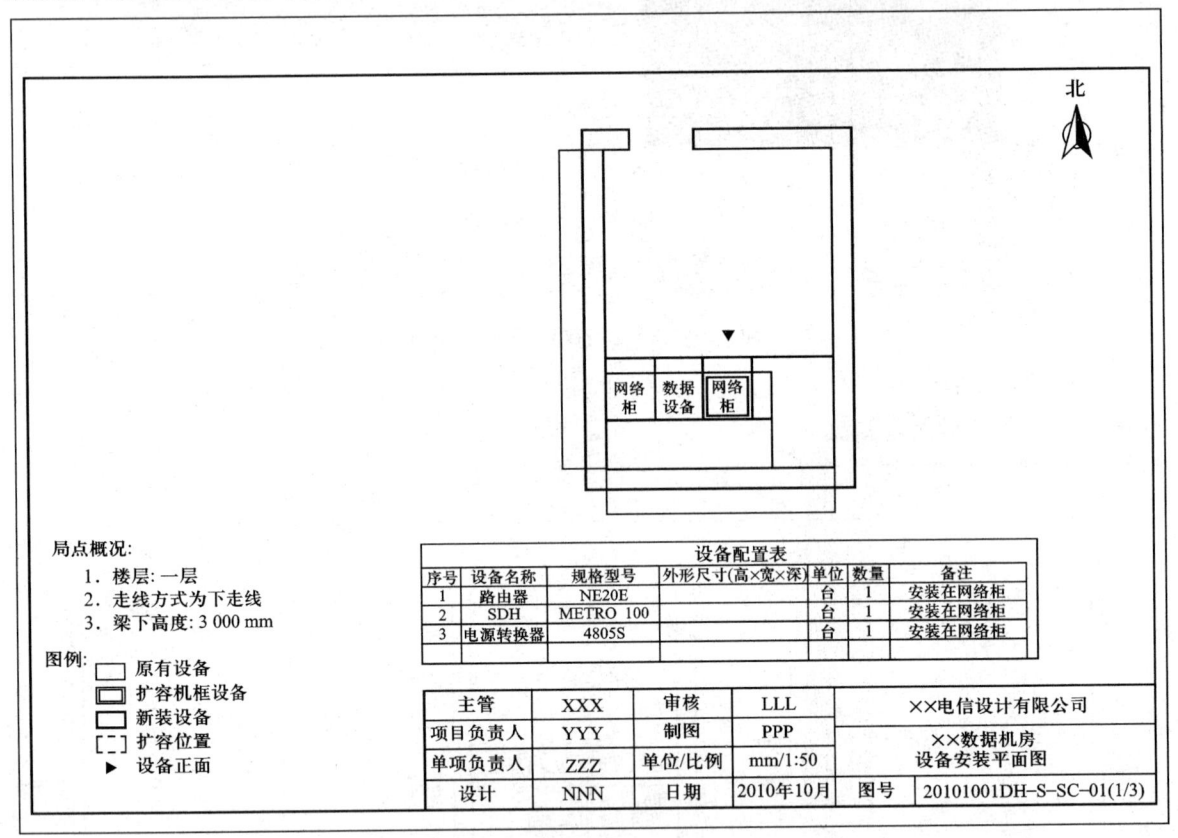

图 5-44 某数据机房设备安装平面图

以某电源机房图纸为例,其电源系统框图、电源系统连线图、电源组合开关电源柜外形图如图 5-45、图 5-46、图 5-47 所示。

设备外形图要按照一定比例,绘制机柜的前面板、背板和底座等。要求标注尺寸,并对主要机框和板卡采用引出标注,进行文字说明,如图 5-47 所示的某电源组合开关电源柜外形图。

CAD 软件绘制电路图时要完整地表现电路图的要求内容,绘制各元件和连线比例没有严格要求,不需标注尺寸。

5.4 通信设备机房图纸绘制

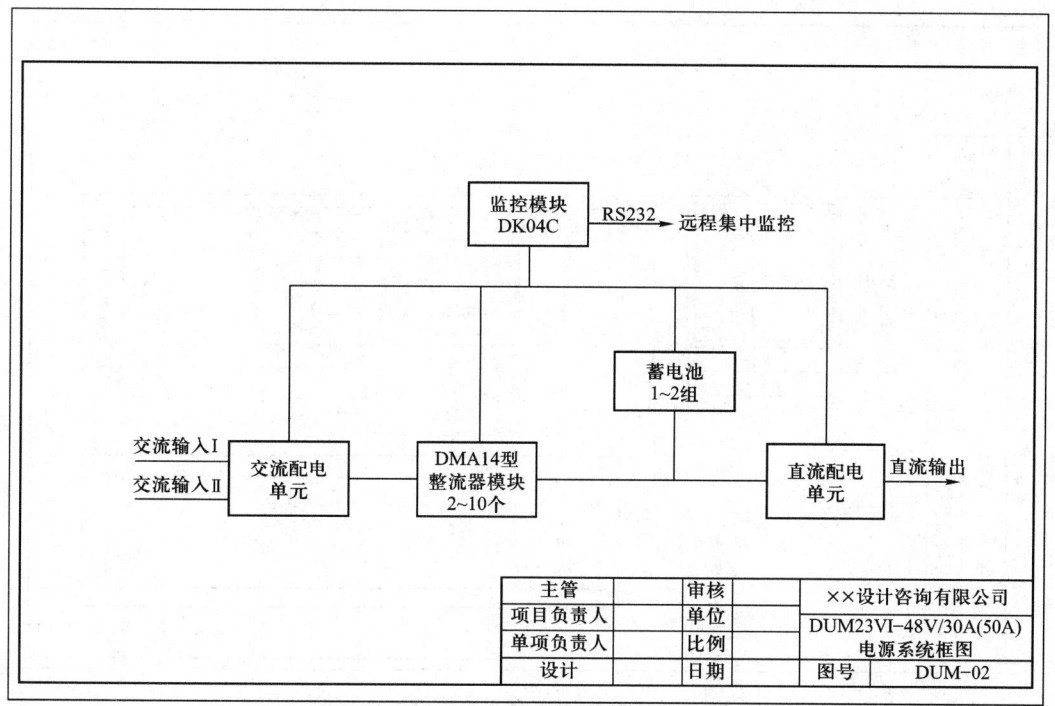

图 5-45 某电源系统框图

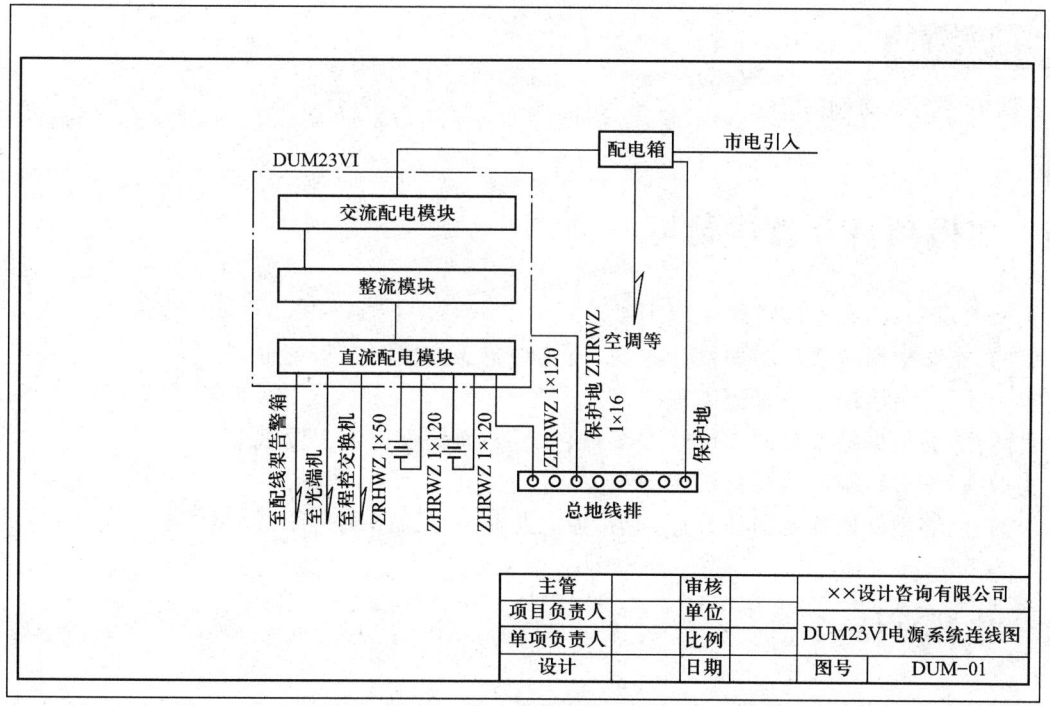

图 5-46 某电源系统连线图

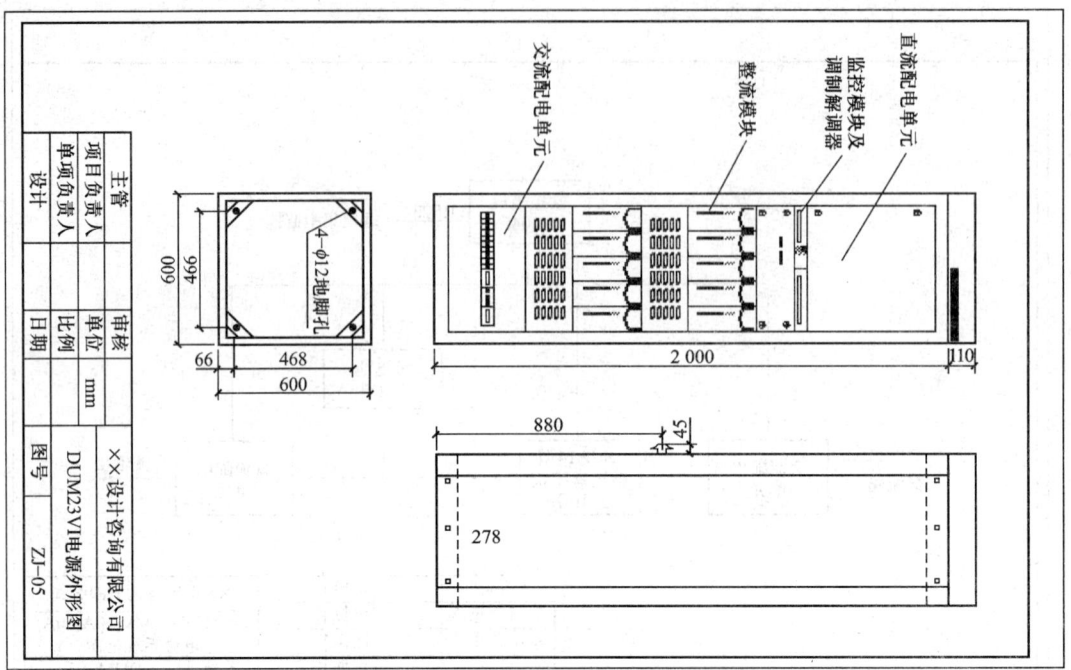

图 5-47 某电源组合开关电源柜外形图

- 通信机房图纸绘制方法。

5.5 实做项目及教学情境

实做项目一:绘制通信线路工程图纸。
目的:能够根据勘察草图和设计方案,独立绘制通信线路工程图纸。
实做项目二:绘制通信管道工程图纸。
目的:能够根据勘察草图和设计方案,独立绘制通信管道工程图纸。
实做项目三:绘制通信设备机房图纸。
目的:能够根据勘察草图和设计方案,独立绘制通信设备机房图纸。

本章小结

本章主要介绍通信工程图纸的主要组成部分、通信工程制图的知识,以及通信室内外工程图纸的绘制方法,主要内容如下:

1. 通信工程制图的基础知识。

2. 一般通信线路工程图纸的绘制方法和程序。
3. 一般通信管道工程图纸的绘制方法和程序。
4. 一般通信设备机房工程图纸的绘制方法和程序。

复习思考题

5-1 简述通信工程图纸的组成。
5-2 试比较通信线路工程图纸与管道工程图纸的区别。
5-3 试比较通信设备机房工程图纸、线路工程图纸和管道工程图纸在绘制方法和步骤上的异同。

附录 1
通信建设工程定额及相关费用

附录 1.1　通信建设工程费用定额

通信建设工程项目总费用由各单项工程项目总费用构成;各单项工程总费用由工程费、工程建设其他费、预备费、建设期利息四部分构成,具体项目构成如附图 1-1 所示。

附录 1.1.1　建筑安装工程费

工程费包括建筑安装工程费和设备、工器具购置费两部分。

建筑安装工程费由直接费、间接费、利润和税金组成。

1. 直接费

直接费包括直接工程费和措施费。

(1) 直接工程费

直接工程费指施工过程中耗用的构成工程实体和有助于工程实体形成的各项费用,包括人工费、材料费、机械使用费、仪表使用费。

① 人工费:指直接从事建筑安装工程施工的生产人员开支的各项费用。内容包括:

基本工资:指发放给生产人员的岗位工资和技能工资。

工资性补贴:指规定标准的物价补贴,煤、燃气补贴,交通费补贴,住房补贴,流动施工津贴等。

辅助工资:指生产人员年平均有效施工天数以外非作业天数的工资。包括职工学习、培训期间的工资,调动工作、探亲、休假期间的工资,因气候影响的停工工资,女工哺乳期间的工资,病假在六个月以内的工资及产、婚、丧假期的工资。

职工福利费:指按规定标准计提的职工福利费。

劳动保护费:指规定标准的劳动保护用品的购置费及修理费,徒工服装补贴,防暑降温等保健费用。

人工费标准为:通信建设工程不分专业和地区工资类别,综合取定人工费。

人工费单价为:技工为 48 元/工日;普工为 19 元/工日。

计算规则为:

$$概(预)算人工费 = 技工费 + 普工费 \qquad (附 1-1)$$

$$概(预)算技工费 = 技工单价 \times 概(预)算技工总工日 \qquad (附 1-2)$$

$$概(预)算普工费 = 普工单价 \times 概(预)算普工总工日 \qquad (附 1-3)$$

附录1.1 通信建设工程费用定额

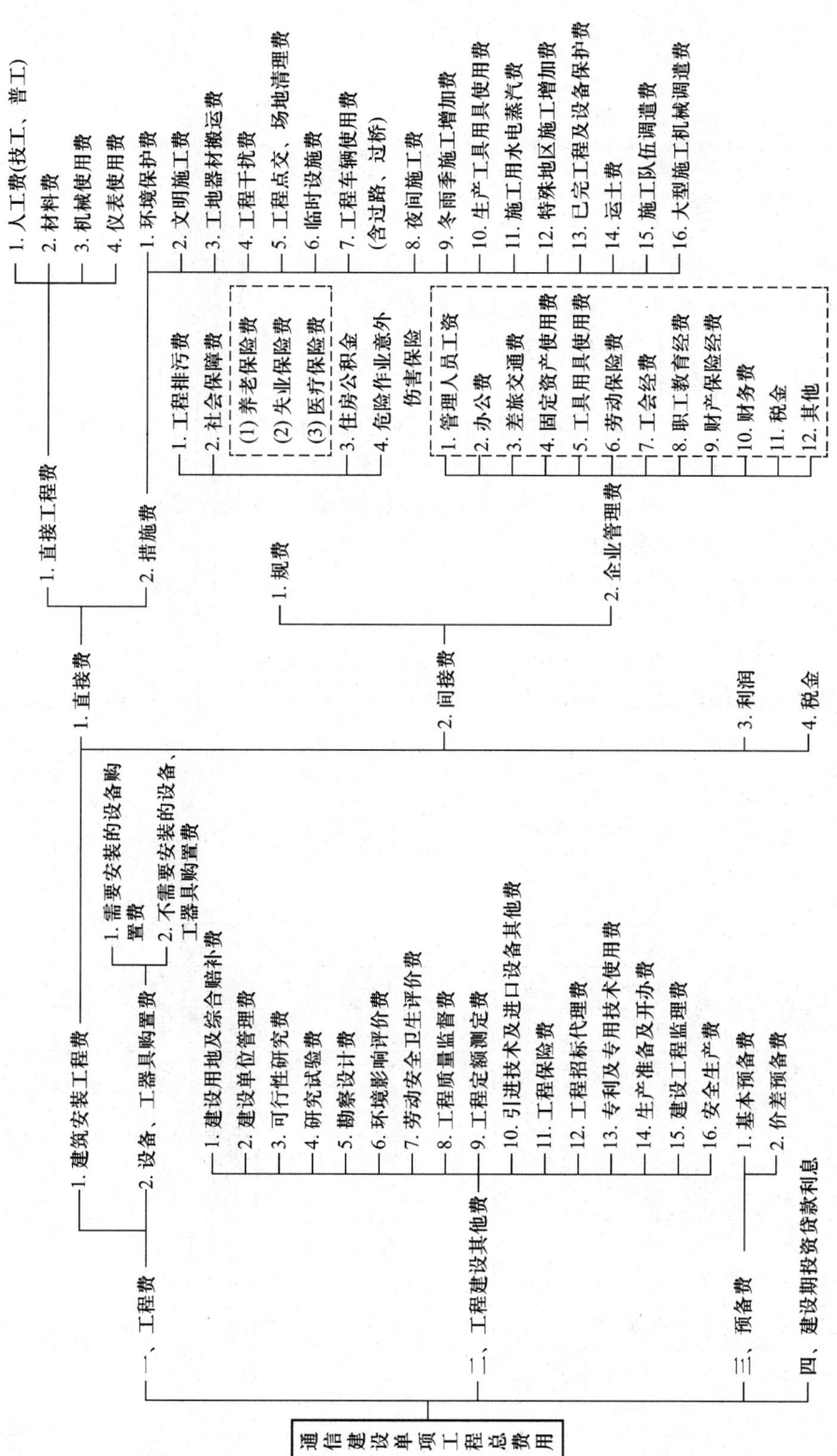

附图1-1 通信建设单项工程总费用构成

② 材料费:指施工过程中实体消耗的直接材料费用与采购材料所发生的费用总和。内容包括:

材料原价:供应价或供货地点价。

材料运杂费:是指材料自来源地运至工地仓库(或指定堆放地点)所发生的费用。

运输保险费:指材料(或器材)自来源地运至工地仓库(或指定堆放地点)所发生的保险费用。

采购及保管费:指为组织材料采购及材料保管过程中所需要的各项费用。

采购代理服务费:指委托中介采购代理服务的费用。

辅助材料费:指对施工生产起辅助作用的材料。

材料费标准及计算规则为:

$$材料费 = 主要材料费 + 辅助材料费 \qquad (附1-4)$$

$$主要材料费 = 材料原价 + 运杂费 + 运输保险费 + 采购及保管费 + 采购代理服务费 \qquad (附1-5)$$

关于式(附1-5)中有关问题说明:

- 材料原价:供应价或供货地点价。
- 运杂费:

$$运杂费 = 材料原价 \times 器材运杂费费率 \qquad (附1-6)$$

器材运杂费费率表如附表1-1所示。

附表1-1 器材运杂费费率表

费率(%) \ 器材名称 \ 运距 L(km)	光缆	电缆	塑料及塑料制品	木材及木制品	水泥及水泥构件	其他
$L \leq 100$	1.0	1.5	4.3	8.4	18.0	3.6
$100 < L \leq 200$	1.1	1.7	4.8	9.4	20.0	4.0
$200 < L \leq 300$	1.2	1.9	5.4	10.5	23.0	4.5
$300 < L \leq 400$	1.3	2.1	5.8	11.5	24.5	4.8
$400 < L \leq 500$	1.4	2.4	6.5	12.5	27.0	5.4
$500 < L \leq 750$	1.7	2.6	6.7	14.7	—	6.3
$750 < L \leq 1\,000$	1.9	3.0	6.9	16.8	—	7.2
$1\,000 < L \leq 1\,250$	2.2	3.4	7.2	18.9	—	8.1
$1\,250 < L \leq 1\,500$	2.4	3.8	7.5	21.0	—	9.0
$1\,500 < L \leq 1\,750$	2.6	4.0	—	22.4	—	9.6
$1\,750 < L \leq 2\,000$	2.8	4.3	—	23.8	—	10.2
$L > 2\,000$ km 每增 250 km 增加	0.2	0.3	—	1.5	—	0.6

注:① 编制概算时,除水泥及水泥制品的运输距离按500 km计算,其他类型的材料运输距离按1 500 km计算。

② 编制预算时,按主要器材的实际平均距离计算。

- 运输保险费:

$$运输保险费 = 材料原价 \times 保险费率 0.1\% \qquad (附1-7)$$

- 采购及保管费:

$$采购及保管费 = 材料原价 \times 采购及保管费费率 \qquad (附1-8)$$

材料采购及保管费费率表如附表1-2所示。

附表1-2 材料采购及保管费费率表

工程名称	计算基础	费率(%)
通信设备安装工程	材料原价	1.0
通信线路工程		1.1
通信管道工程		3.0

- 采购代理服务费按实计列。
- 辅助材料费

$$辅助材料费 = 主要材料费 \times 辅助材料费费率 \qquad (附1-9)$$

辅助材料费费率表如附表1-3所示。

附表1-3 辅助材料费费率表

工程名称	计算基础	费率(%)
通信设备安装工程	主要材料费	3.0
电源设备安装工程		5.0
通信线路工程		0.3
通信管道工程		0.5

- 凡由建设单位提供的利旧材料,其材料费不计入工程成本。

③ 机械使用费:是指施工机械作业所发生的机械使用费以及机械安拆费。内容包括:

折旧费:指施工机械在规定的使用年限内,陆续收回其原值及购置资金的时间价值。

大修理费:指施工机械按规定的大修理间隔台班进行必要的大修理,以恢复其正常功能所需的费用。

经常修理费:指施工机械除大修理以外的各级保养和临时故障排除所需的费用。包括为保障机械正常运转所需替换设备与随机配备工具和附具的摊销、维护费用,机械运转中日常保养所需润滑与擦拭的材料费用及机械停滞期间的维护和保养费用等。

安拆费:安拆费指施工机械在现场进行安装与拆卸所需的人工、材料、机械和试运转费用以及机械辅助设施的折旧、搭设、拆除等费用。

人工费:指机上操作人员和其他操作人员的工作日人工费及上述人员在施工机械规定的年工作台班以外的人工费。

燃料动力费:指施工机械在运转作业中所消耗的固体燃料(煤、木柴)、液体燃料(汽油、柴油)及水、电等。

养路费及车船使用税:指施工机械按照国家规定和有关部门规定应缴纳的养路费、车船使用税、保险费及年检费等。

机械使用费的计算规则为:

$$机械使用费 = 机械台班单价 \times 概算、预算的机械台班量 \quad (附1-10)$$

④ 仪表使用费:是指施工作业所发生的属于固定资产的仪表使用费。内容包括:

折旧费:指施工仪表在规定的年限内,陆续收回其原值及购置资金的时间价值。

经常修理费:指施工仪表的各级保养和临时故障排除所需的费用。包括为保证仪表正常使用所需备件(备品)的摊销和维护费用。

年检费:指施工仪表在使用寿命期间定期标定与年检费用。

人工费:指施工仪表操作人员在台班定额内的人工费。

仪表使用费计算规则为:

$$仪表使用费 = 仪表台班单价 \times 概算、预算的仪表台班量 \quad (附1-11)$$

(2) 措施费:指为完成工程项目施工,发生于该工程前和施工过程中非工程实体项目的费用。包括:

① 环境保护费:指施工现场为达到环保部门要求所需要的各项费用。

计算规则为:

$$环境保护费 = 人工费 \times 相关费率 \quad (附1-12)$$

环境保护费费率表如附表1-4所示。

附表1-4 环境保护费费率表

工程名称	计算基础	费率(%)
无线通信设备安装工程	人工费	1.2
通信线路工程、通信管道工程		1.5

② 文明施工费:指施工现场文明施工所需要的各项费用,如设置围栏、垃圾清运、材料堆放、场容场貌、施工防火等。

计算规则为:

$$文明施工费 = 人工费 \times 费率1.0\% \quad (附1-13)$$

③ 工地器材搬运费:指由工地仓库(或指定地点)至施工现场转运器材而发生的费用。计算规则为:

$$工地器材搬运费 = 人工费 \times 相关费率 \quad (附1-14)$$

工地器材搬运费费率表如附表1-5所示。

附表1-5 工地器材搬运费费率表

工程名称	计算基础	费率(%)
通信设备安装工程	人工费	1.3
通信线路工程		5.0
通信管道工程		1.6

④ 工程干扰费：通信线路工程、通信管道工程由于受市政管理、交通管制、人流密集、输配电设施等影响工效的补偿费用。

计算规则为：

$$工程干扰费 = 人工费 \times 相关费率 \qquad (附1-15)$$

工程干扰费费率表如附表1-6所示。

附表1-6　工程干扰费费率表

工程名称	计算基础	费率(%)
通信线路工程、通信管道工程（干扰地区）	人工费	6.0
移动通信基站设备安装工程		4.0

注：干扰地区指城区、高速公路隔离带、铁路路基边缘等施工地带；综合布线工程不计取工程干扰费。

⑤ 工程点交、场地清理费：指按规定编制竣工图及资料、工程点交、施工场地清理等发生的费用。

计算规则为：

$$工程点交、场地清理费 = 人工费 \times 相关费率 \qquad (附1-16)$$

工程点交、场地清理费费率表如附表1-7所示。

附表1-7　工程点交、场地清理费费率表

工程名称	计算基础	费率(%)
通信设备安装工程	人工费	3.5
通信线路工程		5.0
通信管道工程		2.0

⑥ 临时设施费：指施工企业为进行工程施工所必须设置的生活和生产用的临时建筑物、构筑物和其他临时设施费用等。

临时设施费用包括：临时设施的租用或搭设、维修、拆除费或摊销费。临时设施费按施工现场与企业的距离划分为35 km以内、35 km以外两挡。

计算规则为：

$$临时设施费 = 人工费 \times 相关费率 \qquad (附1-17)$$

临时设施费费率表如附表1-8所示。

附表1-8　临时设施费费率表

工程名称	计算基础	费率(%)	
		距离≤35 km	距离>35 km
通信设备安装工程	人工费	6.0	12.0
通信线路工程		5.0	10.0
通信管道工程		12.0	15.0

⑦ 工程车辆使用费:指工程施工中接送施工人员、生活用车等(含过路、过桥)费用。计算规则为:

$$工程车辆使用费 = 人工费 \times 相关费率 \qquad (附1-18)$$

工程车辆使用费费率表如附表1-9所示。

附表1-9 工程车辆使用费费率表

工程名称	计算基础	费率(%)
无线通信设备安装工程、通信线路工程	人工费	6.0
有线通信设备安装工程、通信电源设备安装工程、通信管道工程		2.6

⑧ 夜间施工增加费:指因夜间施工所发生的夜间补助费、夜间施工降效、夜间施工照明设备摊销及照明用电等费用。

计算规则为:

$$夜间施工增加费 = 人工费 \times 相关费率 \qquad (附1-19)$$

夜间施工增加费费率表如附表1-10所示。

附表1-10 夜间施工增加费费率表

工程名称	计算基础	费率(%)
通信设备安装工程	人工费	2.0
通信线路工程(城区部分)、通信管道工程		3.0

注:夜间施工增加费不考虑施工时段均按相应费率计取。

⑨ 冬雨季施工增加费:指在冬雨季施工时所采取的防冻、保温、防雨等安全措施及工效降低所增加的费用。

计算规则为:

$$冬雨季施工增加费 = 人工费 \times 相关费率 \qquad (附1-20)$$

冬雨季施工增加费费率表如附表1-11所示。

附表1-11 冬雨季施工增加费费率表

工程名称	计算基础	费率(%)
通信设备安装工程(室外天线、馈线部分)	人工费	2.0
通信线路工程、通信管道工程		

注:冬雨季施工增加费不分施工所处季节均按相应费率计取;综合布线工程不计取冬雨季施工增加费。

⑩ 生产工具用具使用费:指施工所需的不属于固定资产的工具用具等的购置、摊销、维修费。

计算规则为:

$$生产工具用具使用费 = 人工费 \times 相关费率 \qquad (附1-21)$$

生产工具用具使用费费率表如附表1-12所示。

附表1-12 生产工具用具使用费费率表

工程名称	计算基础	费率(%)
通信设备安装工程	人工费	2.0
通信线路工程、通信管道工程		3.0

⑪ 施工用水电蒸汽费:指施工生产过程中使用水、电、蒸汽所发生的费用。通信线路、通信管道工程依照施工工艺要求按实计列施工用水电蒸汽费。

⑫ 特殊地区施工增加费:指在原始森林地区、海拔2 000 m以上高原地区、化工区、核污染区、沙漠地区、山区无人值守站等特殊地区施工所需增加的费用。各类通信工程按3.20元/工日标准,计取特殊地区施工增加费。

计算规则为:

$$特殊地区施工增加费 = 总工日 \times 3.20 元/工日 \qquad (附1-22)$$

⑬ 已完工程及设备保护费:指竣工验收前,对已完工程及设备进行保护所需的费用。承包人依据工程发包的内容范围报价,经业主确认计取已完工程及设备保护费。

⑭ 运土费:指直埋光(电)缆、管道工程施工,需从远离施工地点取土及必须向外倒运出土方所发生的费用。通信线路(城区部分)、通信管道工程根据市政管理要求,按实计取运土费,计算依据参照地方标准。

⑮ 施工队伍调遣费:指因建设工程的需要,应支付施工队伍的调遣费用。内容包括:调遣人员的差旅费、调遣期间的工资、施工工具与用具等的运费。施工现场与企业的距离在35 km以内时,不计取此项费用。

计算规则为:

$$施工队伍调遣费 = 单程调遣费定额 \times 调遣人数 \times 2 \qquad (附1-23)$$

施工队伍单程调遣费定额表如附表1-13所示,施工队伍调遣人数定额表如附表1-14所示。

附表1-13 施工队伍单程调遣费定额表

调遣里程 L/km	调遣费/元	调遣里程 L/km	调遣费/元
35<L≤200	106	2 400<L≤2 600	724
200<L≤400	151	2 600<L≤2 800	757
400<L≤600	227	2 800<L≤3 000	784
600<L≤800	275	3 000<L≤3 200	868
800<L≤1 000	376	3 200<L≤3 400	903
1 000<L≤1 200	416	3 400<L≤3 600	928
1 200<L≤1 400	455	3 600<L≤3 800	964
1 400<L≤1 600	496	3 800<L≤4 000	1 042
1 600<L≤1 800	534	4 000<L≤4 200	1 071
1 800<L≤2 000	568	4 200<L≤4 400	1 095
2 000<L≤2 200	601	L>4 400 km 时,每增加 200 km 增加费用	73
2 200<L≤2 400	688		

附表 1-14 施工队伍调遣人数定额表

通信设备安装工程

概预算技工总工日	调遣人数/人	概预算技工总工日	调遣人数/人
500 工日以下	5	4 000 工日以下	30
1 000 工日以下	10	5 000 工日以下	35
2 000 工日以下	17	5 000 工日以上，每增加 1 000 工日增加调遣人数	3
3 000 工日以下	24		

通信线路、通信管道工程

概预算技工总工日	调遣人数/人	概预算技工总工日	调遣人数/人
500 工日以下	5	9 000 工日以下	55
1 000 工日以下	10	10 000 工日以下	60
2 000 工日以下	17	15 000 工日以下	80
3 000 工日以下	24	20 000 工日以下	95
4 000 工日以下	30	25 000 工日以下	105
5 000 工日以下	35	30 000 工日以下	120
6 000 工日以下	40	30 000 工日以上，每增加 5 000 工日增加调遣人数	3
7 000 工日以下	45		
8 000 工日以下	50		

⑯ 大型施工机械调遣费：指大型施工机械调遣所发生的运输费用。

计算规则为：

$$\text{大型施工机械调遣费} = 2 \times [\text{单程运价} \times \text{调遣运距} \times \text{总吨位}] \qquad (\text{附}1\text{-}24)$$

大型施工机械调遣费单程运价为：0.62 元/吨·单程公里，大型施工机械调遣吨位表如附表 1-15 所示。

附表 1-15 大型施工机械调遣吨位表

机械名称	吨位	机械名称	吨位
光缆接续车	4	水下光(电)缆沟挖冲机	6
光(电)缆拖车	5	液压顶管机	5
微管微缆气吹设备	6	微控钻孔敷管设备[25 t(吨)以下]	注1
气流敷设吹缆设备	8	微控钻孔敷管设备[25 t(吨)以上]	

注1：工信部规[2008]75 号文中未明确规定，具体工程中按实计列。

2. 间接费

间接费由规费和企业管理费构成。

（1）规费：指政府和有关部门规定必须缴纳的费用（简称规费）。包括：

① 工程排污费：指施工现场按规定缴纳的工程排污费，根据施工所在地政府部门相关规定计取。

② 社会保障费：包括养老保险费、失业保险费和医疗保险费。

- 养老保险费：指企业按规定标准为职工缴纳的基本养老保险费。
- 失业保险费：指企业按照国家规定标准为职工缴纳的失业保险费。
- 医疗保险费：指企业按照规定标准为职工缴纳的基本医疗保险费。

社会保障费综合取定，其计算方法为：

$$社会保障费 = 人工费 \times 相关费率 \quad (附1-25)$$

③ 住房公积金：指企业按照规定标准为职工缴纳的住房公积金。

住房公积金综合取定，其计算方法为：

$$住房公积金 = 人工费 \times 相关费率 \quad (附1-26)$$

④ 危险作业意外伤害保险费：指企业为从事危险作业的建筑安装施工人员支付的意外伤害保险费。

危险作业意外伤害保险费综合取定，其计算方法为：

$$危险作业意外伤害保险费 = 人工费 \times 相关费率 \quad (附1-27)$$

社会保障费、住房公积金和危险作业意外伤害保险费相关费率表如附表1-16所示。

附表1-16　社会保障费、住房公积金和危险作业意外伤害保险费相关费率表

费用名称	工程名称	计算基础	费率(%)
社会保障费	各类通信工程	人工费	26.81
住房公积金			4.19
危险作业意外伤害保险费			1.00

（2）企业管理费：指施工企业组织施工生产和经营管理所需费用。内容包括：

① 管理人员工资：指管理人员的基本工资、工资性补贴、职工福利费、劳动保护费等。

② 办公费：指企业管理办公用的文具、纸张、账表、印刷、邮电、书报、会议、水电、烧水和集体取暖（包括现场临时宿舍取暖）用煤等费用。

③ 差旅交通费：指职工因公出差、调动工作的差旅费、住勤补助费，市内交通费和误餐补助费，职工探亲路费，劳动力招募费，职工离退休、退职一次性路费，工伤人员就医路费，工地转移费以及管理部门使用的交通工具的油料、燃料、养路费及牌照费。

④ 固定资产使用费：指管理和试验部门及附属生产单位使用的属于固定资产的房屋、设备、仪器等的折旧、大修、维修或租赁费。

⑤ 工具用具使用费：指管理使用的不属于固定资产的生产工具、器具、家具、交通工具和检验、测绘、消防用具等的购置、维修和摊销费。

⑥ 劳动保险费:指由企业支付离退休职工的异地安家补助费、职工退职金、六个月以上的病假人员工资、职工死亡丧葬补助费、抚恤金、按规定支付给离退休干部的各项经费。

⑦ 工会经费:指企业按职工工资总额计提的工会经费。

⑧ 职工教育经费:指企业为职工学习先进技术和提高文化水平,按职工工资总额计提的费用。

⑨ 财产保险费:指施工管理用财产、车辆保险费用。

⑩ 财务费:指企业为筹集资金而发生的各种费用。

⑪ 税金:指企业按规定缴纳的房产税、车船使用税、土地使用税、印花税等。

⑫ 其他:包括技术转让费、技术开发费、业务招待费、绿化费、广告费、公证费、法律顾问费、审计费、咨询费等。

企业管理费综合取定,其计算方法为:

$$企业管理费 = 人工费 \times 相关费率 \qquad (附1-28)$$

企业管理费相关费率如附表1-17所示。

附表1-17 企业管理费费率表

工程名称	计算基础	费率(%)
通信线路工程、通信设备安装工程	人工费	30.0
通信管道工程		25.0

3. 利润

利润是指施工企业完成所承包工程获得的盈利。

利润综合取定,其计算方法为:

$$利润 = 人工费 \times 相关费率 \qquad (附1-29)$$

利润相关费率如附表1-18所示。

附表1-18 利润费率表

工程名称	计算基础	费率(%)
通信线路、通信设备安装工程	人工费	30.0
通信管道工程		25.0

4. 税金

税金指按国家税法规定应计入建筑安装工程造价内的营业税、城市维护建设税及教育费附加。

税金综合取定,其计算方法为:

$$税金 = (直接费 + 间接费 + 利润) \times 税率 \qquad (附1-30)$$

税金税率如附表1-19所示。

附表1-19 税 率 表

工程名称	计算基础	税率(%)
各类通信工程	直接费+间接费+利润	3.41

注:通信线路工程计取税金时,应将光缆、电缆的预算价从直接工程费中核减。

附录1.1.2 设备、工器具购置费

设备、工器具购置费指根据设计提出的设备(包括必需的备品备件)、仪表、工器具清单,按设备原价、运杂费、采购及保管费、运输保险费和采购代理服务费计算的费用。

设备、工器具购置费计算方法为:

设备、工器具购置费=设备原价+运杂费+运输保险费+采购及保管费+采购代理服务费

(附1-31)

关于式(附1-31)中有关问题说明:

(1) 设备原价:供应价或供货地点价。

(2) 运杂费

运杂费=设备原价×设备运杂费费率 (附1-32)

设备运杂费费率如附表1-20所示。

附表1-20 设备运杂费费率表

运输里程 L/km	取费基础	费率(%)	运输里程 L/km	取费基础	费率(%)
$L \leq 100$	设备原价	0.8	$1\,000 < L \leq 1\,250$	设备原价	2.0
$100 < L \leq 200$	设备原价	0.9	$1\,250 < L \leq 1\,500$	设备原价	2.2
$200 < L \leq 300$	设备原价	1.0	$1\,500 < L \leq 1\,750$	设备原价	2.4
$300 < L \leq 400$	设备原价	1.1	$1\,750 < L \leq 2\,000$	设备原价	2.6
$400 < L \leq 500$	设备原价	1.2	$L > 2\,000$ km时,每增250 km增加	设备原价	0.1
$500 < L \leq 750$	设备原价	1.5			
$750 < L \leq 1\,000$	设备原价	1.7	—	—	—

(3) 运输保险费

运输保险费=设备原价×保险费费率(0.4%) (附1-33)

(4) 采购及保管费

采购及保管费=设备原价×采购及保管费费率 (附1-34)

采购及保管费费率如附表1-21所示。

附表 1-21 采购及保管费费率表

项目名称	计算基础	费率(%)
需要安装的设备	设备原价	0.82
不需要安装的设备(仪表、工器具)		0.41

(5) 采购代理服务费按实计列。

(6) 引进设备(材料)的国外运输费、国外运输保险费、关税、增值税、外贸手续费、银行财务费、国内运杂费、国内运输保险费、引进设备(材料)国内检验费、海关监管手续费等按引进货价计算后计入相应的设备材料费中。单独引进软件不计关税只计增值税。

附录 1.1.3 施工机械台班费用定额

通信建设工程施工机械定额的机械台班消耗量是按正常合理的机械配备综合取定的。根据规定,只有施工机械单位价值在 2 000 元以上、构成固定资产的才列入通信建设工程施工机械定额的机械台班。施工机械台班单价参照有关部门动态发布的《通信建设工程施工机械、仪表台班定额》。目前执行的是工信部规[2008]75 号文,见附表 1-22。

附表 1-22 通信工程机械台班单价定额

编号	名称	规格(型号)	台班单价/元	编号	名称	规格(型号)	台班单价/元
TXJ0001	光纤熔接机		168	TXJ0013	汽车式起重机	16t	868
TXJ0002	带状光纤熔接机		409	TXJ0014	汽车式起重机	25t	1 052
TXJ0003	电缆模块接续机		74	TXJ0015	汽车式起重机	50t	4 169
TXJ0004	交流电焊机	21 kV·A	58	TXJ0016	载重汽车	5t	154
TXJ0005	交流电焊机	30 kV·A	69	TXJ0017	载重汽车	8t	220
TXJ0006	汽油发电机	10 kW	290	TXJ0018	载重汽车	12t	294
TXJ0007	柴油发电机	30 kW	323	TXJ0019	载重汽车	20t	622
TXJ0008	柴油发电机	50 kW	333	TXJ0020	叉式装载车	3t	331
TXJ0009	电动卷扬机	3t	57	TXJ0021	叉式装载车	5t	401
TXJ0010	电动卷扬机	5t	60	TXJ0022	光缆接续车		242
TXJ0011	汽车式起重机	5t	400	TXJ0023	电缆工程车		574
TXJ0012	汽车式起重机	8t	575	TXJ0024	电缆拖车		69

续表

编号	名称	规格（型号）	台班单价/元	编号	名称	规格（型号）	台班单价/元
TXJ0025	滤油机		57	TXJ0036	污水泵		56
TXJ0026	真空滤油机		247	TXJ0037	抽水机		57
TXJ0027	真空泵		120	TXJ0038	夯实机		53
TXJ0028	台式电钻机	φ25 mm	61	TXJ0039	气流敷设设备(含空气压缩机)		1 449
TXJ0029	立式钻床	φ25 mm	62	TXJ0040	微管微缆气吹设备		1 715
TXJ0030	金属切割机		54	TXJ0041	微控钻孔敷管设备（套）	25t 以下	1 803
TXJ0031	氧炔焊接设备		81	TXJ0042	微控钻孔敷管设备（套）	25t 以上	2 168
TXJ0032	燃油式路面切割机		121	TXJ0043	水泵冲槽设备(套)		417
TXJ0033	电动式空气压缩机	0.6 m³/min	51	TXJ0044	水下光(电)缆沟挖冲机		1 682
TXJ0034	燃油式空气压缩机	6 m³/min	326	TXJ0045	液压顶管机	5t	348
TXJ0035	燃油式空气压缩机（含风镐）	6 m³/min	330				

附录1.1.4 仪表台班费用定额

通信建设工程仪表定额的仪表台班消耗量是按通信建设标准规定的测试项目及指标要求综合取定的。根据规定,只有施工仪器仪表单位价值在2 000元以上、构成固定资产的才列入预算定额的仪表台班。施工仪器仪表台班单价参照有关部门动态发布的《通信建设工程施工机械、仪表台班定额》。目前执行的是工信部规[2008]75号文,见附表1-23。

附表1-23 通信工程仪表台班单价定额

编号	名称	规格（型号）	台班单价/元	编号	名称	规格（型号）	台班单价/元
TXY0001	数字传输分析仪	155M/622M	1 002	TXY0006	光可变衰耗器		99
TXY0002	数字传输分析仪	2.5G	1 956	TXY0007	光功率计		62
TXY0003	数字传输分析仪	10G	2 909	TXY0008	数字频率计		169
TXY0004	稳定光源		72	TXY0009	数字宽带示波器	20G	873
TXY0005	误码测试仪	2M	66	TXY0010	数字宽带示波器	50G	1 956

续表

编号	名称	规格（型号）	台班单价/元	编号	名称	规格（型号）	台班单价/元
TXY0011	光谱分析仪		626	TXY0033	噪声测试仪		157
TXY0012	多波长计		333	TXY0034	数字微波分析仪(SDH)		145
TXY0013	信令分析仪		257	TXY0035	射频/微波步进衰耗器		92
TXY0014	协议分析仪		66	TXY0036	微波传输测试仪		364
TXY0015	ATM 性能分析仪		1 002	TXY0037	数字示波器	350M	95
TXY0016	网络测试仪		105	TXY0038	数字示波器	500M	121
TXY0017	PCM 通道测试仪		198	TXY0039	微波线路分析仪		466
TXY0018	用户模拟呼叫器		626	TXY0040	视频、音频测试仪		187
TXY0019	数据业务测试仪		1 193	TXY0041	视频信号发生器		193
TXY0020	漂移测试仪		1 765	TXY0042	音频信号发生器		165
TXY0021	中继模拟呼叫器		742	TXY0043	绘图仪		76
TXY0022	光时域反射仪		306	TXY0044	中频信号发生器		113
TXY0023	偏振模色散测试仪		626	TXY0045	中频噪声发生器		72
TXY0024	操作测试终端(电脑)		74	TXY0046	测试变频器		145
TXY0025	音频振荡器		72	TXY0047	移动路测系统		1 002
TXY0026	音频电平表		80	TXY0048	网络优化测试仪		1 048
TXY0027	射频功率计		127	TXY0049	综合布线线路分析仪		153
TXY0028	天馈线测试仪		193	TXY0050	经纬仪		68
TXY0029	频谱分析仪		78	TXY0051	GPS 定位仪		56
TXY0030	微波信号发生器		149	TXY0052	地下管线探测仪		173
TXY0031	微波/标量网络分析仪		695	TXY0053	对地绝缘探测仪		173
TXY0032	微波频率计		145				

附录 1.2　通信工程建设其他相关费用

附录 1.2.1　工程建设其他费

　　工程建设其他费是指应在建设项目的建设投资中开支的固定资产其他费用、无形资产费用和其他资产费用，主要费用如下。

1. 建设用地及综合赔补费

建设用地及综合赔补费指按照《中华人民共和国土地管理法》等规定,建设项目征用土地或租用土地应支付的费用。

(1) 建设用地及综合赔补费的内容

建设用地及综合赔补费内容包括：

① 土地征用及迁移补偿费:经营性建设项目通过出让方式购置的土地使用权(或建设项目通过划拨方式取得无限期的土地使用权)而支付的土地补偿费、安置补偿费、地上附着物和青苗补偿费、余物迁建补偿费、土地登记管理费等;行政事业单位的建设项目通过出让方式取得土地使用权而支付的出让金;建设单位在建设过程中发生的土地复垦费用和土地损失补偿费用;建设期间临时占地补偿费。

② 征用耕地按规定一次性缴纳的耕地占用税;征用城镇土地在建设期间按规定每年缴纳的城镇土地使用税;征用城市郊区菜地按规定缴纳的新菜地开发建设基金。

③ 建设单位租用建设项目土地使用权而支付的租地费用。

④ 建设单位因建设项目期间租用建筑设施、场地费用;因项目施工造成所在地企事业单位或居民的生产、生活干扰而支付的补偿费用。

(2) 建设用地及综合赔补费的计算

① 根据应征建设用地面积、临时用地面积,按建设项目所在省、市、自治区人民政府制定颁发的土地征用补偿费、安置补助费标准和耕地占用税、城镇土地使用税标准计算。

② 建设用地上的建(构)筑物如需迁建,其迁建补偿费应按迁建补偿协议计列或按新建同类工程造价计算。

2. 建设单位管理费

建设单位管理费指建设单位发生的管理性质的开支。包括：差旅交通费、工具用具使用费、固定资产使用费、必要的办公及生活用品购置费、必要的通讯设备及交通工具购置费、零星固定资产购置费、招募生产工人费、技术图书资料费、业务招待费、设计审查费、合同契约公证费、法律顾问费、咨询费、完工清理费、竣工验收费、印花税和其他管理性质开支。

如果成立筹建机构,建设单位管理费还应包括筹建人员工资类开支。

建设单位管理费参照财政部财建[2002]394号《基建财务管理规定》执行,其总额控制数费率表如附表1-24所示。

如建设项目采用工程总承包方式,其总包管理费由建设单位与总包单位根据总包工作范围在合同中商定,从建设单位管理费中列支。

附表1-24 建设单位管理费总额控制数费率表　　　　单位:万元

工程总概算	费率(%)	算例	
		工程总概算	建设单位管理费
1 000 以下	1.5	1 000	1 000×1.5% = 15
1 001～5 000	1.2	5 000	15+(5 000−1 000)×1.2% = 63
5 001～10 000	1.0	10 000	63+(10 000−5 000)×1.0% = 113

续表

工程总概算	费率(%)	算例	
		工程总概算	建设单位管理费
10 001~50 000	0.8	50 000	113+(50 000−10 000)×0.8%=433
50 001~100 000	0.5	100 000	433+(100 000−50 000)×0.5%=683
100 001~200 000	0.2	200 000	683+(200 000−100 000)×0.2%=883
200 000 以上	0.1	280 000	883+(280 000−200 000)×0.1%=963

3. 可行性研究费

可行性研究费指在建设项目前期工作中,编制和评估项目建议书(或预可行性研究报告)、可行性研究报告所需的费用。

可行性研究费参照《国家计委关于印发〈建设项目前期工作咨询收费暂行规定〉的通知》(计投资[1999]1283号)的规定。

4. 研究试验费

研究试验费指为本建设项目提供或验证设计数据、资料等进行必要的研究试验及按照设计规定在建设过程中必须进行试验、验证所需的费用。

研究试验费的计算方法为:

(1) 根据建设项目研究试验内容和要求进行编制。

(2) 研究试验费不包括以下项目:

① 应由科技三项费用(即新产品试制费、中间试验费和重要科学研究补助费)开支的项目。

② 应在建筑安装费用中列支的施工企业对材料、构件进行一般鉴定、检查所发生的费用及技术革新的研究试验费。

③ 应由勘察设计费或工程费中开支的项目。

5. 勘察设计费

勘察设计费指委托勘察设计单位进行工程水文地质勘察、工程设计所发生的各项费用。包括:工程勘察费、初步设计费、施工图设计费。

勘察设计费参照国家计委、建设部《关于发布〈工程勘察设计收费管理规定〉的通知》(计价格[2002]10号)规定。

6. 环境影响评价费

环境影响评价费指按照《中华人民共和国环境保护法》、《中华人民共和国环境影响评价法》等规定,为全面、详细评价本建设项目对环境可能产生的污染或造成的重大影响所需的费用,包括编制环境影响报告书(含大纲)、环境影响报告表和评估环境影响报告书(含大纲)、评估环境影响报告表等所需的费用。

环境影响评价费参照国家计委、国家环境保护总局《关于规范环境影响咨询收费有关问题的通知》(计价格[2002]125号)规定。

7. 劳动安全卫生评价费

劳动安全卫生评价费指按照劳动部10号令(1998年2月5日)《建设项目(工程)劳动安全

卫生预评价管理办法》的规定,为预测和分析建设项目存在的职业危险、危害因素的种类和危险危害程度,并提出先进、科学、合理可行的劳动安全卫生技术和管理对策所需的费用。包括编制建设项目劳动安全卫生预评价大纲和劳动安全卫生预评价报告书以及为编制上述文件所进行的工程分析和环境现状调查等所需费用。

劳动安全卫生评价费参照建设项目所在省(市、自治区)劳动行政部门规定的标准计算。

8. 建设工程监理费

建设工程监理费指建设单位委托工程监理单位实施工程监理的费用。

建设工程监理费参照国家发改委、建设部[2007]670号文,关于《建设工程监理与相关服务收费管理规定》的通知进行计算。

9. 安全生产费

安全生产费指施工企业按照国家有关规定和建筑施工安全标准,购置施工防护用具、落实安全施工措施以及改善安全生产条件所需要的各项费用。

安全生产费参照财政部、国家安全生产监督管理总局《高危行业企业安全生产费用财务管理暂行办法》财企[2006]478号文的通知:安全生产费按建筑安装工程费的1.0%计取。

10. 工程质量监督费

工程质量监督费指工程质量监督机构对通信工程进行质量监督所发生的费用。

根据财政部、国家发改委《关于公布取消和停止征收100项行政事业性收费项目的通知》(财综[2008]78号)的规定,自2009年1月1日起,在全国统一取消和停止征收100项行政事业性收费,其中"建设工程质量监督费"在取消范围内。自2009年1月1日起不再计列。

11. 工程定额编制测定费

工程定额编制测定费指建设单位发包工程按规定上缴工程造价(定额)管理部门的费用。

根据财政部、国家发改委《关于公布取消和停止征收100项行政事业性收费项目的通知》(财综[2008]78号)的规定,自2009年1月1日起,在全国统一取消和停止征收100项行政事业性收费,其中"工程定额测定费"在取消范围内。自2009年1月1日起不再计列。

12. 引进技术及进口设备其他费

(1) 引进技术及进口设备其他费内容

引进技术及进口设备其他费内容包括:

① 引进项目图纸资料翻译复制费、备品备件测绘费。

② 出国人员费用:包括买方人员出国设计联络、出国考察、联合设计、监造、培训等所发生的差旅费、生活费、制装费等。

③ 来华人员费用:包括卖方来华工程技术人员的现场办公费用、往返现场交通费用、工资、食宿费用、接待费用等。

④ 银行担保及承诺费:指引进项目由国内外金融机构出面承担风险和责任担保所发生的费用,以及支付贷款机构的承诺费用。

(2) 引进技术及进口设备其他费计算方法

引进技术及进口设备其他费计算方法为:

① 引进项目图纸资料翻译复制费:根据引进项目的具体情况计列或按引进设备到岸价的比例估列。

② 出国人员费用：依据合同规定的出国人次、期限和费用标准计算。生活费及制装费按照财政部、外交部规定的现行标准计算，旅费按中国民航公布的国际航线票价计算。

③ 来华人员费用：应依据引进合同有关条款规定计算。引进合同价款中已包括的费用内容不得重复计算。来华人员接待费用可按每人次费用指标计算。

④ 银行担保及承诺费：应按担保或承诺协议计取。

13．工程保险费

工程保险费指建设项目在建设期间根据需要对建筑工程、安装工程及机器设备进行投保而发生的保险费用。包括建筑安装工程一切险、引进设备财产和人身意外伤害险等。

不投保的工程不计取工程保险费。不同的建设项目可根据工程特点选择投保险种，根据投保合同计列保险费用。

14．工程招标代理费

工程招标代理费指招标人委托代理机构编制招标文件、编制标底、审查投标人资格、组织投标人踏勘现场并答疑，组织开标、评标、定标，以及提供招标前期咨询、协调合同的签订等业务所收取的费用。

工程招标代理费参照国家计委《招标代理服务费管理暂行办法》计价格［2002］1980号规定。

15．专利及专用技术使用费

（1）专利及专用技术使用费内容

① 国外设计及技术资料费、引进有效专利、专有技术使用费和技术保密费。

② 国内有效专利、专有技术使用费用。

③ 商标使用费、特许经营权费等。

（2）专利及专用技术使用费的计算方法

① 按专利使用许可协议和专有技术使用合同的规定计列。

② 专有技术的界定应以省、部级鉴定机构的批准为依据。

③ 项目投资中只计取需要在建设期支付的专利及专有技术使用费。协议或合同规定在生产期支付的使用费应在成本中核算。

16．生产准备及开办费

生产准备及开办费指建设项目为保证正常生产（或营业、使用）而发生的人员培训费、提前进场费以及投产使用初期必备的生产生活用具、工器具等购置费用。包括：

① 人员培训费及提前进厂费：自行组织培训或委托其他单位培训的人员工资、工资性补贴、职工福利费、差旅交通费、劳动保护费、学习资料费等。

② 为保证初期正常生产、生活（或营业、使用）所必需的生产办公、生活家具用具购置费。

③ 为保证初期正常生产（或营业、使用）必需的第一套不够固定资产标准的生产工具、器具、用具购置费（不包括备品备件费）。

生产准备及开办费计算方法为：

$$生产准备费 = 设计定员 \times 生产准备费指标（元/人） \qquad (附1-35)$$

新建项目按设计定员为基数计算，改扩建项目按新增设计定员为基数计算；生产准备费指标由投资企业自行测算。

附录1.2.2 预备费

预备费是指在初步设计及概算内难以预料的工程费用。预备费包括基本预备费和价差预备费。

1. 基本预备费

（1）进行技术设计、施工图设计和施工过程中，在批准的初步设计和概算范围内所增加的工程费用。

（2）由一般自然灾害所造成的损失和预防自然灾害所采取的措施费用。

（3）竣工验收为鉴定工程质量，必须开挖和修复隐蔽工程的费用。

2. 价差预备费

价差预备费是指设备、材料的价差。

预备费的计算方法为：

$$预备费 = （工程费 + 工程建设其他费）\times 相关费率 \qquad (附1-36)$$

预备费相关费率如附表1-25所示。

附表1-25 预备费费率表

工程名称	计算基础	费率(%)
通信设备安装工程	工程费+工程建设其他费	3.0
通信线路工程		4.0
通信管道工程		5.0

附录1.2.3 建设期利息

建设期利息指建设项目贷款在建设期内发生并应计入固定资产的贷款利息等财务费用，按银行当期利率计算。如发生，此项费用宜在工程决算时计入。

附录1.3 通信建设工程预算定额

通信建设工程预算定额由总说明、册说明、章节说明、定额项目表和附录构成，这里只着重介绍总说明、册说明、章节说明。

附录1.3.1 总说明

总说明不仅阐述定额的编制原则、指导思想、编制依据和适用范围，同时还说明编制定额时已经考虑和没有考虑的各种因素以及有关规定和使用方法等。在使用定额时要特别注意这部分内容，以便能正确地使用定额。总说明具体内容包括：

（1）通信建设工程预算定额（以下简称预算定额）系通信行业标准。

（2）预算定额按通信专业工程分册，包括：

① 第一册　通信电源设备安装工程（册名代号TSD）

② 第二册　有线通信设备安装工程（册名代号 TSY）
③ 第三册　无线通信设备安装工程（册名代号 TSW）
④ 第四册　通信线路工程（册名代号 TXL）
⑤ 第五册　通信管道工程（册名代号 TGD）

（3）预算定额是编制通信建设项目投资估算指标、概算、预算和工程量清单的基础；也可作为通信建设项目招标、投标报价的基础。

（4）预算定额适用于新建、扩建工程，改建工程可参照使用。预算定额用于扩建工程时，其扩建施工降效部分的人工工日按乘以系数 1.1 计取，拆除工程的人工工日计取办法见各专业分册的相关内容。

（5）预算定额以现行通信工程建设标准、质量评定标准、安全操作规程为编制依据；在 1995 年 9 月 1 日原邮电部发布的《通信建设工程预算定额》及补充定额的基础上（不含邮政设备安装工程），经过对分项工程计价消耗量再次分析、核定后编制；并增补了部分与新业务、新技术有关的工程项目的定额内容。

（6）预算定额是按符合质量标准的施工工艺、机械（仪表）装备、合理工期及劳动组织的条件制订。

（7）预算定额的编制条件
① 设备、材料、成品、半成品、构件符合质量标准和设计要求。
② 通信各专业工程之间、与土建工程之间的交叉作业正常。
③ 施工安装地点、建筑物、设备基础、预留孔洞均符合安装要求。
④ 正常气候、水电供应等应满足正常施工要求。

（8）预算定额根据量价分离的原则，只反映人工工日、主要材料、机械（仪表）台班的消耗量。

（9）关于人工
① 预算定额人工的分类为技术工和普通工。
② 预算定额的人工消耗量包括基本用工、辅助用工和其他用工：
● 基本用工——完成分项工程和附属工程定额实体单位产品的加工量。
● 辅助用工——定额中未说明的工序用工量；包括施工现场某些材料临时加工、排除故障、维持安全生产的用工量。
● 其他用工——定额中未说明的而在正常施工条件下必然发生的零星用工量：包括工序间搭接、工种间交叉配合、设备与器材施工现场转移、施工现场机械（仪表）转移、质量检查配合以及不可避免的零星用工量。

（10）关于材料
① 预算定额中的材料长度，凡未注明计量单位者均为毫米（mm）。
② 预算定额中的材料消耗量包括直接用于安装工程中的主要材料使用量和规定的损耗量；规定的损耗量指施工运输、现场堆放和生产过程中不可避免的合理损耗量。
③ 施工措施性消耗部分和周转性材料按不同施工方法、不同材质分别列出一次使用量和一次摊销量。
④ 预算定额仅计列直接构成工程实体的主要材料，辅助材料的计算方法按相关规定计列。

定额子目中注明由设计计列的材料,设计时应按实计列。

⑤ 预算定额不含施工用水、电、蒸汽等费用;此类费用在设计概、预算中根据工程实际情况在建筑安装工程费中按实计列。

(11) 关于施工机械

① 预算定额的机械台班消耗量是按正常合理的机械配备综合取定的。

② 施工机械单位价值在 2 000 元以上,构成固定资产的列入预算定额的机械台班。

③ 施工机械台班单价参照有关部门动态发布的《通信建设工程施工机械、仪表台班定额》。

(12) 关于施工仪表

① 预算定额仪表台班消耗量是按通信建设标准规定的测试项目及指标要求综合取定的。

② 施工仪器仪表单位价值在 2 000 元以上,构成固定资产的列入预算定额的仪表台班。

③ 施工仪器仪表台班单价参照有关部门动态发布的《通信建设工程施工机械、仪表台班定额》。

(13) 定额子目编号原则

定额子目编号由三个部分组成:第一部分为册名代号,表示通信行业的各个专业,由汉语拼音(字母)缩写组成;第二部分为定额子目所在的章号,由一位阿拉伯数字表示;第三部分为定额子目所在章内的序号,由三位阿拉伯数字表示。

(14) 预算定额适用于海拔高程 2 000 m 以下,地震烈度为七度以下地区,超过上述情况时,按有关规定处理。

(15) 在以下的地区施工时,定额按下列规则调整:

① 高原地区施工时,预算定额人工工日、机械台班量乘以附表 1-26 列出的系数。

附表 1-26 高原地区调整系数表

海拔高程/m		2 000 以上	3 000 以上	4 000 以上
调整系数	人工	1.13	1.30	1.37
	机械	1.29	1.54	1.84

② 原始森林地区(室外)及沼泽地区施工时人工工日、机械台班消耗量乘以系数 1.30。

③ 非固定沙漠地带,进行室外施工时,人工工日乘以系数 1.10。

④ 其他类型的特殊地区按相关部门规定处理。

以上四类特殊地区若在施工中同时存在两种以上情况时,只能参照较高标准计取一次,不应重复计列。

(16) 预算定额中注有"××以内"或"××以下"者均包括"××"本身;"××以外"或"××以上"者则不包括"××"本身。

(17) 本说明未尽事宜,详见各专业分册章节和附注说明。

附录 1.3.2 册说明

册说明主要说明该册内容,编制基础和使用该册应该注意的问题及有关规定等,五册册说明如下。

1. 《通信电源设备安装工程》册说明

《通信电源设备安装工程》册说明内容主要包括：

(1)《通信电源设备安装工程》预算定额覆盖了通信设备安装工程中所需的全部供电系统配置的安装项目，内容包括 10 kV 以下的变、配电设备、电力缆线布放、接地装置及供电系统附属设施的安装与调试。

(2) 通信电源设备安装工程预算定额不包括 10 kV 以上电气设备安装；不包括电气设备的联合试运转工作。

(3) 通信电源设备安装工程预算定额人工工日均以技术工(简称技工)作业取定。

(4) 通信电源设备安装工程预算定额中的消耗量，凡带有括号表示的是供设计时根据安装方式选用其用量。

(5) 通信电源设备安装工程预算定额中用于施工过程调测的仪器仪表属非通信行业常用仪器仪表，因此，仪器仪表在定额子目中不以仪表台班的形式表现，而直接列出仪表费基价。

(6) 通信电源设备安装工程预算定额中用于拆除工程时，其人工按附表 1-27 所示系数进行计算。

附表 1-27 通信电源设备安装工程拆除工程系数表

《通信电源设备安装工程》册	拆除工程系数
第一章 安装与调试高、低压供电设备	变压器 0.55，其他项目 0.40
第二章 安装与调试发电机设备	0.40
第三章 安装交直流、不停电电源及配套设备	0.40
第四章 敷设电源母线、电力电缆及终端制作	室外直埋电缆 1.00，其他项目 0.40
第五章 接地装置	接地极、板 1.00，其他项目 0.40
第六章 安装附属设施及其他	0.40

2. 《有线通信设备安装工程》册说明

《有线通信设备安装工程》册说明内容主要包括：

(1)《有线通信设备安装工程》预算定额共包括四章内容：安装机架、缆线及辅助设备；安装、调测光纤通信数字传输设备；安装、调测程控交换设备；安装、调测数据通信设备。

(2) 有线通信设备安装工程预算定额第一章"安装机架、缆线及辅助设备"为有线设备安装工程的通用设备安装项目，第二章至第四章为各专业专用设备安装项目。

(3) 有线通信设备安装工程预算定额人工工日均以技术工(简称技工)作业取定。

(4) 有线通信设备安装工程预算定额中的消耗量，凡带有括号表示的是供设计时根据安装方式选用其用量。

(5) 有线通信设备安装工程预算定额测试项目所列仪表台班以"台班量"形式表现，台班量是按完成测试工序的实际时间综合取定。

(6) 使用预算定额编制预算时，凡明确由设备生产厂家负责系统调测工作的，仅计列承建单位的"配合调测用工"。

(7) 有线通信设备安装工程预算定额用于拆除工程时，其人工工日按附表 1-28 所示系数进行计算。

附表 1-28　有线通信设备安装工程拆除工程系数表

《有线通信设备安装工程》册	拆除工程系数
第一章 安装机架、缆线及辅助设备	0.40
第二章 安装、调测光纤通信数字传输设备	0.15
第三章 安装、调测程控交换设备	0.40
第四章 安装、调测数据通信设备	0.30

3.《无线通信设备安装工程》册说明

《无线通信设备安装工程》册说明内容主要包括：

（1）《无线通信设备安装工程》预算定额共包括四章内容：安装机架、缆线及辅助设备、安装移动通信设备、安装微波通信设备、安装卫星通信地球站设备。

（2）无线通信设备安装工程预算定额第一章"安装机架、缆线及辅助设备"为无线设备安装工程的通用设备安装项目，第二章至第四章为各专业专用设备安装项目。

（3）无线通信设备安装工程预算定额人工工日均以技术工（简称技工）作业取定。

（4）无线通信设备安装工程预算定额测试项目所列仪表台班以"台班量"形式表现，台班量是按完成测试工序的实际时间综合取定。

（5）无线通信设备安装工程预算定额用于拆除工程时，其人工按附表1-29所示系数进行计算。

附表 1-29　无线通信设备安装工程拆除工程系数表

《无线通信设备安装工程》册	拆除工程人工系数
第一章 安装机架、缆线及辅助设备	0.40
第二章 安装移动通信设备	天、馈线及室外基站设备 1.00，其他项目 0.40
第三章 安装微波通信设备	天、馈线及室外单元 1.00，其他项目 0.40
第四章 安装卫星地球站设备	天、馈线及室外单元 1.00，其他项目 0.40

4.《通信线路工程》册说明

《通信线路工程》册说明内容主要包括：

（1）《通信线路工程》预算定额适用于通信光（电）缆的直埋、架空、管道、海底等线路的新建工程。

（2）通信线路工程，当工程规模较小时，人工工日以总工日为基数按下列规定系数进行调整。

① 工程总工日在 100 工日以下时，增加 15%。

② 工程总工日在 100～250 工日时，增加 10%。

（3）通信线路工程预算定额带有括号和以分数表示的消耗量，系供设计选用，"＊"表示由设计确定其用量。

（4）通信线路工程预算定额拆除工程,不单立子目,发生时按附表1-30所示规定执行。

附表1-30 通信线路工程拆除工程系数表

序号	拆除工程内容	占新建工程定额的百分比(%)	
		人工工日	机械台班
1	光(电)缆(不需清理入库)	40	40
2	埋式光(电)缆(清理入库)	100	100
3	管道光(电)缆(清理入库)	90	90
4	成端电缆(清理入库)	40	40
5	架空、墙壁、室内、通道、槽道、引上光(电)缆	70	70
6	线路工程各种设备以及除光(电)缆外的其他材料(清理入库)	60	60
7	线路工程各种设备以及除光(电)缆外的其他材料(不清理入库)	30	30

（5）各种光(电)缆工程量计算时,应考虑敷设的长度和设计中规定的各种预留长度。

（6）敷设光缆定额中,光时域反射仪(OTDR)台班量是按单窗口测试取定的,如需双窗口测试时,其人工和仪表定额分别乘以1.8的系数。

5. 《通信管道工程》册说明

《通信管道工程》册说明内容主要包括:

（1）《通信管道工程》预算定额主要是用于城区通信管道的新建工程。

（2）通信管道工程,当工程规模较小时,人工工日以总工日为基数按下列规定系数进行调整。

① 工程总工日在100工日以下时,增加15%。

② 工程总工日在100~250工日时,增加10%。

（3）通信管道工程预算定额带有括号表示的材料,系供设计选用;"＊"表示由设计确定其用量。

（4）通信管道工程预算定额的土质、石质分类参照国家有关规定,结合通信工程实际情况,划分标准详见《通信管道工程》预算定额附录一。

（5）开挖土(石)方工程量计算见《通信管道工程》预算定额分册附录二。

（6）主要材料损耗率及参考容重表见《通信管道工程》预算定额分册附录三。

（7）水泥管管道每百米管群体积参考表见《通信管道工程》预算定额分册附录四。

（8）通信管道水泥管块组合图见《通信管道工程》预算定额分册附录五。

（9）100 m长管道基础混凝土体积一览表见《通信管道工程》预算定额分册附录六。

（10）定型人孔体积参考表见《通信管道工程》预算定额分册附录七。

（11）开挖管道沟土方体积一览表见《通信管道工程》预算定额分册附录八。

（12）开挖100 m长管道沟上口路面面积见《通信管道工程》预算定额分册附录九。

（13）开挖定型人孔土方及坑上口路面面积见《通信管道工程》预算定额分册附录十。

（14）水泥管通信管道包封用混凝土体积一览表见《通信管道工程》预算定额分册附录十一。

附录1.3.3　章节说明

章节说明主要说明分部、分项工程的工作内容,工程量计算方法和本章节有关规定、计量单位、起讫范围,应扣除和应增加的部分等。这部分是工程量计算的基本准则,必须全面掌握。例如,第四册通信线路工程第二章(敷设埋式光(电)缆)说明内容为:

（1）挖、填光(电)缆沟及接头坑工程定额不包括地下、地上障碍物处理的用工、用料,工程中实际发生时由设计按实计列。

（2）敷设通信全塑电缆,是按对数划分子目,不论线径大小,定额工日不做调整。

（3）海缆敷设所用的敷设船仅适用于近海作业。

（4）安装水底光缆标志牌、信号灯定额中不含引入外部供电线路工作内容,工程中需要时由设计另行按实计列。

附录 2
通信工程常用图例

附录 2.1 光缆常用图

光缆常用图例表见附表 2-1。

附表 2-1 光缆常用图例表

序号	名称	图例	说明
附录 2.1-1	光缆		光纤或光缆的一般符号
附录 2.1-2	光缆参数标注	a/b	a——光缆芯数 b——光缆长度
附录 2.1-3	永久接头		
附录 2.1-4	可拆卸固定接头		
附录 2.1-5	光连接器（插头-插座）		

附录 2.2 通信线路常用图例

通信线路常用图例表见附表 2-2。

附表 2-2 通信线路常用图例表

序号	名称	图例	说明
附录 2.2-1	通信线路		通信线路的一般符号
附录 2.2-2	直埋线路	或	

续表

序号	名称	图例	说明
附录 2.2-3	水下线路、海底线路		
附录 2.2-4	架空线路		
附录 2.2-5	管道线路	或	管道数量、应用的管孔位置、截面尺寸或其他特征（如管孔排列形式）可标注在管道线路的上方虚斜线可作为人（手）孔的简易画法
附录 2.2-6	直埋线路接头连接点		
附录 2.2-7	线路中的充气或注油堵头		
附录 2.2-8	具有旁路的充气或注油堵头的线路		
附录 2.2-9	通信线路上直流供电		
附录 2.2-10	沿建筑物明敷设通信线路		
附录 2.2-11	沿建筑物暗敷设通信线路		
附录 2.2-12	电气排流电缆		
附录 2.2-13	接图线		

附录 2.3 线路设施与分线设备常用图例

线路设施与分线设备常用图例表见附表 2-3。

附表 2-3 线路设施与分线设备常用图例表

序号	名称	图例	说明
附录 2.3-1	防电缆光缆蠕动装置		类似于水底光电缆的丝网或网套锚固
附录 2.3-2	线路集中器		

续表

序号	名称	图例	说明
附录 2.3-3	电杆上的线路集中器		示例
附录 2.3-4	保护阳极（阳电极）		
附录 2.3-5	镁保护阳极		示例
附录 2.3-6	埋式光缆电缆铺砖、铺水泥盖板保护		可加文字标注明铺砖为横铺、竖铺及铺设长度或注明铺水泥盖板及铺设长度
附录 2.3-7	埋式光缆电缆穿管保护		可加文字标注表示管材规格及数量
附录 2.3-8	埋式光缆电缆上方敷设排流线		
附录 2.3-9	埋式电缆旁边敷设防雷消弧线		
附录 2.3-10	光缆电缆预留		
附录 2.3-11	光缆电缆蛇形敷设		
附录 2.3-12	电缆充气点		
附录 2.3-13	直埋线路标石		直埋线路标石的一般符号 加注 V 表示气门标石 加注 M 表示监测标石
附录 2.3-14	光缆电缆盘留		
附录 2.3-15	电缆气闭套管		
附录 2.3-16	电缆气闭绝缘套管		

附录2.3 线路设施与分线设备常用图例

续表

序号	名称	图例	说明
附录2.3-17	电缆绝缘套管		
附录2.3-18	电缆平衡套管		
附录2.3-19	电缆直通套管		
附录2.3-20	电缆交叉套管		
附录2.3-21	电缆分支套管		
附录2.3-22	电缆加感套管		
附录2.3-23	电缆接合型接头套管		
附录2.3-24	引出电缆监测线的套管		
附录2.3-25	含有气压报警信号的电缆套管		
附录2.3-26	压力传感器		
附录2.3-27	电位针式压力传感器		
附录2.3-28	电容针式压力传感器		
附录2.3-29	地上防风雨罩		地上防风雨罩的一般符号其内可安放增音机、电话机等设备
附录2.3-30	通信电缆转接房		
附录2.3-31	水线房		
附录2.3-32	水线标志牌	或	单杆及双杆水线标牌

序号	名称	图例	说明
附录 2.3-33	通信线路巡房		
附录 2.3-34	电缆交接间		
附录 2.3-35	架空交接箱		
附录 2.3-36	落地交接箱		
附录 2.3-37	壁龛交接箱		
附录 2.3-38	分线盒	简化形	注：分线盒一般符号可加注 $\dfrac{N-B}{C} \mid \dfrac{d}{D}$ 其中：N——编号；B——容量；C——线序；d——现有用户数；D——设计用户数
附录 2.3-39	室内分线盒		
附录 2.3-40	室外分线盒		
附录 2.3-41	分线箱	简化形	分线箱的一般符号加注同附录 2.3-38
附录 2.3-42	壁龛分线箱	简化形 w	壁龛分线箱的一般符号加注同附录 2.3-38

附录 2.4　通信杆路常用图例

通信杆路常用图例表见附表 2-4。

续表

序号	名称	图例	说明
附录 2.4-15	电杆保护用围桩	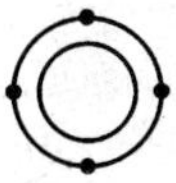	河中打桩杆
附录 2.4-16	分水桩	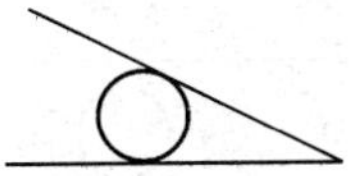	
附录 2.4-17	单方拉线	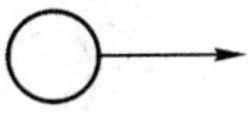	拉线的一般符号
附录 2.4-18	双方拉线	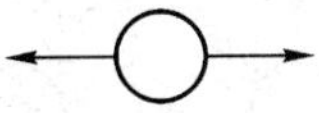	
附录 2.4-19	四方拉线	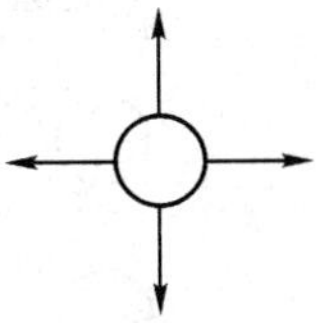	
附录 2.4-20	有 V 型拉线的电杆	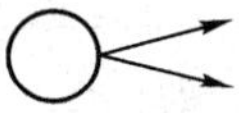	
附录 2.4-21	有高桩拉线的电杆	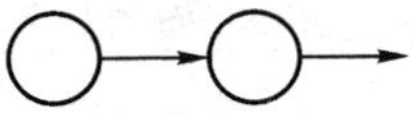	
附录 2.4-22	横木或卡盘		

附录 2.5 通信管道常用图例

通信管道常用图例表见附表 2-5。

附表 2-5 通信管道常用图例表

序号	名称	图例	说明
附录 2.5-1	直通型人孔	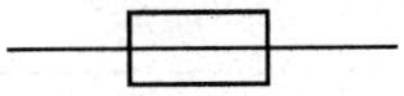	人孔的一般符号
附录 2.5-2	手孔	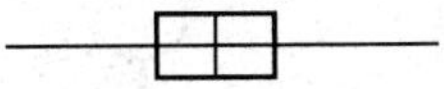	手孔的一般符号
附录 2.5-3	局前人孔	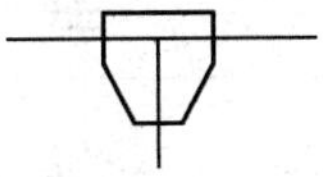	
附录 2.5-4	直角人孔	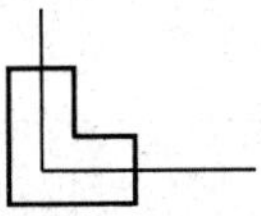	

附表2-4　通信杆路常用图例表

序号	名称	图例	说明
附录2.4-1	电杆的一般符号	○	可以用文字符号 $\dfrac{A-B}{C}$ 标注，其中：A——杆路或所属部门；B——杆长；C——杆号
附录2.4-2	单接杆	○o	
附录2.4-3	品接杆	○oo	
附录2.4-4	H型杆	○H 或 ○○	
附录2.4-5	L型杆	○L	
附录2.4-6	A型杆	○A	
附录2.4-7	三角杆	○Δ	
附录2.4-8	四角杆	○#	
附录2.4-9	带撑杆的电杆	○⊢	
附录2.4-10	带撑杆拉线的电杆	○↔⊢	
附录2.4-11	引上杆	○●	小黑点表示电缆或光缆
附录2.4-12	通信电杆上装设避雷线	○⏚	
附录2.4-13	通信电杆上装设带有火花间隙的避雷线	○▽⏚	
附录2.4-14	通信电杆上装设放电器	○▽A⏚	在A处注明放电器型号

续表

序号	名称	图例	说明
附录 2.5-5	斜通型人孔	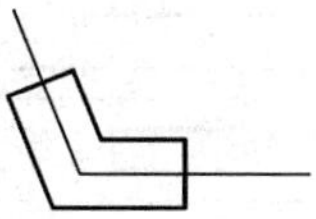	
附录 2.5-6	分歧人孔	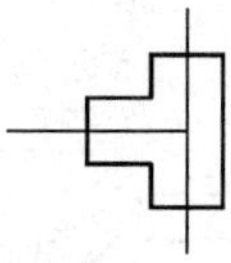	
附录 2.5-7	埋式手孔	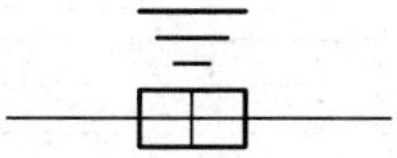	
附录 2.5-8	有防蠕动装置的人孔	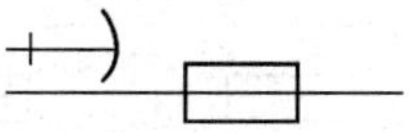	图示为防左侧电缆或光缆蠕动

附录 2.6 机房建筑及设施常用图例

机房建筑及设施常用图例表见附表 2-6。

附表 2-6 机房建筑及设施常用图例表

序号	名称	图例	说明
附录 2.6-1	墙		墙的一般表示方法
附录 2.6-2	可见检查孔		
附录 2.6-3	不可见检查孔		
附录 2.6-4	方形孔洞		左为穿墙洞,右为地板洞
附录 2.6-5	圆形孔洞		
附录 2.6-6	方型坑槽	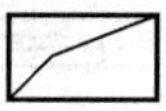	
附录 2.6-7	圆形坑槽		
附录 2.6-8	墙预留洞	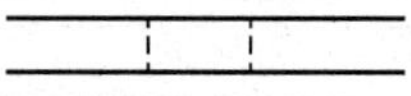	尺寸标注可采用(宽×高)或直径形式

续表

序号	名称	图例	说明
附录 2.6-9	墙预留槽		尺寸标注可采用(宽×高×深)形式
附录 2.6-10	空门洞		
附录 2.6-11	单扇门		包括平开或单面弹簧门作图时开度可为 45°或 90°
附录 2.6-12	双扇门		包括平开或单面弹簧门,作图时开度可为 45°或 90°
附录 2.6-13	对开折叠门		
附录 2.6-14	推拉门		
附录 2.6-15	墙外单扇推拉门		
附录 2.6-16	墙外双扇推拉门		
附录 2.6-17	墙中单扇推拉门		
附录 2.6-18	墙中双扇推拉门		
附录 2.6-19	单扇双面弹簧门		
附录 2.6-20	双扇双面弹簧门		
附录 2.6-21	转门		
附录 2.6-22	单层固定窗		
附录 2.6-23	双层内外开平开窗		
附录 2.6-24	推拉窗		
附录 2.6-25	百叶窗		
附录 2.6-26	电梯		
附录 2.6-27	隔断		包括玻璃、金属、石膏板等与墙的画法相同,厚度比墙窄

续表

序号	名称	图例	说明
附录 2.6-28	栏杆		与隔断的画法相同,宽度比隔断小,应有文字标注
附录 2.6-29	楼梯		应标明楼梯上(或下)的方向
附录 2.6-30	房柱	或	可依照实际尺寸及形状绘制,根据需要可选用空心或实心
附录 2.6-31	折断线		不需画全的断开线
附录 2.6-32	波浪线		不需画全的断开线
附录 2.6-33	标高	室内 室外	

附录 2.7 地形图常用符号常用图例

地形图常用符号常用图例表见附表 2-7。

附表 2-7 地形图常用符号常用图例表

序号	名称	图例	说明
附录 2.7-1	房屋		
附录 2.7-2	在建房屋	建	
附录 2.7-3	破坏房屋		
附录 2.7-4	窑洞		
附录 2.7-5	蒙古包		
附录 2.7-6	悬空通廊		

续表

序号	名称	图例	说明
附录 2.7-7	建筑物下通道		
附录 2.7-8	台阶		
附录 2.7-9	围墙		
附录 2.7-10	围墙大门		
附录 2.7-11	长城及砖石城堡（小比例）		
附录 2.7-12	长城及砖石城堡（大比例）		
附录 2.7-13	栅栏、栏杆		
附录 2.7-14	篱笆		
附录 2.7-15	铁丝网		
附录 2.7-16	矿井		
附录 2.7-17	盐井		
附录 2.7-18	油井		
附录 2.7-19	露天采掘场		
附录 2.7-20	塔形建筑物		
附录 2.7-21	水塔		
附录 2.7-22	油库		
附录 2.7-23	粮仓		

续表

序号	名称	图例	说明
附录 2.7-24	打谷场（球场）	谷(球)	
附录 2.7-25	饲养场（温室、花房）	牲(温室、花房)	
附录 2.7-26	高于地面的水池	水　　水	
附录 2.7-27	低于地面的水池	水	
附录 2.7-28	有盖的水池	水	
附录 2.7-29	肥气池		
附录 2.7-30	雷达站、卫星地面接收站		
附录 2.7-31	体育场	体育场	
附录 2.7-32	游泳池	泳	
附录 2.7-33	喷水池		
附录 2.7-34	假山石		
附录 2.7-35	岗亭、岗楼		
附录 2.7-36	电视发射塔	TV	
附录 2.7-37	纪念碑		

续表

序号	名称	图例	说明
附录 2.7-38	碑、柱、墩		
附录 2.7-39	亭		
附录 2.7-40	钟楼、鼓楼、城楼		
附录 2.7-41	宝塔、经塔		
附录 2.7-42	烽火台		
附录 2.7-43	庙宇		
附录 2.7-44	教堂		
附录 2.7-45	清真寺		
附录 2.7-46	过街天桥		
附录 2.7-47	过街地道		
附录 2.7-48	地下建筑物的地表入口		
附录 2.7-49	窑		
附录 2.7-50	独立大坟		
附录 2.7-51	群坟、散坟		
附录 2.7-52	一般铁路		

续表

序号	名称	图例	说明
附录 2.7-53	电气化铁路		
附录 2.7-54	电车轨道		
附录 2.7-55	地道及天桥		
附录 2.7-56	铁路信号灯		
附录 2.7-57	高速公路及收费站	收费站	
附录 2.7-58	一般公路		
附录 2.7-59	建设中的公路		
附录 2.7-60	大车路、机耕路		
附录 2.7-61	乡村小路		
附录 2.7-62	高架路		
附录 2.7-63	涵洞		
附录 2.7-64	隧道、路堑与路堤		
附录 2.7-65	铁路桥		
附录 2.7-66	公路桥		
附录 2.7-67	人行桥		
附录 2.7-68	铁索桥		
附录 2.7-69	漫水路面		
附录 2.7-70	顺岸式固定码头	码头	

续表

序号	名称	图例	说明
附录 2.7-71	堤坝式固定码头		
附录 2.7-72	浮码头	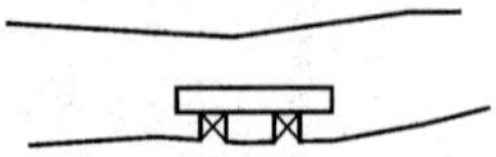	
附录 2.7-73	架空输电线	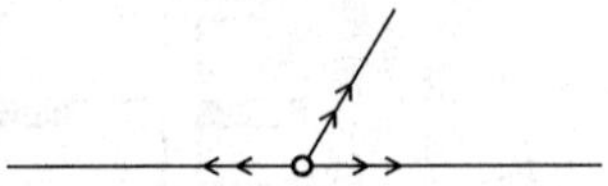	可标注电压
附录 2.7-74	埋式输电线		
附录 2.7-75	电线架	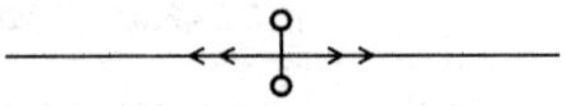	
附录 2.7-76	电线塔		
附录 2.7-77	电线上的变压器	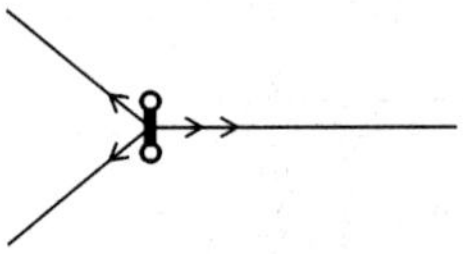	
附录 2.7-78	有墩架的架空管道	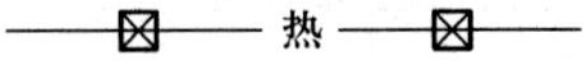	图示为热力管道
附录 2.7-79	常年河		
附录 2.7-80	时令河		
附录 2.7-81	消失河段	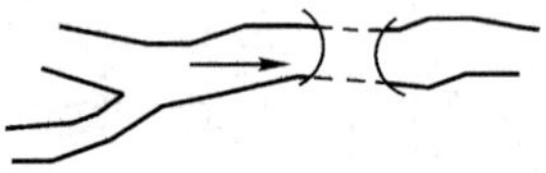	
附录 2.7-82	常年湖	 青湖	
附录 2.7-83	时令湖	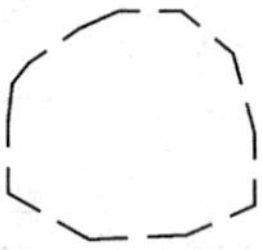	
附录 2.7-84	池塘	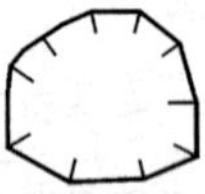	
附录 2.7-85	单层堤沟渠	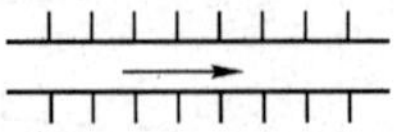	

续表

序号	名称	图例	说明
附录2.7-86	双层堤沟渠		
附录2.7-87	有沟堑的沟渠		
附录2.7-88	水井		
附录2.7-89	坎儿井		
附录2.7-90	国界		
附录2.7-91	省、自治区、直辖市界		
附录2.7-92	地区、自治州、盟、地级市界		
附录2.7-93	县、自治县、旗、县级市界		
附录2.7-94	乡镇界		
附录2.7-95	坎		
附录2.7-96	山洞、溶洞		
附录2.7-97	独立石		
附录2.7-98	石群、石块地		
附录2.7-99	沙地		
附录2.7-100	沙砾土、戈壁滩		
附录2.7-101	盐碱地		
附录2.7-102	能通行的沼泽		

续表

序号	名称	图例	说明
附录 2.7-103	不能通行的沼泽	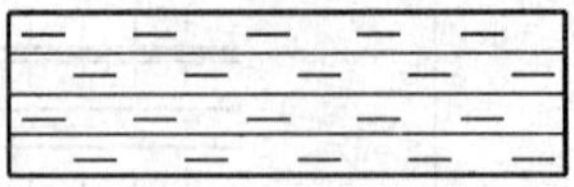	
附录 2.7-104	稻田	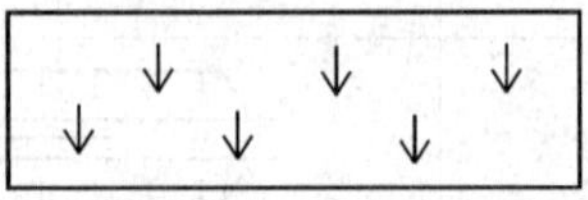	
附录 2.7-105	旱地	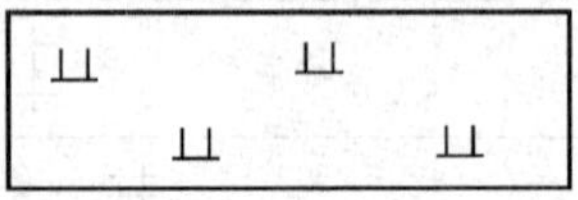	
附录 2.7-106	水生经济作物	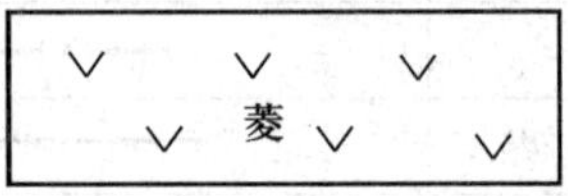	图示为菱
附录 2.7-107	菜地	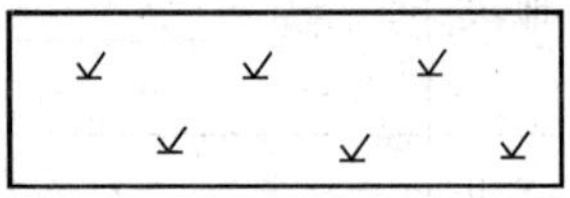	
附录 2.7-108	果园	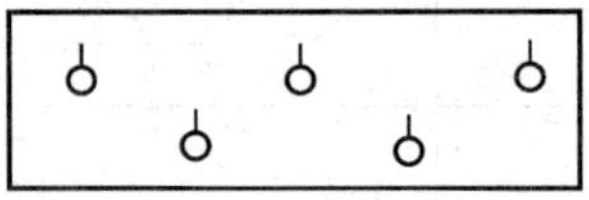	果园及经济林一般符号可在其中加注文字,以表示果园的类型,如苹果园、梨园等,也可表示加注桑园、茶园等表示经济林,与附录 2.7-109 至附录 2.7-111 共用
附录 2.7-109	桑园	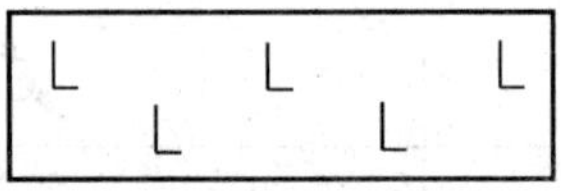	
附录 2.7-110	茶园	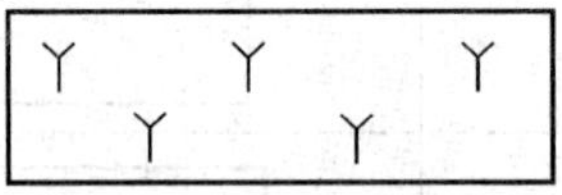	
附录 2.7-111	橡胶园	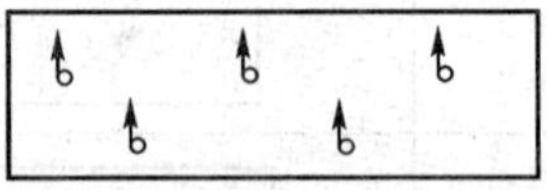	
附录 2.7-112	林地	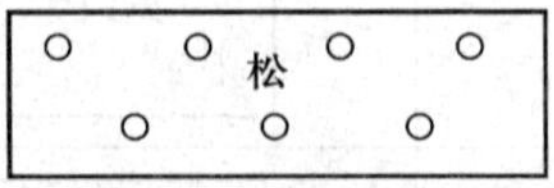	
附录 2.7-113	灌木林	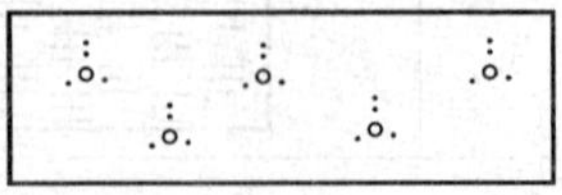	
附录 2.7-114	行树		

续表

序号	名称	图例	说明
附录 2.7-115	阔叶独立树		
附录 2.7-116	针叶独立树		
附录 2.7-117	果树独立树		
附录 2.7-118	棕榈、椰子树		
附录 2.7-119	竹林		
附录 2.7-120	天然草地		
附录 2.7-121	人工草地		
附录 2.7-122	芦苇地		
附录 2.7-123	花圃		
附录 2.7-124	苗圃		

参考文献

[1] 通信建设工程概预算人员培训教材.信息产业部通信工程质检中心.
[2] 中华人民共和国工业与信息化部规[2008]75号文件及其附件
[3] 通信建设工程费用定额(2008年版)
[4] 2010中望CAD教程.
[5] YD/T 5015—2007.电信工程制图与图形符号规定,2007.
[6] YD/T 5076—2005.固定电话交换设备安装工程设计规范,2005.
[7] YD/T 5053—2005.电话网网管系统工程设计规范,2005.
[8] YD/T 5094—2005.No.7信令网工程设计规范,2005.
[9] YD/T 5036—2005.固定智能网工程设计规范,2005.
[10] YD/T 5089—2005.数字同步网工程设计规范,2005.
[11] YD/T 5037—2005.公用计算机互联网工程设计规范,2005.
[12] YD/T 5117—2005.宽带IP城域网工程设计暂行规定,2005.
[13] YD/T 5032—2005.会议电视系统工程设计规范,2005.
[14] YD/T 5135—2005.IP视讯会议系统工程设计暂行规定,2005.
[15] YD/T 5080—2005.SDH光缆通信工程网管系统设计规范,2005.
[16] YD/T 5092—2005.长途光缆波分复用(WDM)传输系统工程设计规范,2005.
[17] YD/T 5113—2005.WDM光缆通信工程网管系统设计规范,2005.
[18] YD/T 5024—2005.SDH本地网光缆传输工程设计规范,2005.
[19] GB 50373—2006.通信管道与通道工程设计规范,2006.
[20] GB 50311—2007.综合布线系统工程设计规范,2007.
[21] YD 5025—2005.长途通信光缆塑料管道工程设计规范,2005.
[22] YD 5062—1998.通信电缆配线管道图集,1998.
[23] GB 50289—1998.城市工程管线综合规划规范,1998.
[24] YD/T 5162—2007.通信管道横断面图集,2007.
[25] YD 5178—2009.通信管道人孔和手孔图集,2009.
[26] YD/T 5095—2005.SDH长途光缆传输系统工程设计规范,2005.
[27] YD/T 5080—2005.SDH光缆通信工程网管系统设计规范,2005.
[28] YD 5018—2005.海底光缆数字传输系统工程设计规范,2005.
[29] YD/T 5066—2005.光缆线路自动监测系统工程设计规范,2005.
[30] YD/T 5024—2005.SDH本地网光缆传输工程设计规范,2005.
[31] YD/T 5119—2005.基于SDH的多业务传送节点(MSTP)本地网光缆传输工程设计规范,2005.

[32] YD/T 5139—2005.有线接入网设备安装工程设计规范,2005.
[33] YD/T 5088—2005.SDH 微波接力通信系统工程设计规范,2005.
[34] YD 5050—2005.国内卫星通信地球站工程设计规范,2005.
[35] YD/T 5028—2005.国内卫星通信小型地球站(VSAT)通信系统工程设计规范,2005.
[36] YD/T 5003—2005.电信专用房屋设计规范,2005.
[37] YD/T 5104—2005.900/1800MHz TDMA 数字蜂窝移动通信网工程设计规范,2005.
[38] YD/T 5142—2005.移动智能网工程设计规范,2005.
[39] YD/T 5120—2005.无线通信系统室内覆盖工程设计规范,2005.
[40] YD/T 5115—2005.移动通信直放站工程设计规范,2005.
[41] YD/T 5116—2005.移动短消息中心工程设计规范,2005.
[42] YD/T 5131—2005.移动通信工程钢塔桅结构设计规范,2005.
[43] YD 5059—2005.电信设备安装抗震设计规范,2005.
[44] YD/T 5026—2005.电信机房铁架安装设计标准,2005.
[45] YD/T 5040—2005.通信电源设备安装工程设计规范,2005.
[46] YD/T 5027—2005.通信电源集中监控系统工程设计规范,2005.
[47] YD 5098—2005.通信局(站)防雷与接地工程设计规范,2005.
[48] YD/T 5144—2007.自动交换光网络(ASON)工程设计暂行规定,2007.
[49] YD 5153—2007.固定软交换工程设计暂行规定,2007.
[50] YD 5148—2007.架空光(电)缆通信杆路工程设计规范,2007.
[51] YD/T 5151—2007.光缆进线室设计规定,2007.
[52] YD/T 5155—2007.固定电话网智能化工程设计规范,2007.
[53] YD 5158—2007.移动多媒体消息中心工程设计暂行规定,2007.
[54] YD 5161—2007.移动通信边际网设计规定,2007.
[55] YD 5112—2008.2GHz TD-SCDMA 数字蜂窝移动通信网工程设计暂行规定,2008.
[56] YD 5110—2009.800MHz/2GHz CDMA2000 数字蜂窝移动通信网工程设计暂行规定,2009.
[57] YD 5111—2009.2GHz WCDMA 数字蜂窝移动通信网工程设计暂行规定,2009.
[58] YD/T 5166—2009.城域波分系统工程设计规范,2009.
[59] YD 5167—2009.通信用柴油发电机组消噪音工程设计暂行规定,2009.
[60] YD 5177—2009.互联网网络安全设计暂行规定,2009.
[61] YD/T 5182—2009.移动通信基站设计标准,2009.
[62] YD 5184—2009.通信局(站)节能设计规范,2009.
[63] YD 5060—2010.通信设备安装抗震设计图集,2010.
[64] YD/T 5186—2010.通信系统用室外机柜安装设计规定,2010.
[65] YD 5102—2010.通信线路工程设计规范,2010.
[66] YD/T 5185—2010.IP 多媒体子系统(IMS)核心网工程设计暂行规定,2010.

郑重声明

高等教育出版社依法对本书享有专有出版权。任何未经许可的复制、销售行为均违反《中华人民共和国著作权法》，其行为人将承担相应的民事责任和行政责任；构成犯罪的，将被依法追究刑事责任。为了维护市场秩序，保护读者的合法权益，避免读者误用盗版书造成不良后果，我社将配合行政执法部门和司法机关对违法犯罪的单位和个人进行严厉打击。社会各界人士如发现上述侵权行为，希望及时举报，本社将奖励举报有功人员。

反盗版举报电话　（010）58581897　58582371　58581879
反盗版举报传真　（010）82086060
反盗版举报邮箱　dd@hep.com.cn
通信地址　北京市西城区德外大街4号　高等教育出版社法务部
邮政编码　100120